はじめに

　本書は、これからマルチチャンネル／サラウンド音響を学習したい方々に対して必要な基礎知識をそれぞれの専門分野別で平易に解説したものである。サラウンド音楽制作の分野で豊富な知識と経験を持つ亀川徹とサラウンド音響設計の分野で豊富なデザイン、スタジオ建設経験を持つ中原雅考と制作の実際を沢口真生で分担し共著というかたちで本書を出版することができた。

ここでは、サラウンド音響に至る歴史から始まり、一般的な2チャンネルステレオと比較した、サラウンドの優位性や基礎デザインにくわえ実際の現場やスタジオでサラウンド制作環境を構築していく上で必要な知識とスタジオデザイン例、そしてサラウンド収録の手法および現状制作が行われている様々な分野別の実際、今後の展望などを6章に分けて体系的に解説することにした。各文中で引用している豊富な資料は、現在まで先駆的にサラウンド音響に取り組んでこられた方々から協力いただいた貴重なデータである。改めて提供いただいた各位に感謝申し上げる。
各章内で使用される専門用語の詳細な解説は割愛したので、音響基礎理論書などを参考にして理解を深めていただきたい。

本書が、学校でのテキストとして、またサラウンド制作入門者のよきガイドとして活用されることが3人の執筆者共通の期待である。

（2010年　春）
沢口真生

目次 　　　　　　　　　　　　　　　　　　　　　　　　002 - 003

1. 2チャンネルステレオ VS サラウンド　　　　　　　　　　005 - 018

 1-1. 聴覚検知という観点からみたサラウンドの優位性　　　　005
 1-2. 表現者にとってのサラウンド空間の優位性　　　　　　　007
 1-3. ミキシングから見たサラウンド音響の優位性　　　　　　008
 1-4. 心理面からみたサラウンドの優位性　　　　　　　　　　010
 1-5. 現状のサラウンド方式5.1チャンネルとは？　　　　　　011
 1-6. 一般家庭におけるサラウンドスピーカ配置と許容範囲　　015

2. サラウンドの歴史　　　　　　　　　　　　　　　　　　　019 - 025

 2-1. ステレオフォニック（立体音響）の発見 〜モノからステレオへ　019
 2-2. 大阪万博における多チャンネル音場の実験から4チャンネルステレオへ　021
 2-3. 映画音響の発展とドルビーステレオの普及　　　　　　022
 2-4. デジタル技術の発展とホームシアターの普及　　　　　023
 2-5. DVD，デジタル放送の普及とフォーマットの統一　　　024

3. サラウンド再生環境の構築　　　　　　　　　　　　　　　026 - 112

 3-1. サラウンド再生と2チャンネル再生の相違点　　　　　026
 3-2. スピーカのセッティング　　　　　　　　　　　　　　031
 3-3. 再生環境の調整方法　　　　　　　　　　　　　　　　049
 3-4. サブウーファの設置方法と調整方法　　　　　　　　　068
 3-5. 絶対再生レベルの調整　　　　　　　　　　　　　　　088
 3-6. 映像をともなう場合のスピーカ・セッティング　　　　091
 3-7. ベースマネージメント（Bass Management）　　　　　095
 3-8. 2チャンネル再生との互換性　〜ダウンミックス　　　101
 3-9. サラウンド再生環境の具体例　　　　　　　　　　　　104

4. サラウンド音場のデザイン　　　　　　　　　　　　　　　113 - 150

 4-1. 映画・ドラマ・サラウンドデザイン　　　　　　　　　113
 4-2. 音楽におけるサラウンドデザインの基本型　　　　　　119

4-3.	音楽サラウンドデザイン（MIX）のチェックポイント	121
4-4.	CMにおけるサラウンドデザイン	126
4-5.	サラウンドデザインの構成要素	129
4-6.	ポストプロダクションMIXING〜空間の作り方	135

5. サラウンドの収音手法　　151 - 174

5-1.	マイクロホンの特性	151
5-2.	ステレオ収音の基本	153
5-3.	ステレオ収録のマイクロホンテクニック	153
5-4.	レコーディングアングル	156
5-5.	サラウンド収録のマイクロホンテクニック	158
5-6.	実際の収録例	166
5-7.	空間音響の表現	173

6. 将来の研究動向　　175 - 183

6-1.	様々なマルチチャンネルステレオ方式の提案	175
6-2.	音場再生技術とその応用例	180
6-3.	今後の動向	182

…… 付録1　制作の実際　　185 - 209

…… 付録2　知識から実践へのヒント　　210 - 226

…… 付録3　〈機材〉ポータブルマルチチャンネルレコーダ　　227 - 229

索引　　231 - 235

1 2チャンネルステレオ VS サラウンド 何がメリットか？

Chapter1　Advantage of Surround Sound　　　　　　　　　　　　　　沢口 真生

ここでは現状普及している2チャンネルステレオ音響と比較したサラウンド音響の持つ優位性を4つの観点から述べる。

- 我々が日常聞いている聴覚の立体聴取能力に近似している。
- 作曲家やアーティストが使うクリエータツールとしてのサラウンドキャンバス
- ミキシングエンジニアからみたオリジナル音声の再現と空間表現の優位性
- 音に浸ることによるヒーリング効果

1-1. 聴覚検知という観点からみたサラウンドの優位性

私たちの耳は2つだから，2チャンネルステレオの情報で十分だ！と考えるのは早計と言わなくてはならない。たしかに耳は2つだが，私たちは，水平面360°,前後や上下といったリアルな空間を聴覚と連携した脳内神経で検知している。「そうなのです。私たちは,2つの耳で立体サラウンドの音を自然に検知し認識しているのです」これを考えれば「2チャンネルステレオが最高！」というには不足している情報がたくさんあることに気づくはずである。【図1-1】には我々が日常様々な生活環境音を捉えている様子を示した。

【図1-1】では前方の海岸や波音，上方での鳥やヘリコプター，後方の都会の喧噪や交通音などが360°で聞こえている様子を示している。しかしこれが2チャンネルのステレオ空間へ閉じこめると【図1-2】に示すように限られた空間へ全ての情報が凝縮されてしまうことになる。

リスナーによってはこの凝縮感と高密度感が好みだ！という声もあるが，純粋な空間認識という観点からは2チャンネルステレオは，「歪んだ空間」と捉えられよう。サラウンド音響によって再現される音響空間が無理なく自然な感じで聞こえるのは，日常の立体空間認識を行っている我々の聴覚に比較的近似した情報再現能力があるからである。たしかに我々の立体認知能力

は何万チャンネルというチャンネル数がなければ正確な再現は不可能であるが, 少なくとも今日の 5.1(6 チャンネル) や 7.1(8 チャンネル) 等といったチャンネル数は, こうした空間情報再現能力を持っているという点で従来の 2 チャンネルステレオに比べ優位性を持っているといえる。

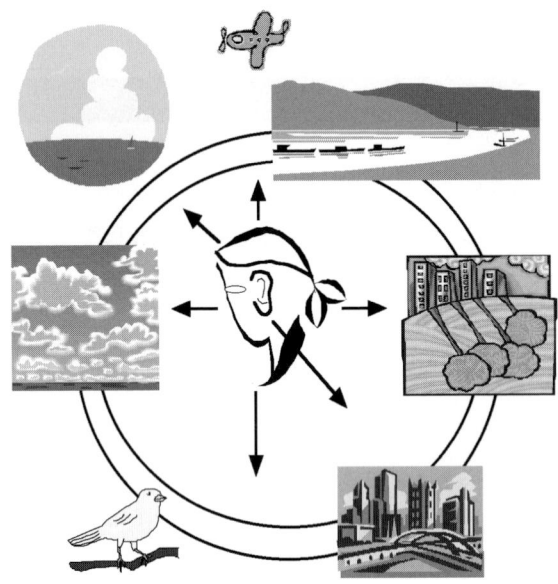

【図 1-1】　サラウンドによる空間認識のイメージ

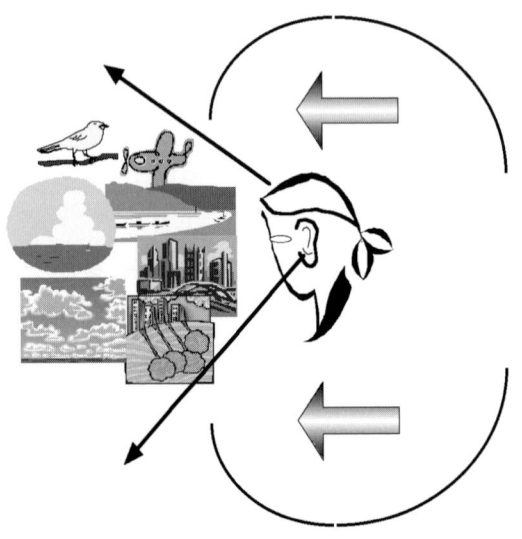

【図 1-2】　2 チャンネルステレオの空間認識のイメージ

1-2. 表現者にとってのサラウンド空間の優位性

2つ目に作曲家やアーティスト,サウンドデザイナといったクリエータからみたツールとしてのサラウンドの優位性について述べる。音響表現はモノーラルから2チャンネルステレオへそしてマルチチャンネル・サラウンドへと発展しようとしている。中国や日本の伝統芸術のひとつである水墨画の世界は,墨というモノクロの濃淡によって描き出される表現芸術である。また油絵の世界はその表現方法を色彩表現という点で大きく発展させたジャンルでもある。両者に共通しているのは,観察者すなわち客観視という前提に立った表現手法だということである。では,ここで用いているキャンバスを観察者中心に360°取りまくキャンバスの拡大を行うとどんな変化が生じるであろうか？観察者は対象と一定の距離をおいて観察する客観視から自らもその世界の一部となり得る主観視の世界へと変化する。

これを音響の世界へ当てはめてみると【図1-3,1-4】に示すような構図を描くことができよう。すなわち,2チャンネルステレオという観察者の前面に展開したサウンドキャンバスから観察者がその中に没入できる360°のキャンバスへの拡大が可能となり結果客観取聴から主観取聴へと音響世界が変化することになる。

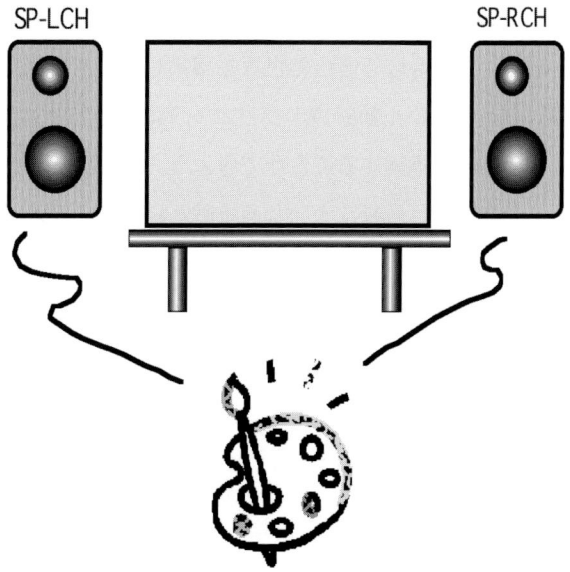

【図1-3】 2チャンネルステレオで描けるキャンバスは前の平面

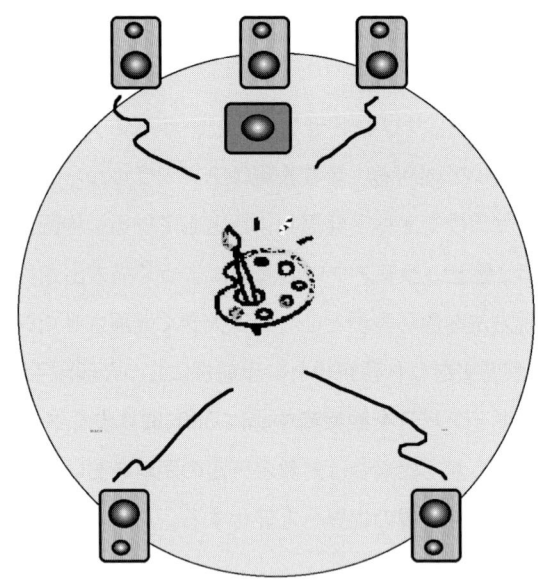

【図1-4】　サラウンドで使えるキャンバスは360°

　こうして拡大した音響キャンバスを用いることで表現者としての作曲家やアーティストそしてミキシングエンジニアやサウンドデザイナは，従来では表現できなかった360°の水平面を縦横に使うことが出来るツールを手に入れたことになる。「私は従来の50号のキャンバスで十分だ！」「私は従来の2チャンネルステレオ音響の世界で作曲をするだけで十分だ！」といった方々は，従来のツールを大いに活用して自らの世界を構築していただきたい。しかし，表現としてのキャンバスに限界を感じていた新感覚のクリエータにとっては，用いる道具の選択肢が増えることによって新たな世界を構築することができよう。そのための理論や実際のお手本は，こうした新感覚のクリエータに科せられた大いなる挑戦とパイオニアスピリットによって提示されるものである。360°という拡大された音響キャンバスをいかに効果的に使って従来にない新たな表現が提示出来たかの進歩がとりもなおさず多くのユーザーの心を捉え，サラウンド音響という新たな表現領域も健全なビジネスベースで推移していくことができる。

1-3.　ミキシングから見たサラウンド音響の優位性

　次に，ミキシングという技術面から見たサラウンドの優位性について述べる。【図1-5】を参照されたい。
　ここでは作曲家の意図にもとづいて様々な楽器をもちいた音楽空間がミキシングされている。これらの要素を全て2チャンネルのステレオ空間で表現しようとすると，お互いの楽器の音色

はマスキングという現象によってかき消されてしまう楽器が生じる。あるいは2次元空間のなかでの前後という奥行感を出すためにメインの楽器や歌とバックを支える楽器群とでは音色や距離感を加工しなければならない。いきおいこのためにリミッターやコンプレッサー，イコライザーといった音色加工を行い空間の整理をしなくてはならなくなる。こうしたマスキングをいかにバランス良く整えステレオ空間を作るかが「腕のいいミキシングエンジニア」と言われてきた。しかしこうして整えられた個々の楽器の音色は録音した段階から加工により変化しているのである。加工が少なく無理なく聞こえかつ自然な音という普段我々が耳にするサウンド空間から見ればこれは，「スパイス過剰の食材」と言われかねない。【図1-6】に示すようにこれを5チャンネルのサラウンド空間へと拡大した場合はどんな状況が生じるであろうか？

同じような音色の楽器でも空間配置をかえて定位することでマスキングから解放される。5つの再生スピーカ個々の役割は大きく減少するため再生負担が少なくなり正確な再現性が得られ，その結果自然なサウンド空間が再現できる。このように同じような音色の楽器のマスキングを避け無理のない自然な音色が維持できることと，再生スピーカなど機材面での低負荷による再現性の向上といった点に技術面から見たサラウンド音響の大きなメリットがある。

【図1-5】　2チャンネルステレオでのミキシング空間

【図 1-6】 サラウンドでのミキシング空間

1-4. 心理面からみたサラウンドの優位性

ここでは技術的な特性比較ではなくサラウンド音響が聴取者に与える心理面での効果について筆者の経験をふまえて述べる。最近色々な場所で一般リスナーの方々へサラウンド音響を体験していただく機会を提供している。ここでは, 派手なアクションや戦闘シーンではなく自然環境音や純アコースティックな音楽などを主体として再生しているのだが, そこで 20 分程聞いていると 20% くらいの方々が気持ちのいい眠りの状態へと移っていくという現象がどの会場でも見られたのである。当初はサラウンド音響が退屈で寝てしまったのかと心配していたのだが, 後で聞いてみると「音に浸っているようで気持ちよくなってしまって」といった答えが返ってくる。ここで思い出されたのが「アルタード・ステーツ」という SF 映画のタイトルである。動物は生命体となってから母親の子宮の中で羊水に浸りながら誕生を待っているという源体験があるのではないか？サラウンド空間は, まさにこの音に浸っている「Bathtub sound」を提供しているのである。豊かなサラウンド空間に包まれることで我々はリラックスし, 心が解放されるという Hi-Fi 指向とは違った新たな効果もサラウンドは持ち合わせていると言えよう（【図 1-7】参照。

【図1-7】 Bathtub Sound

1-5. 現状のサラウンド方式5.1チャンネルとは？

次章で述べるサラウンドの歴史を俯瞰しても明らかなように，サラウンド記録，再生方式に一定の収束が行われるまでには，世界のソフト制作会社やハードメーカそして研究分野で様々な方式が提案されてきた。その中で世界的な電気通信分野の規格制定に関わるITU（国際電気通信連合，本部スイス ジュネーブ）で規格が採用されるかどうかは大きな関門である。ワールドワイドな活動をしている友人から聞く話に「ヨーロッパが定義しアメリカがビジネスモデル化し日本がそのハードを作る」というたとえ話がある。ITUもそれの例に漏れずスイスに活動母体を置いている。ここにハイビジョンという大画面高品質次世代メディアを研究していたNHKから将来の大画面TVにふさわしい音声方式として従来の2チャンネルステレオではなくフロント3チャンネル（L-C-R）とリア1チャンネル（モノーラルだが左右で分散配置）の3-1サラウンド方式が1985年に提案された。映画界では1970年代からフィルム光学記録にDolbyステレオという同様の方式が稼働していたが，放送界でこうした提案が行われたのは大変早い時期であったと言えよう。その後1990年代に入ると欧米の各放送界や映画界，研究所から新たな方式提案が行われ1992～94年にかけて大画面を伴う，あるいは音声のみのサラウンド方式としてフロント3チャンネル　リアのサラウンドチャンネル2チャンネルの通常「3-2サラウンド」という規格が制定された。このことにより映画界はもとより放送ビデオパッケージ音楽そして家電メーカといったさまざまなメディアが共通の方式で包括できたことは大きな前進であった。

この5.1チャンネルサラウンドの方式で，サラウンド空間の再現は，理想的なのか？といわれれば，まだ以下のような課題もある。

- フロントとリアのスピーカで形成される合成音像による側方定位検知能力は不安定なので，正確な側方定位が必要な場合は，独立した側方チャンネルを追加しなければならない。
- スイートスポットの拡大。5.1 チャンネル配置で理想的なバランスを得ようとすれば，スイートスポットと呼ばれる場所が中心付近に限定される。これを幅広くする為には，ソフト制作者が，いかに広い音場をデザインするかが重要となる。
- 本方式は，メインの音源がフロント 3 チャンネルに存在し，リアのサラウンドチャンネルは，あくまでそれらの空間成分による包まれ感があればよい，という前提で規格されているため全チャンネルを均等に重視したい場合は，別な配置が必要となる。
- 現行規格でのリアのサラウンドチャンネル配置をみてもわかるようにリアの開き角は，フロントの開き角に比べ極端に広い。このためリアにファンタムセンターの音像を定位させようとしても明確なセンター定位が得にくい。このためリアにも専用のセンターチャンネル用スピーカを配置するなどの新たな方式も出現している。

【図 1-8】に示すのが当時の ITU-R BS.775 と呼ばれる規格である。ここでは 3-2 サラウンド方式にとどまらず将来の 8 チャンネルサラウンドまで含めモノーラルから 8 チャンネルまでの様々なスピーカ配置について検討された。
またステレオとの両立性を維持する為の「ダウン MIX」と呼ぶ方式についても言及している。しかし 1994 年の時点では映画界で多用している LFE(重低音再生専用チャンネル) のあり方については言及しなかった。図中の画面 01 とは HDTV 受信機画面サイズを . 画面 02 は大型プロジェクションスクリーンタイプを想定した画面を意味している。

3-2 方式の概要は，映像がある / なしに関わらずフロント L-C-R のスピーカ角度は従来の 2 チャンネルステレオとの両立性を考慮し左右の開き角を 60°（センターから見て 30°ずつ）としスピーカ間隔は最少 2m 〜最大 4m の間を規定している。リアのサラウンドチャンネルについては，ホールトーンなどの空間成分再現を重視し明確なリアチャンネルでの音像再現は，優先していない。この為の角度として 110°± 10°というブロードな空気感の再現を重視した角度となっている。高さ方向については原則全チャンネル同一の高さと規定しているが映画や大人数視聴を考慮して仰角 15°までの高い位置での設置にも言及している。

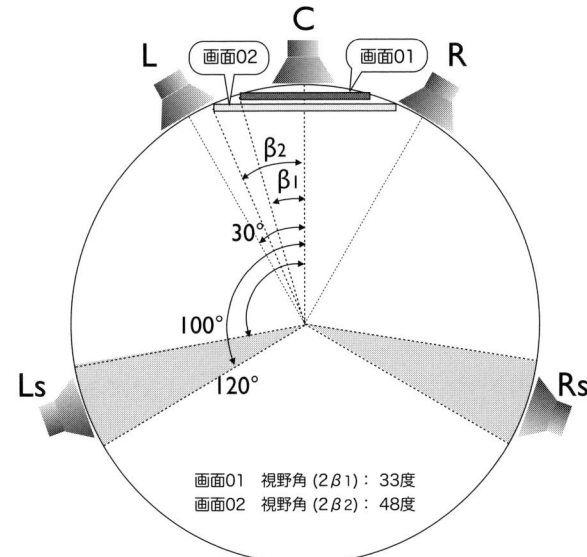

スピーカ配置	設置角度	高さ(m)	仰角度
C	0度	1.2m	0度
L,R	30度	1.2m	0度
Ls,Rs	100〜120度	1.2m以上	0〜15度

【図 1-8】 ITU-R BS.775 規格

画面の縦の長さ H とすると，
画面 01 の横幅＝ 3H（$2\beta_1 = 33°$），画面 02 の横幅＝ 2H（$2\beta_2 = 48°$）

これはあくまで制作側の理想値としてのガイドラインであるが，こうした条件を満足して設置できるスタジオは限られているのが現状である。また LFE チャンネルについては言及しなかったので，映画界のデファクトが踏襲され現在に至っている。

【図 1-9】には現在の実情に即した配置を示した。これが ITU-R BS.775 と異なるのはリアのサラウンドチャンネルをホールトーンといったフロント音源のサポートとして扱うのではなく 5 チャンネルが対等な音源再生チャンネルとしての扱いを重視したリア 135°や 150°といった後ろよりの配置の提案。LFE 低域再現が部屋の影響により不均一再生されることを防止する為の LFE 多チャンネル再生にある。（多チャンネル再生してもトータルの再生音圧レベルは LFE1 台設置と同じレベル）

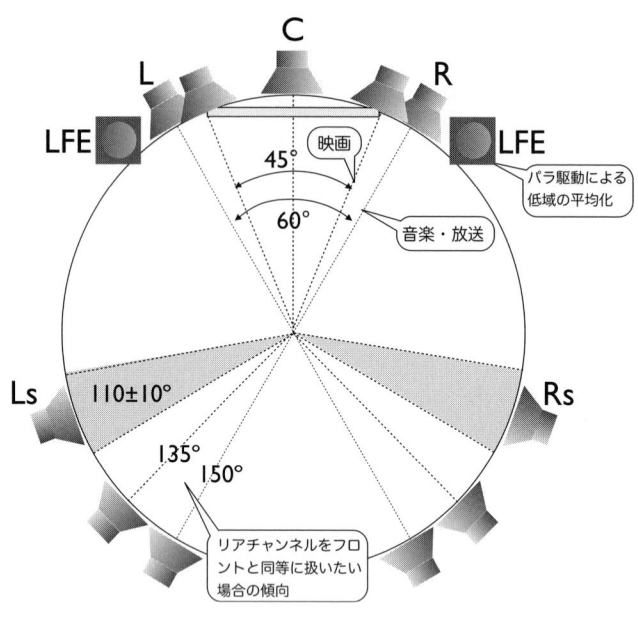

【図1-9】 実際の制作現場でのスピーカ配置の例

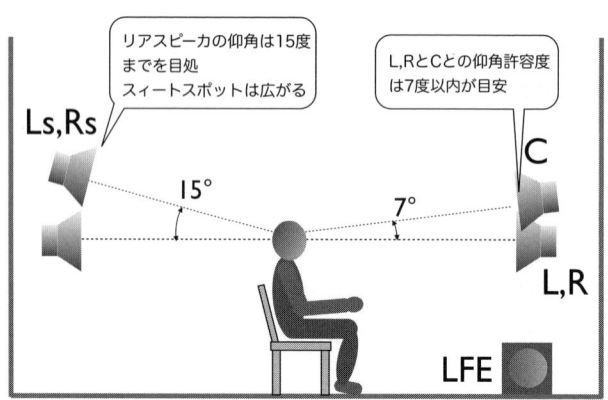

【図1-10】 スピーカ位置の許容度

ITUR-BS 775の推奨配置と実際のサラウンド対応スタジオでのモニタリング環境を考えた許容度を示す。実際のスタジオでは，正面映像モニターや後方でのプロデューサ，クライアント等多くの関係者が同席するのが一般的であり視聴範囲を広く確保する必要がある。

【図 1-10】にはこうした規格から高さ方向でどれほどずれた配置が可能なのかの目安を示す。これはあくまで実際にサラウンド制作を行ってきた経験から述べるガイドラインであることに留意願いたい。

1-6. 一般家庭におけるサラウンドスピーカ配置と許容範囲

一般家庭でリスナーがサラウンド聴取環境をどのように構築し，その配置は，制作側の配置基準からどの程度の範囲内であれば，制作側の表現意図が損なわれないか？ これは，制作側からみて永年の検討課題でもあったテーマである。JAS（一般社団法人 日本オーディオ協会）内でホームシアターの普及と視聴ガイドラインを策定するための DHT 委員会（座長 鈴木弘明）に一般家庭におけるサラウンドスピーカの配置調査，および設置許容範囲のガイドラインを策定する WG02 が発足し，筆者をはじめ 7 名の委員で調査及び，評価実験を行いガイドラインを策定した。（2009 年～ 2011 年活動）この結果は，現状での有益なデータとなると考えられるので，本書で要点を紹介しておきたい。
詳細な結果については，参考資料 [1] を参照願いたい。

1-6-1. 国内サラウンド視聴ユーザのスピーカ配置調査

2009 年に実施した本調査では，一般ユーザ，インストーラーなどから 82 サンプルを得，有効データ 62 サンプルをクラスター分析し，代表的な家庭内スピーカ配置が 5 パターンに集約できることがわかった。

1-6-2. サラウンド評価音源を使用した主観評価実験と分析

上記 5 パターンに今後普及が予想される TV ラックタイプと天井埋め込みの 2 パターンを加えた 7 パターンを配置例として「包まれ感」「定位感」「移動感」の評価音源を用い，リスナー位置に配置したダミーヘッド収録素材を尺度評定法により 25 名の音響専門家による主観評価（5 段階評価）を実施。追実験として詳細な TV ラックタイプと天井埋め込みの主観評価実験を実施して分析した。

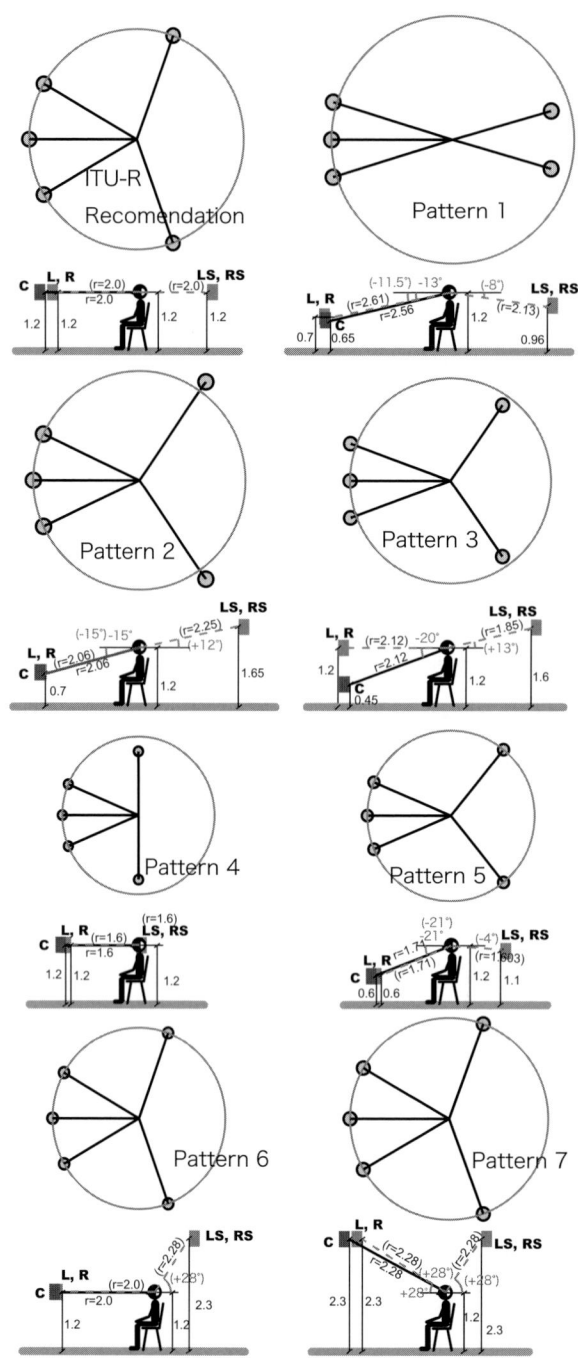

【図1-11】 サラウンドスピーカのITU-R BS.775基準配置と実験に使用した配置パターン

一般家庭でのサラウンドスピーカ設置の調査結果から得られた5パターンの配置（パターン1~5）と今回評価実験用に追加したリアスピーカの天井設置（パターン6~7）配置及びITU-R BS.775基準配置の各スピーカ設置データを示す。円周中心部が，リスナー位置（スイートスポット）を示し，各スピーカまでの距離と角度，高さを示している。

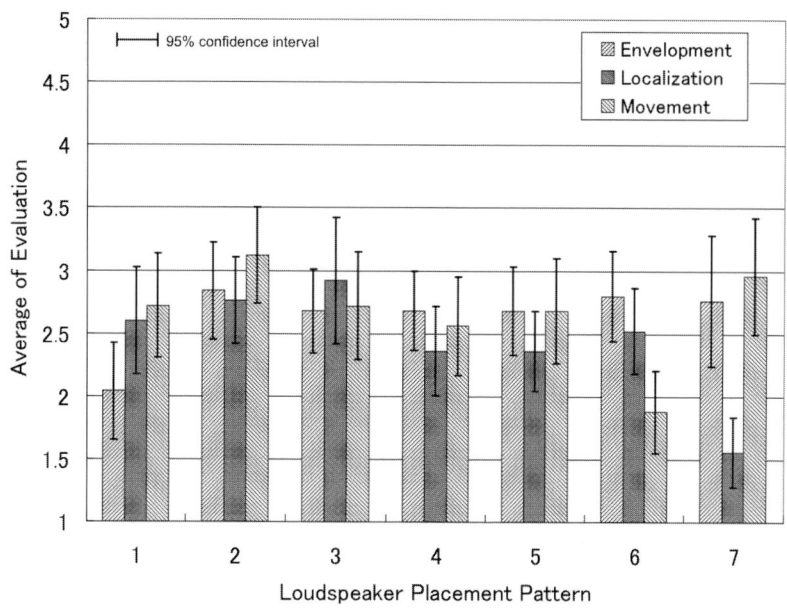

【図 1-12】主観評価実験結果

横軸は，評価した7パターンのスピーカ配置を示す。縦軸は，5段階評価の結果で3がITUR BS 775基準と変わらない場合を示しポイントが大きくなると評価が高く，低いと評価が低いことを表す。評価したサラウンド用語は，Envelopment (包まれ感) Localization（定位感）Movement（移動感）を表している。

1-6-3. 許容範囲ガイドライン

得られた結果より一般家庭におけるITU-R BS .775からの許容範囲を以下のように策定した。

(1) リアスピーカの開き角度許容度

100°から135°を目安に設置。これにより臨場感や定位感を損なうこと無くサラウンド音場を楽しむことができる。(ITU-R勧告は110°±10°)

(2) センタースピーカ

L-C-R同一位置に設置できない場合，センタースピーカを低く設置しても良い。その場合の目安は，20°以内を目安とする。(ITU-R勧告は同一平面上設置)

(3) フロントリアスピーカのインウオール設置許容角度

各スピーカを壁面に高く設置する場合，最大仰ぎ角度20°以内を目安にする。

(ITU-R勧告は15°以内)

(4) スピーカ距離

リスニング位置からのフロントスピーカまでの距離に比べて±10%以内のリアスピー

力距離は問題ない。(ITU-R 勧告は，同一距離)

(5) 音場補正ツールの活用

こうした物理的パラメータを目安としたうえで，各社 AV アンプに内蔵している自動音場補正ツール機能を併用することで制作側が意図したサラウンド音場を家庭でも楽しむことができる。

[参考資料]

[1] " サラウンドスピーカの家庭再生配置における許容度調査 ", DHTWG–02 JAS-J ,(2012)

[2] " 一般家庭におけるサラウンドスピーカ配置許容度の検討 ", 小谷野他 , 日本音響学会春期研究発表 2-Q-2 ,(2012)

[3] " サラウンド音響最近の話題から ", 沢口真生 , パイオニア R&D No18 ,(2008)

[4] "Interaction between Loudspeakers and Room Acoustics Influences Loud Speakers Preferences in Multichannel Audio Reproduction" ,S.Olive ,M.William ,AES Convention123th ,(2007)

[5] " 再生環境から考えるサラウンド音響 －番組制作者の視点から－," Akira Fukada, InterBEE 音響シンポジウム（2006）

[6] "Multichannel Monitoring Tutorial Booklet 2nd Edition" , SONA/YAMAHA ,(2005)

[7] "Recommendations For Surround Sound Production" ,NARAS ,AESTD1001.1.01-10 ,(2004)

[8] "Multichannel surround sound systems and operations" ,AES TC Document, (2001)

[9] "Proposal for the Specification of Control Rooms for HDTV Multichannel Sound Program Production" ,S.Yoshikawa et al ,MSSG ,AESConvention 100th ,(1996)

[10] "Study on Optimum Rear Loudspeaker Height for 3-1 Reproduction HDTV Audio" ,H.Suzuki ,H.Shinbara ,S.Toyoshima ,AES Convention 95th ,(1993)

[11] "Multichannel stereophonic sound system with and without accompanying picture" ,Rec. ITU-R BS.775 ,(2006)

2 サラウンドの歴史

Chapter2　The History of Surround Sound　　　　　　　　　　　　　　　　亀川 徹

2-1. ステレオフォニック（立体音響）の発見 〜モノからステレオへ

サラウンドの歴史を紐解くにあたり，まずステレオの歴史を振り返る必要があるであろう。ステレオという言葉は，現在ではサラウンドに対して 2 チャンネルの再生方式の事を意味する場合が多いが，もともとはステレオフォニック，すなわち「立体音響」という言葉が元になっている。1877 年のエジソンの蓄音機から始まったといわれている録音再生の歴史は，当初モノフォニック，つまり 1 つのチャンネルからなる再生方法で始まったが，2 つ以上のチャンネルを用いることで音が立体に聞こえるという事は，1881 年にパリで開かれた万国博覧会で，アデール（Clement Ader）が行った実験で偶然発見されたと言われている。彼がパリオペラ座のステージ上に 80 台の電話の送話器を 1 列にセットし，3km 離れた会場に設置された受話器で聴くという実験をおこなっていた際に，偶然観客の一人がそれらの中から適当な距離に置かれた 2 台の受話器を両耳で聞く事で，オペラ座の客席で聞いているかのような立体的な音が聞こえることを発見し，それを聞いたアデールがこの現象を書き留めた（【図 2-1】）。

その後も磁気テープ録音機やマイクロホンといった様々な電子機器の開発と共に，立体音響の実験もおこなわれた。中でも 1931 年にイギリスの発明家のブルムラインがステレオ録音技術を特許として申請した「双指向性マイクロホンを左右 90°交差して収録する方式」は，左右 2 チャンネルの信号のレベル差で音像定位をコントロールできる事を理論的に示した成果であった。双指向性マイクを用いることで得られるコサイン（$\cos\theta$）カーブは，センター（マイクロホンの軸方向から 45°）で -3dB となり，これは現在多くのステレオパンポットで用いられている（【図 2-2】）。

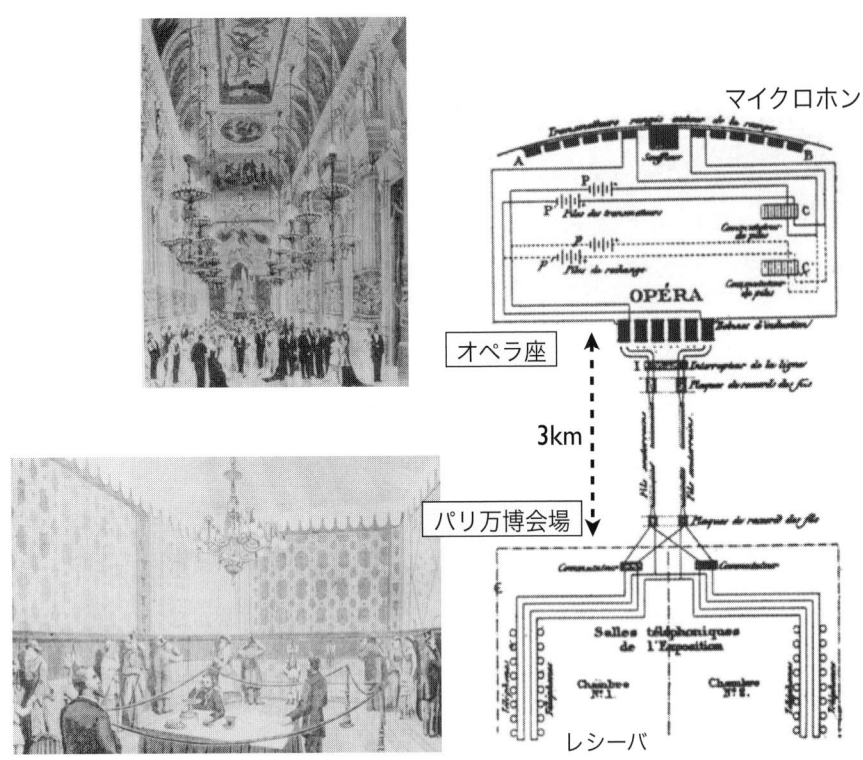

【図 2-1】パリ万博におけるアドルの実験
オペラ座のステージにあるマイクロホン（図上）の任意のペアを 3km 離れた万博
会場の両耳レシーバで聴く事で，オペラ座の音が立体的に聞こえる事が発見された。

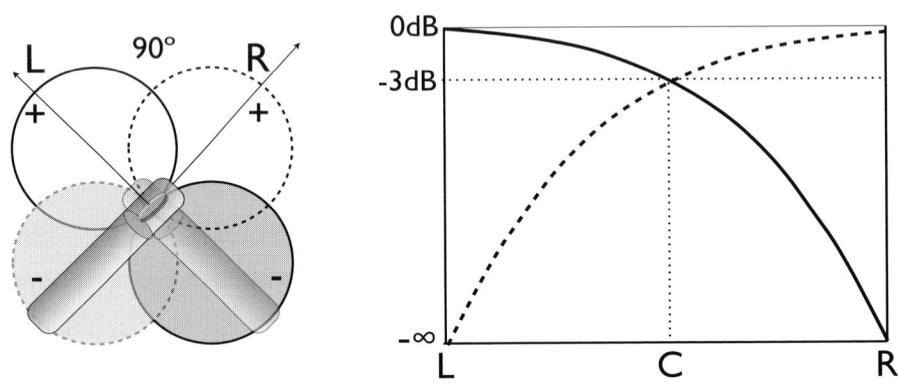

【図 2-2】ブルムラインの提案した双指向性マイクロホン 2 本を用いたステレオ収音方式
右はパンポットの音量を示した曲線

第2次世界大戦後には，従来のいわゆるSP（Standard Play）レコードよりも高音質で長時間記録ができるようなったLP（Long Play）レコードと，ドイツで開発された高周波バイアス技術を元にアメリカで改良されたテープ録音機の双方において2チャンネルでの記録が可能となった。これにより2チャンネルステレオによる収録再生技術は飛躍的な進歩を遂げて，「ステレオ」という言葉はオーディオの高音質化の代名詞として一気に社会的にも認知されるようになる。

放送におけるステレオとしては，1952年にNHKや民放が，左チャンネルと右チャンネルそれぞれに別々のラジオの放送波を使用し，2台のラジオで受信する実験をおこなった。その後1954年からはNHKでラジオ第1放送と第2放送を同時に用いたステレオ音楽番組「立体音楽堂」がレギュラー化し，FM放送が全国に広がった1965年まで放送された。

2-2. 大阪万博における多チャンネル音場の実験から4チャンネルステレオへ

2チャンネルテープ録音機は，テープの磁性体やバイアス方式の改良によって，その後4チャンネル，6チャンネル，8チャンネルと，同時に記録できるチャンネル数を増やしていき，それに伴って録音の方法も大きく変化していくが，同時に多くのスピーカを用いて立体的な音像を作り出す実験もおこなわれるようになる。1960年代から盛んになった現代音楽の流れは，シュトックハウゼンに代表されるように，空間上の様々な位置に音を配置した作品が作曲されるようになる。その流れの集大成となったのが，1970年に日本で開催された大阪万博である。ここではシュトックハウゼンなどの海外の作曲家と，黛敏郎や武満徹などといった日本の新進気鋭の作曲家が，様々なパビリオンで大規模な立体音響の作品を展示していた。中でも鉄鋼館でおこなわれた武満徹による「6トラックの録音機を4台同期運転して1300個のスピーカによる再生システム」は，万博にかける関係者の意気込みと当時の日本の音響技術のレベルの高さを表しているといえよう。

こういったマルチチャンネルによる空間音響再生の流れは，当時のオーディオ技術にも反映され，1970年に家庭用4チャンネルステレオ方式（Quadraphonic）として発売される。4チャンネルステレオ方式は前方2チャンネル，後方2チャンネルにスピーカを配置する方式で【図2-3】，日本のオーディオメーカーが各社競ってその技術を披露することになる。代表的なものとしては，4チャンネルを独立した信号として記録・再生するディスクリート方式の日本ビクターのCD-4，日本コロンビアのUD-4，4チャンネルを2チャンネルに変換して記録し，再生

時に4チャンネルに戻すマトリクス方式として，CBS ソニーの SQ，山水電機の QS などの方式が製品化された。録音したものの再現性としては，ディスクリート方式の方が優れていたが，ビクターの CD-4 のように，リアの信号を可聴帯域外の 30kHz に FM 変調して記録する方式では，再生には 50kHz まで再生できる特殊なカートリッジ（レコード針）や高周波を減衰させない特殊なケーブルなどが必要とされた。一方ソニーの SQ 方式は，通常の 2 チャンネルステレオのシステムでも再生できる反面，4 チャンネルの分離が十分でなく，録音された音どおりに再生するのは困難であった。このように様々な規格が乱立した事に加えて，4 チャンネルステレオの良さを発揮したレコードも不足していたため，一般への普及を待たずに 70 年代後半には市場から姿を消してしまった。これ以来，音楽業界はマルチチャンネル再生への意欲は一気に冷めてしまったが，その結果はカートリッジをはじめとしたオーディオ技術に反映された。

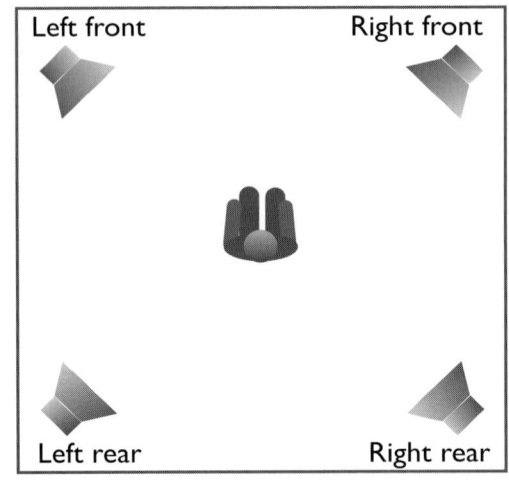

【図 2-3】4 チャンネルステレオ方式

2-3. 映画音響の発展とドルビーステレオの普及

ステレオ技術は映画産業にも取り入れられ，様々な実験がおこなわれていた。劇場公開された映画として最初のサラウンド作品は，1940 年に公開されたディズニー「ファンタジア」と言われている。この映画のために考案された「ファンタサウンド」は，映像とは別に 4 チャンネルの光学トラックを持つフィルムを同期させ，スクリーンの背後に 3 チャンネル（L，C，R），そしてもう一つのトラックに再生アンプの音量をコントロールする信号を入れておき，通常の光学トラックでは再生できないダイナミックレンジを実現した。
1950 年代には 3 台の 35mm 映写機を同期させるシネラマ方式による大画面の映画に合わせて，

前方5チャンネル，後方2チャンネルによる7チャンネル再生を実現したシネラマ方式（1952年）を用いた作品が作られた。これに続き70mmフィルムを用いたTodd-AO方式などが現れたが，これらの方式は大規模なシステムが必要なため一部映画館でしか上映できず，興行的にも成功とはいえなかった。

1976年にドルビー社が開発したドルビーステレオ方式は，L, C, R, Sの4チャンネルを2チャンネルに変換して35mmフィルムの光学トラックに記録する方式で，1977年の「スターウォーズ」と「未知との遭遇」で世界的に広まる。その後このマトリックス技術は改良され，1982年にドルビープロロジックと呼ばれるシステムで家庭用のホームシアターのAVアンプにも組み込まれ，ホームビデオの普及とともに家庭でもサラウンドが楽しめるようになる。

2-4. デジタル技術の発展とホームシアターの普及

デジタル信号処理を用いて音を記録する研究は古くからからおこなわれていたが，デジタル録音機としての世界初の実用機は，1972年に日本コロンビアによって開発された（DENON DN-023R）。サンプリング周波数47.25kHz，量子化ビット数13bitで2インチVTRに記録し，最大8トラックまで対応でき，手切り編集も可能という当時としては画期的な録音機であった。その後もデジタル録音機の開発が進むが，一般家庭にデジタルオーディオが登場するのは，1982年にソニーとフィリップスによって規格化されたCDの誕生からである。それまでのLPレコードと比べ，ベートーベンの交響曲第9番が1枚のディスクで聞けるという長時間記録と，扱いやすさ，コンパクトさなどのメリットが市場に受け入れられ，急速に普及していく。こういったデジタル技術の発展がサラウンド制作に向けられるようになるには，音声データの圧縮技術が必要であった。

1990年には，NHKが衛星放送を用いて，高精細度な映像方式のハイビジョン放送を開始した。ここで採用されたのが，NHKが独自に開発した圧縮方式（DANCE）で前方3チャンネル，後方1チャンネルの4チャンネルをディスクリートで伝送する3-1サラウンド方式であった。

1992年にはドルビー社が，開発した音声データの圧縮技術（AC3）によって，L, C, Rの前方の3チャンネルに加えて，後方に2チャンネル（Ls, Rs），そして低音専用のチャンネル（LFE = Low Frequency Effect）を備えた5.1サラウンドのドルビーデジタル方式が提案された。ドルビー社に続いて1993年にはdts社が開発した圧縮方式を用いて5.1チャンネルの信号をCD

に記録し，フィルム上のタイムコードと同期をとる dts 方式が発表される。さらにソニーからは，MD（MiniDisc）と同じ圧縮技術を用いた ATRAC 方式で前方 5 チャンネル後方 2 チャンネルの 7.1 サラウンドシステムの SDDS 方式が提案されたが，あまり普及せずその後はドルビーデジタルと dts 両社の方式が，映画音響の標準的な方式として多くの映画で採用されるようになる。

2-5. DVD，デジタル放送の普及とフォーマットの統一

映画で普及した 5.1 サラウンドの流れは，1996 年に始まった家庭用 DVD プレーヤーの発売にも波及し，映画を中心に多くのソフトでドルビーデジタルや dts 方式に対応した 5.1 サラウンドが家庭でも楽しめるようになる。
このように映画館から一般家庭へサラウンド方式が広がっていくのに合わせて，サラウンド作品を制作する側からは，再生方式についての規格化を望む声が高まって来た。そこで 1992 年から 94 年にかけて，世界の音響関係者が集まり，国際電気通信連合無線通信部門（ITU-R）で 5.1 サラウンドのスピーカ配置などについての推奨規格として ITU-R BS.775 がまとめられた（【図 1-8】参照）。

そして 1999 年には DVD オーディオと SACD が誕生し，非圧縮で高音質な 5.1 サラウンド再生が可能なメディアとしてオーディオ愛好家を中心に広がっていく。
放送においても，2000 年に始まった BS デジタル放送では MPEG2，AAC 方式が採用され，デジタルハイビジョンで 5.1 サラウンド放送が可能となった。これに続き 2003 年から始まった地上波デジタル放送でも同様に AAC が採用され，地方局でも 5.1 サラウンド放送が可能となり，徐々にサラウンド制作の番組が増えて来ている。

DVD 以降のパッケージメディアとして Blu-ray は，非圧縮の 96kHz/24bit のリニア PCM での 5.1 サラウンドが可能で，ハイビジョン映像と共に従来以上に高画質，高音質のソフトが家庭で楽しめるようになった。一方インターネットの普及によって音楽をダウンロードしたり，ネットラジオのようにライブストリーミングによって音楽を聴くといった，ネット配信による聴取形態も増えてきている。ネット環境では，ブロードバンドの普及によって大容量の音声データのやりとりが可能になったとはいえ，まだまだ圧縮方式が主流で，サラウンドについても 192kbps で 5.1 サラウンドを伝送可能な MP3Surround などの方式が提案されている。

デジタル技術の発展により，高音質のサラウンド作品を制作する環境は整って来た。音楽や映像作品を視聴するスタイルがこれまでのようなホームシアターのような環境から，携帯電話やメモリープレーヤ，小型ゲーム機といった可搬型機器による視聴が主流になる一方で，3Dハイビジョンといった新しい映像方式の音響システムとして今後サラウンドをはじめとする立体音響はますます注目されるであろう。

[参考資料]

[1] "*レコードの歴史〜エジソンからビートルズまで*" ローランド・ジェラット／石坂範一郎訳，音楽之友社（1981）

[2] "*カラヤンとデジタル*" 森芳久, ワック出版部 (1997)

[3] "*The Story of STEREO 1881-*", John Sunier, Gernsback Library, INC. (1960)

[4] "*サラウンドサウンド方式の歴史と技術*" 小谷野 進司, PIONEER　R&D (Vol16,No2/2006)

3 サラウンド再生環境の構築

Chapter3　Setting up Surround Monitoring Environment　　　　　　　　中原 雅考

作品の試聴は，サラウンドを学ぶ上で最も重要な作業の一つである。その際に，試聴環境が良好であればあるほど，より多くのことを学ぶことができる。また，実際に作品を制作するとなると，スピーカの音色などの嗜好的な問題の前に，いかに正しく再生環境を構築しているかが重要なスタート・ポイントになる。

3-1. サラウンド再生と2チャンネル再生の相違点

サラウンドも2チャンネルも，立体音響再生（ステレオ再生）のためのオーディオ・システムという点では，基本は同じである。
従って，「オーディオ再生にとって何が重要か」ということを考えると，自然にサラウンド再生と2チャンネル再生の共通点や特徴が分かってくる。

3-1-1. モニタ環境に必要な条件

本章では，制作者にとっての再生環境という意味で，再生環境や試聴環境のことを「モニタ環境」と表現する。
モニタ環境にとって，必要な条件は以下の5つである。

(1) 同じ音量
リスニング・ポイントにおいて，全てのチャンネル（スピーカ）からの音が，「同じ音量」で再生される。

(2) 同じタイミング

リスニング・ポイントにおいて，全てのチャンネル（スピーカ）からの音が，「同じタイミング」で再生される。

(3) 同じ特性

リスニング・ポイントにおける各チャンネル（スピーカ）の「特性が同じ」である。
ここで「特性」とは，主に周波数（振幅）特性のことを表している。

(4) 良い特性

リスニング・ポイントにおける各チャンネル（スピーカ）の特性が，「良い特性」となっている。
例えば，周波数特性上の顕著なディップやピークが無いなど。

(5) 良い音（音色）

各チャンネル（スピーカ）からの再生音が，聴取者にとって良い音，良い音色である。
ここでの評価には，（4）の特性も含まれることになるが，ここで言う良い音とは，聴取者の嗜好も含んだ総合的な評価を意味している。

上記のモニタ環境構築のための必要条件は，重要な順番に列記している。
エンドユーザ（一般家庭）の再生環境においては，（5）の良い音色の探求から構築作業を始めても良いが，プロのモニタ環境を構築するためには，上記の順番にて優先順位を位置づけておくことが重要である。
特に（1）及び（2）は，モニタ環境にとって必須の事項であり，最も重要な要素である。（3）に関しては，制作環境であれば，努力して達成すべき事項である。
（4）の良い特性に関しては，（1）～（3）をクリアした後に，いかにこれを実現するかが，モニタ環境のグレードを決める鍵となる。
最後に，（1）～（4）が実現できた上で，（5）の満足する音色を得ることができれば，最高のモニタ環境が得られる。

3-1-2. リスニング・ポイント

正しいモニタ環境が構築されると，全てのチャンル（スピーカ）からの音を「同じ音量」，「同じタイミング」，「同じ特性」で聴くことの出来るポイント，すなわち「リスニング・ポイント」

ができ上がる。従って，「リスニング・ポイントの構築」＝「モニタ環境の構築」であり，この基本原理は，2チャンネルであってもサラウンドであっても変わりはない。

「同じ音量」及び「同じタイミング」を実現するためには，リスニング・ポイントから「等距離」となる位置に各スピーカを配置すれば良いということになる。これを2つのスピーカに適用するか，より多くのスピーカに適用するかが，2チャンネルとサラウンドのモニタ環境構築の違いである。

A. 2チャンネル再生におけるリスニング・ポイント

2チャンネル再生環境の基本は，2台のスピーカとリスニング・ポイントを頂点とした正三角形を形成することである[1]（【図3-1】）。

しかし，多くの人が経験するように，正三角形ではなくとも，2つのスピーカの二等分線上であれば，実用上大きな問題は無くモニタ可能である。なぜなら，2チャンネル再生では，モニタ環境にとって最も重要な事項である「各スピーカから等距離」となる場所が，正三角形の頂点だけではなく，二等分線上にも生成されているからである。

リスニング・ポイントを特に意識しなくても，2つのスピーカを置くだけで「必ず」二等分線上にリスニング・ポイントができてしまう，といった点が2チャンネル再生環境の良いところである。

従って2チャンネル再生では，2つのスピーカの二等分線上にさえ聴取者が位置していれば，ある程度自由にリスニング・ポイントやスピーカの位置を調整することができる（【図3-1】）。

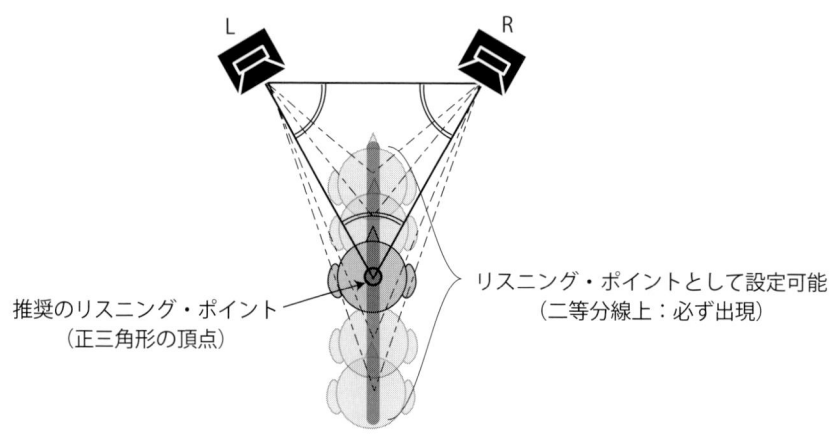

【図3-1】2チャンネル再生環境の推奨配置とリスニング・ポイント

B. サラウンド再生におけるリスニング・ポイント

サラウンド再生には様々なフォーマットや推奨例があるが，ここでは基本となる 5.1 チャンネル再生における L/C/R/Ls/Rs の 5 チャンネルに関して考えることにする。

5.1 チャンネル再生システムが 2 チャンネル再生システムと大きく違う点は，リスニング・ポイント，すなわち各スピーカからの再生音が「同じ音量」「同じタイミング」で到達する場所が，自動的にはに生成されない点である。

例えば，【図 3-2】に示すように，L/R の 2 チャンネルに対しては，その二等分線上にリスニング・ポイントが自動的に生成される。また，その二等分線は Ls/Rs に対しても「同じ音量」「同じタイミング」を与えるリスニング・ポイントとなり得る。

しかし，それら 4 チャンネルを全て「同じ音量」「同じタイミング」で聴くことのできる点は，1 点のみとなる。

従って，5.1 チャンネル再生の場合，C スピーカを適切な場所に設置しない限り，全てのチャンネル（スピーカ）に対して「同じレベル」，「同じタイミング」を与えるリスニング・ポイントを作り出すことはできない。

以上より，サラウンド再生環境は，単に左右対称に各スピーカを設置するだけでは構築することができず，始めにリスニング・ポイントを設定し，それに対して全てのスピーカを適切な位置に配置するといった，計画的な構築作業が必要となることが分かる。

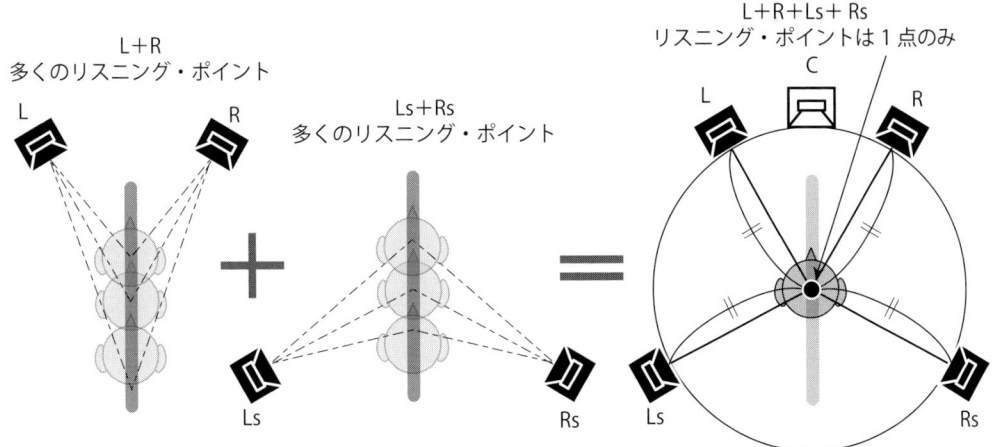

【図 3-2】サラウンド再生環境において形成されるリスニング・ポイント

3-1-3. チャンネル相関

モニタ距離の異なるスピーカがサラウンド再生環境に存在する場合，それらのスピーカ間で生成されるファンタム・イメージの表現に対して障害が生じることになる。逆に，ファンタム定位といった音響表現を用いず，全てのチャンネルが互いに独立した音を再生していれば，多少スピーカの設置位置がずれていても，それが大きな問題となることは少ない。

一般的に，再生するチャンネル数が多くなるほど，各チャンネルから再生される音は互いにばらばらの音となる傾向にあり，チャンネル間の相関性（類似度）は低くなる。例えば，22.2 チャンネル [2] のように再生するチャンネル（スピーカ）の数が多いシステムは，リスニング・ポイントから各スピーカまでの距離を等距離としなくても，音量バランスさえ整えておけば，良好な再生環境が構築しやすいシステムだといえる。

一方，2 チャンネルのように再生チャンネルの少ないシステムの場合，音像定位をファンタム・イメージに頼ることが多くなり，結果として L/R 間の相関性が高いコンテンツが多くなってしまう。その場合は，各スピーカをリスニング・ポイントから等距離に設置し，音量だけでなく音の到達するタイミングに関しても L/R で揃えておく必要がある。

22.2 チャンネルと 2 チャンネルの間に位置する 5.1 チャンネルの場合のチャンネル相関に関しては，様々である。

原則としては，2 チャンネルよりもチャンネル数が多い分，チャンネル間の相関性は低くなると思われるが，実際には作品の作り方で大きく変わってくる。例えば，パンニングによる静的なファンタム定位や，ディレイによる音作りが多くなるほどチャンネル間の相関は高くなる。前述のように，5 チャンネルの再生環境では，左右対称にスピーカを設置することで，少なくとも C チャンネルを除く L/R/Ls/Rs の 4 チャンネルに対しては，「同じ音量」「同じタイミング」を与えるリスニング・ポイントが 1 点生成される。

従って，C チャンネルが他の 4 チャンネルに対して相関性の低い信号を再生している場合には，スピーカ設置のばらつきに関係なく，少なくともその 1 点では良好な試聴が可能である。更に L/R と Ls/Rs から再生される音が互いに独立しており相関性が低い場合は，リスニング・ポイントが 1 点から二等分線上に拡張され，全てのチャンネル間の信号の相関性が低い場合には，リスニング・エリアが最も広範囲に拡大される（【図 3-3】）。

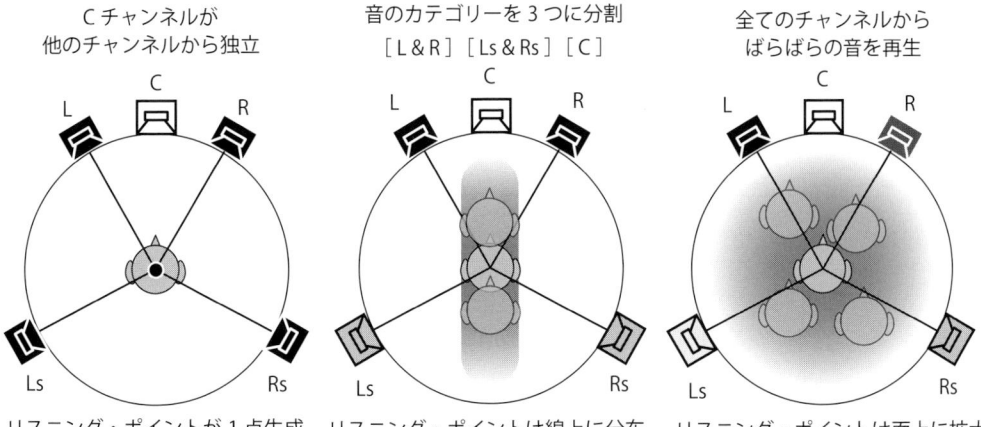

【図 3-3】チャンネル間の相関性とリスニング・ポイント

コンテンツ制作のためのモニタ環境としては，どのような素材が再生されても完全に表現できるように，できるかぎり完全な再生環境を構築すべきである。その一方で，どのようにしたら再生環境に左右されないコンテンツが制作できるかを考えておくことも重要である。そのために重要な事項は，チャンネル間の相関性ということになる。

例えば，映画では，以下のようにチャンネルごとの音の棲み分けができておりチャンネル間の相関性が低いことが多いため，様々な再生環境への対応能力が高いコンテンツとなっていることが多い。

- C チャンネル　　　　ダイアログ
- L/R チャンネル　　　音楽，SE
- Ls/Rs チャンネル　　アンビエンス，SE
- 定位表現　　　　　　サラウンド・チャンネルに関しては，静的なファンタム定位よりも動的なパンニングを多く用いる

3-2. スピーカのセッティング

5.1 サラウンド再生のスピーカ配置に関しては，様々な推奨があるが，広く用いられているのは，Rec. ITU-R BS.775[3] の推奨例である。

従って，5.1 チャンネルのスピーカ配置を検討する場合は，まずは ITU-R の配置から検討する

ことが定石となっている。

しかし，実際にはITU-R以外にも様々な推奨例があるように，ITU-Rの配置でないと5.1サラウンドの効果が低くなってしまうといったことにはならない。

実際にNHKが家庭環境でのサラウンド再生に関して様々な検証を行った結果，5.1チャンネルのスピーカ配置に対しては，以下の様にかなりの許容度が認められるといった報告もなされている [4]。

- Ls/Rsスピーカの設置角度は90°〜150°程度まで許容できる。
- Ls/Rsスピーカの設置角度が150°の場合は，スピーカを前方へ向けた方が良いが，その他の場合はスピーカの向きに関しては大きな影響はない。
- L/C/Rスピーカはディスプレイの周辺であれば配置による差は少ない。

基本となるのは，ITU-R BS.775であるが，様々な事情によりITU-Rの設置が困難となる場合も多々ある。また意図的に他の配置を選択することもある。

スピーカ配置を検討する上で大切な事項は，メリットやデメリットを含め自身の再生環境の特徴を充分に把握しておくことである。

3-2-1. スピーカの選択

サラウンド再生環境を様々な種類のスピーカの組み合わせで構築しないといけない場合には，単に音色のマッチングなどといった問題の前に，いくつかの注意すべき事項がある。

A. L, R, C, Ls, Rsチャンネルのスピーカ選択

5チャンネル（L, R, C, Ls, Rs）のスピーカに関しては，同じスピーカを使用できると理想的であるが，現実的には，違うスピーカを使用しなければならないこともある。

異なるスピーカを組み合わせて使用する際に留意すべき事項は，スピーカのクロスオーバ・ネットワーク仕様である。

スピーカの多くは，2ウェイなどのマルチウェイ・スピーカが主流となっている。2ウェイ・スピーカでは，ウーファ・ユニットからツイータ・ユニットへと再生帯域が推移する際に位相変化が生じる。その位相変化に関しては，ユニット間をつなぐクロスオーバ・ネットワークの仕様により様々であることから，異なる仕様のクロスオーバ特性を持つスピーカ同士を同時に

再生した場合に特定の帯域で再生音が消失してしまう可能性が生じる（【図3-4】）。
従って，L/RとLs/Rsで異なるタイプのクロスオーバ・ネットワークを持つスピーカを使用している場合，L-Lsなどのパンニングの際に，高域が消失してしまうといったことが考えられる[5]。

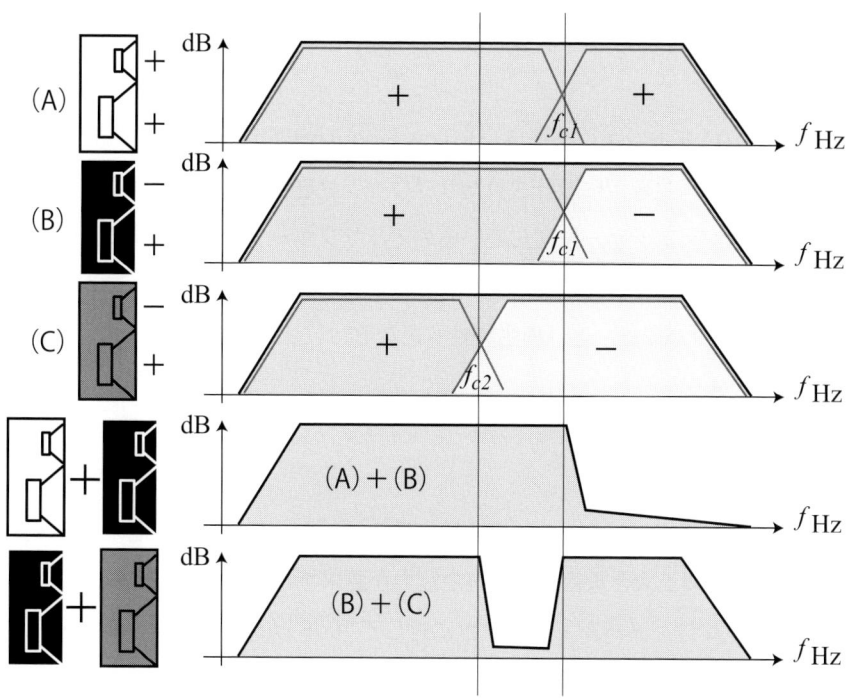

【図3-4】クロスオーバ・ネットワークによる位相干渉の例

以上のように異なるスピーカを組み合わせてサラウンド再生システムを構築する場合は，単に再生帯域や音色のマッチングといった点ではなく，まずはそれらを同時に再生した場合に，顕著な位相干渉が生じないかを確認しておく必要がある。

そのためには，同一シリーズや同一モデルなど同じ仕様のクロスオーバ・ネットワークを有するスピーカを選択するか，もしくは2つのスピーカを並べて置き，それらを同時に再生した場合に位相干渉が生じていないかなどを事前に確認しておくと良い。

制作環境としては，以上のような位相干渉のないモニタ環境を構築しておくことは重要であるが，一方で，エンドユーザ（一般家庭）の再生環境では，Ls/RsやCにL/Rとは異なったスピーカを用いる例は多い。このような環境において，例えばLとLsから同じ音が再生されてしまうと，著しく音色の変化が生じてしまう可能性がある。これを制作側の作業で回避するためには，異なるスピーカの組み合わせが予測されるチャンネルに対して，相関性の低い音を用いて

作品制作を行うということになる。

例えば，映画館の Ls/Rs スピーカには，L/R/C のスピーカとは全く異なるものが使用されていることが多いが，映画の音響制作では，Ls/Rs と L/R/C では互いに相関性の低い音が使用されていることが多いため，スピーカの違いが問題になることは少ない。

B. LFE チャンネルのスピーカ（サブウーファ）選択

5.1 チャンネルの中の 0.1 チャンネルを担う LFE（Low Frequency Effect）に関しては，他の 5 チャンネルとは異なり，低域再生専用に設計されたサブウーファを用いて信号を再生する。

サブウーファの仕様はバラエティーに富んでいるので，サブウーファを選択する際には，必ず 5.1 チャンネルの LFE の再生用として設計されているものを選んでおく必要がある。その際のキーポイントとしては，「パワー」と「再生特性」となる。

B-1. 再生パワー

詳細は 3-4-2. にて後述するが，LFE チャンネル再生用のサブウーファには，他の 5 チャンネルのスピーカに比べ 10dB 以上大きな音量での再生能力が要求される。

従って，サブウーファには，メイン・スピーカに対して 10dB 以上再生パワーの余裕のあるものを選択しなければならない。これは，アンプのワット数で考えると，メイン・スピーカに比べて約 10 倍のパワーが必要とされるということになる。

また，ベースマネージメント（詳細は 3-7. にて後述）を用いて，各チャンネルの低域成分をサブウーファから再生させる場合，さらに最大で 14dB（$20 \times \log_{10} 5$）の再生パワーの増強が要求される。従って，+10dB の LFE チャンネルと 5 チャンネルの低域再生を同時にサブウーファから再生させるベースマネージメントでは，メイン・スピーカに比べ最大で 18dB（$20 \times \log_{10}(10^{10/20}+5)$）の再生パワーが要求されることになる。これは，アンプのワット数で考えると，メイン・スピーカに比べて約 67 倍のパワーが必要とされるということになる。尚，ここで最大とは，全てのチャンネルから同じ低域成分が再生させる場合を想定している。

一方，全てのチャンネルから異なる音が再生される場合は，サブウーファに要求されるパワーはメイン・スピーカに比べて 9dB（$10 \times \log_{10}(10^{10/20}+5)$），アンプのワット数に換算して 8 倍で良いことになる。

以上より，5.1 チャンネルの再生システムでは，5 チャンネルのスピーカに比べて一回り以上大きなサイズのものをサブウーファに選ぶことになるケースが多い。

また，候補となるサブウーファの再生パワーが不足している場合は，数を増やすということも検討する必要がある。

例1）複数のサブウーファを近接して設置する場合，
　　2台で，約 $20\times\log_{10}2 = 6\mathrm{dB}$ の音量増加
　　4台で，約 $20\times\log_{10}4 = 12\mathrm{dB}$ の音量増加

例2）複数のサブウーファを距離をおいて設置する場合，
　　2台で，約 $10\times\log_{10}2 = 3\mathrm{dB}$ の音量増加
　　4台で，約 $10\times\log_{10}4 = 6\mathrm{dB}$ の音量増加

B-2. 再生特性

LFE チャンネルに必要とされる再生帯域は，多くの場合，20Hz 〜 120Hz である。最低周波数が 20Hz まで再生可能か否かに関しては，サブウーファのグレードにもよるが，上限周波数としては，少なくとも 120Hz までの帯域において再生周波数特性がフラットであるものを選ぶ必要がある。

サブウーファの中には，5.1 チャンネルの LFE 再生用として設計されていないものもあり，そのようなサブウーファでは，意図的に特定の周波数でピークを持つものも少なくないため，注意が必要である。

サブウーファを選択する際には，再生周波数特性を確認し，（20Hz）〜 120Hz の帯域にて振幅特性が ± 3dB 程度のフラットさを有するものを選ぶと良い。

B-3. メイン・スピーカとのマッチングと LPF

サブウーファの再生機構は，メイン・スピーカの低域再生機構とは異なるものが多いため，サブウーファとメイン・スピーカから同じ信号を同時に再生したとしても，単純に位相がマッチングするとは限らない。サブウーファとメイン・スピーカとのマッチングに関しては，簡単には検証することが難しいが，まずは，サブウーファに内蔵されている LPF（ローパスフィルタ）が位相ずれの原因となっていることが多い [6]。

フィルタ設計にもよるが，一般的にカットオフ周波数が低くなるほど，またスロープが急峻になるほど，LPF による遅延が大きくなる。

大きな遅延は，低域特性に対して位相変化をもたらすことになり，その結果，メイン・チャンネルとLFEチャンネルから同じ音を同時に再生した場合に，特定の周波数においてディップを生じさせることになる。

メイン・チャンネルとサブウーファとのマッチングを図るためには，LPFの調整が鍵となることが多いため，サブウーファ選択の際には，位相の可変，LPFのON/OFF，カットオフ周波数の可変，スロープの仕様などを調べておくと良い（サブウーファの調整方法に関しては，3-4-2.にて後述）。

3-2-2. スピーカ設置高の基本

オーディオ・システムでステレオ再生を行う場合，スピーカの設置高さ関しては，以下の2つの原則がある（【図3-5】）。

(1) 仰角 ≦ 15°
ファンタム音像をクリアに再生するためには，スピーカの設置高さは耳の高さと同程度が好ましいが，現実的には，耳の高さよりも高い位置にスピーカを設置しないといけない場合が多い。スピーカを高い位置に設置する場合，ファンタム音像の品質保持の観点からは，リスニング・ポイントからスピーカを見上げる仰角を15°以内とする必要がある。15°以上高い位置から音を再生した場合，個々のスピーカからの再生音は良好であっても，2つ以上のスピーカで表現されるファンタム音像がぼやけてしまうことがある。

(2) 仰角の差 ≦ 7°
スピーカの設置高を同じにできない場合は，それぞれのスピーカの仰角の差が7°以内となるように設置する。
2台のスピーカの高さの差が7°以上となってしまう場合，パンニングによる音像推移が上下にぶれてしまうように感じやすくなる。

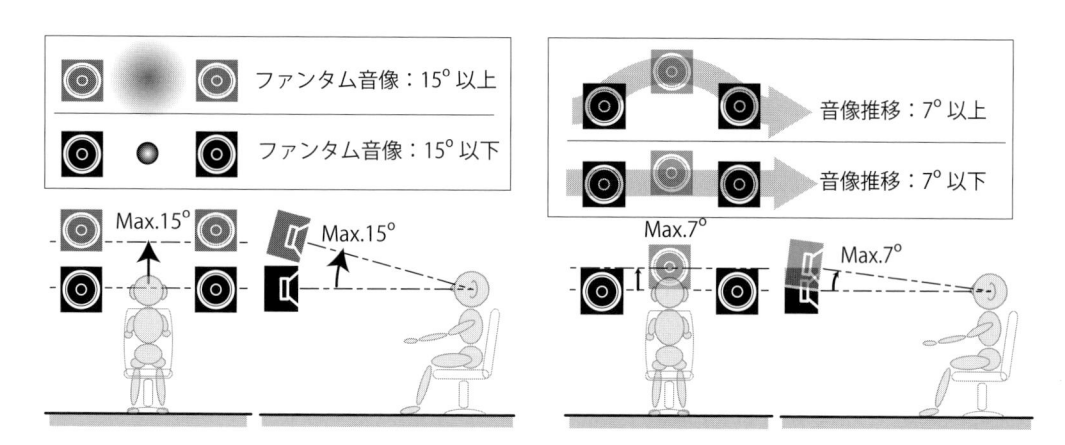

【図 3-5】スピーカ設置高の基本原則

以上に関しては，サラウンドに限らず 2 チャンネルにおいても共通の原則である。
また，音像知覚に対しては高域成分の寄与が大きいため，どうしても上記のセッティングが難しい場合は，ツイータの設置高さだけでもなるべく上記の原則が守れるように努力すると良い。

3-2-2. スピーカ設置の向き

スピーカを設置する際には，スピーカの音響中心がリスニング・ポイントの方向を向くようにスピーカの振り角を調整する。スピーカの音響中心に関しては，メーカより明示してある場合もあるが，一般的にはツイータとウーファの中点付近であることが多い。
スピーカの音響中心を直接リスニング・ポイントに向けず，ずらして設置する場合，軸外（off-axis）モニタリングとなる。その際，どの程度軸外（off-axis）での試聴が可能かに関しては，使用するスピーカによって変わるため事前の検討が必要になる。

A. 帯域による off-axis 特性の変化

スピーカからの再生音は，一般的には，高域になるほど指向性が鋭くなる。従って，スピーカの再生特性は，スピーカの音響中心から外れるほど，高域が減衰した特性となる（【図 3-6】）。スピーカを設置する場合は，高域減衰が顕著にならない範囲に off-axis 角度を設定する必要がある。

037

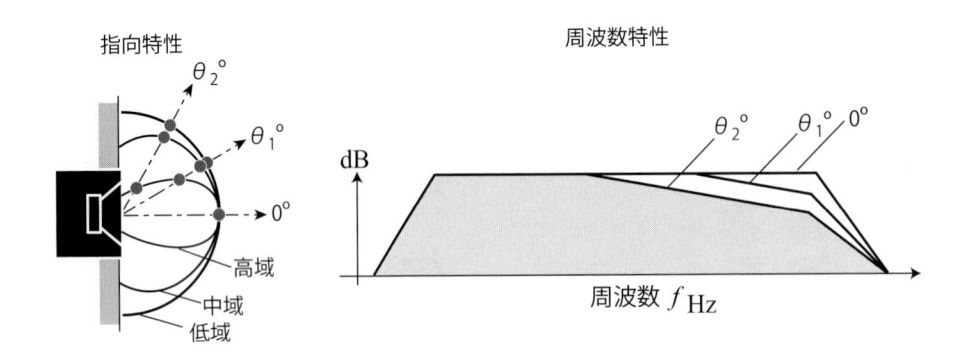

【図3-6】周波数による指向性の違いと off-axis 特性の変化

B. ロビング・エラーによるクロスオーバ周波数でのディップ

2ウェイ・スピーカなど複数のユニットにより構成されているスピーカでは，クロスオーバ周波数での再生時に，異なる場所に設置された複数のユニットから音が再生されることになる。その場合，それぞれの音が干渉し，複雑な指向特性を形成する。

例えば，ツイータとウーファが位相差0で設計されている2ウェイ・スピーカの場合，ツイータとウーファの二等分線上では最も大きな再生音を与えるが，その側には，激しいディップ，すなわちロビング・エラーが生じてしまい，結果として狭い指向特性を与えることになる（【図3-7】）。

ロビング・エラーによる指向性の変化は，ツイータとウーファの間隔が広いほど，またクロスオーバ周波数が高いほど激しくなる。

ロビング・エラーによるクロスオーバ周波数のディップは，急激に生じるため，スピーカの設置の向きに関しては，ロビング・エラーの防止を優先して決定することになる。

以上のようにスピーカの向きとロビング・エラーは密接な関係があるため，スピーカの音響中心に関しては，ツイータの位置などではなく，ツイータとウーファの中間など，ロビング・エラーを基本とした位置になっていることが多い。この場合，音響中心をリスニング・ポイントに向けることで，クロスオーバ周波数におけるロビング・エラーの回避を促すことができる。

2ウェイ・スピーカに関しては，縦置きを推奨している例を多く見かけるが，これは，ロビング・エラーの生じる垂直方向に対してカバーエリアを限定することで，水平面上のカバーエリアを広く得ようという発想からである。スタジオなどでの音響制作作業を考えた場合，ミキシング・エンジニアの動きは，高さ方向よりも横方向への移動の方が多いことから，スピーカ・メーカなどからは推奨されることの多い設置方法である。

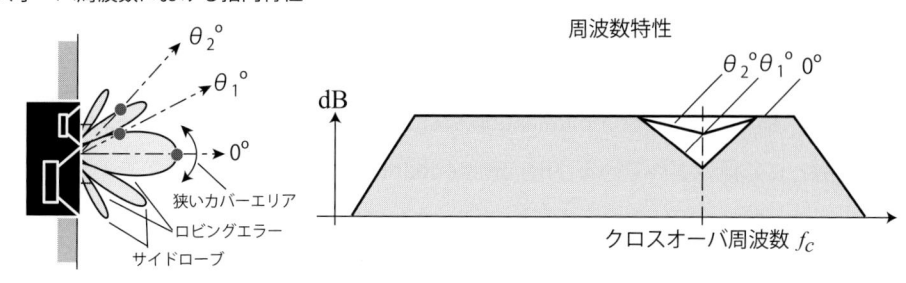

【図 3-7】ロビング・エラーによる off-axis 特性の変化

2 ウェイ・スピーカのクロスオーバ周波数における指向性の変化は，クロスオーバ・ネットワークの設計手法によって様々であることから，必ずしもツイータとウーファの二等分線上が音響中心となっているとは限らない。

従って，スピーカ設置に際しては，予めロビング・エラーに関するデータを入手しておくか，スピーカ設置後にリスニング・ポイントにおける周波数特性を実測し，クロスオーバ周波数においてディップが生じていないかを確認しておく必要がある。確認測定の結果，ディップが生じている場合は，スピーカの向きを再調整するなどの対策を行うことになる。

尚，ツイータとウーファの音響中心が同じ位置に設計されている同軸型スピーカでは，原則として，ロビング・エラーが発生しないため，高域減衰の影響だけに着目して軸外（off-axis）設置の検討が可能である。

以上よりスピーカの向きに関しては，基本的には，リスニング・ポイントに対して，軸外（off-axis）角度が 0°となるようにスピーカの向きを調整すると良いと言うことになるが，実際には，リスニング・ポイントに対して直接スピーカを向けると音がきつい，リスニング・ポイントだけではなく広くカバーエリアを与えたい，などの理由から，音響中心をリスニング・ポイントから外してスピーカを設置することも少なくない。

例えば，後述する ITU-R の Ls/Rs のにようにリスニング・ポイントの横方向に設置するスピーカに関しては，後方に対してカバーエリアを広く取ると良い場合もあることから（後述，【図3-10】［7］），意図的に後方に音響中心を向けてスピーカを設置する場合もある。

許容される軸外（off-axis）角度に関してはスピーカの仕様によるが，著者の経験からは，一般的なスタジオ・モニタであれば，およそ 10°以内，堅実的には 5°以内であれば，大丈夫なことが多い。

3-2-3. Rec. ITU-R BS. 775

5.1 チャンネルにおける 5 チャンネルのスピーカ配置として，基本となる配置は，国際通信連合の無線通信部門（Radio communication sector, International Telecommunication Union）から推奨例として提示されている「Recommendation ITU-R BS.775」[3] である。
この推奨例は，同じく ITU-R から先行して提示されている，オーディオ再生によるリスニングテストのための規格である「Recommendation ITU-R BS. 1116-1」[1] を基本としているため，モニタ距離など Rec. ITU-R BS.775 には記載されていない事項に関しては，そちらを参照することになる。
ITU-R による 5 チャンネルのスピーカ配置の概要は，以下の通りである（【図 3-8】）。

(1) L/R スピーカの開き角＝ 60°
　　2 チャンネル・ステレオ再生との互換性を重視した配置。
(2) Ls/Rs スピーカの設置角度＝ 110°± 10°（平面上の C スピーカ方向を 0°とした場合）
　　後方（リア）というよりは側方（サイド）といった配置。
　　ITU-R の推奨としては 110°が基準となるが，実際は，ぎりぎりまで後方に寄せた 120°の位置に設置されることが多い。
(3) 各スピーカの設置高さ＝床から 1.2m
　　聴取者の耳の高さにスピーカを設置する。
　　但し，Ls/Rs スピーカに関しては，リスニング・ポイント（床上 1.2m）からの仰角で 15°まで高い位置に設置することが可能。

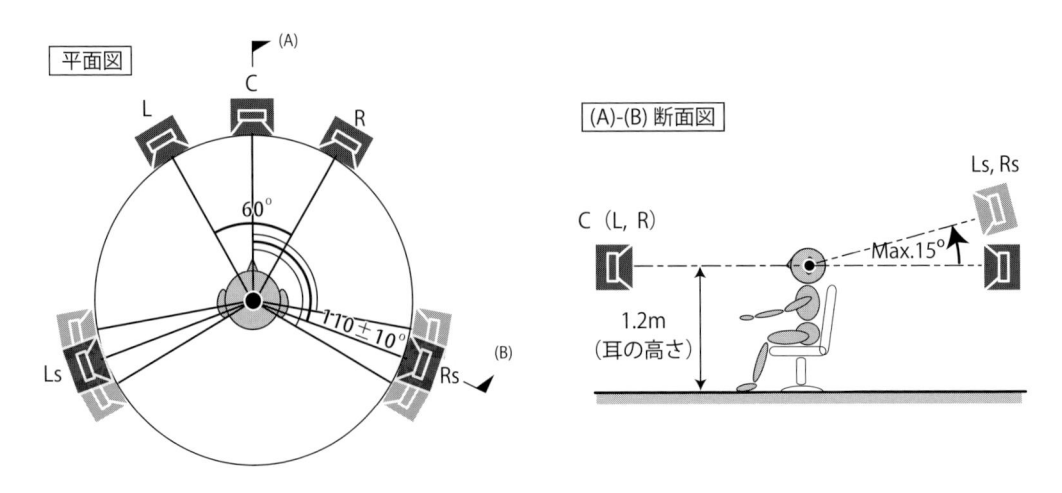

【図 3-8】Rec. ITU-R BS.775 によるスピーカ配置

5.1チャンネル再生のためのスピーカ配置に関する推奨例は，ITU-Rだけではなく，他にもいくつかあり，それぞれにメリットとデメリットを有している。

このように様々なスピーカ配置が提案されている5.1チャンネル再生であるが，そのスピーカ配置を検討する場合，まずはITU-Rの配置から検討を始めると良い。なぜなら，最も広く浸透しているITU-Rの配置に関してその特徴を理解することで，他の配置のメリットやデメリットに関しても理解することができるからである。

尚，ITU-Rでは，Ls/Rsチャンネルにそれぞれ2台以上のスピーカを使用する例も記載されているが，ここでは割愛する。

3-2-4. ダイレクト・サラウンド

ダイレクト・サラウンドとは，1対のLs/Rsスピーカをリスニング・ポイントに直接向けて配置するサラウンド再生環境であり，ITU-Rの配置を始め一般的なサラウンド再生環境のほとんどはダイレクト・サラウンド方式である。

ダイレクト・サラウンドの再生環境では，Ls/Rsのスピーカをどこに設置するかでサラウンドの音像再生に違いが生じる。

A. 側方配置：100°〜120°

ITU-R（110°±10°）は，Ls/Rsスピーカを「後ろ（リア）」というよりは「横（サイド）」に配置するサラウンド配置である。

このようなサラウンド・スピーカの配置は，サラウンド音場の左右のセパレーションに優れており，精密なサラウンド音場を表現しやすい。

一方，Ls/Rsの開き角が大きいこのような横配置は，後部の奥行き方向の定位を表現しづらい。これは，LsとRsで生成するファンタム・イメージが，フロントのLとRで生成するファンタム・イメージに比べて，奥行きが浅くなってしまうからである（【図3-9】）。

従って，Ls/Rsスピーカが横に配置された環境では，360°パンニングや後方に奥行きをもたせる音像定位などの音場表現が再現されにくい（【図3-9】）。

例えば，多重録音と電気的なパンニングによる「作り込み型」のサラウンド・コンテンツなどは，ITU-Rの配置では，後方音場の表現に関してある程度の制約が生じることを考慮しておかなくてはならない。

一方，コンサートなどをサラウンド・マイキングで生録して再現するようなコンテンツ制作，

すなわち音場を切り取ってそのまま再現するようなサラウンド再生に対しては，Ls/Rsのステレオ感も良好であり良い結果を得られることが多い。

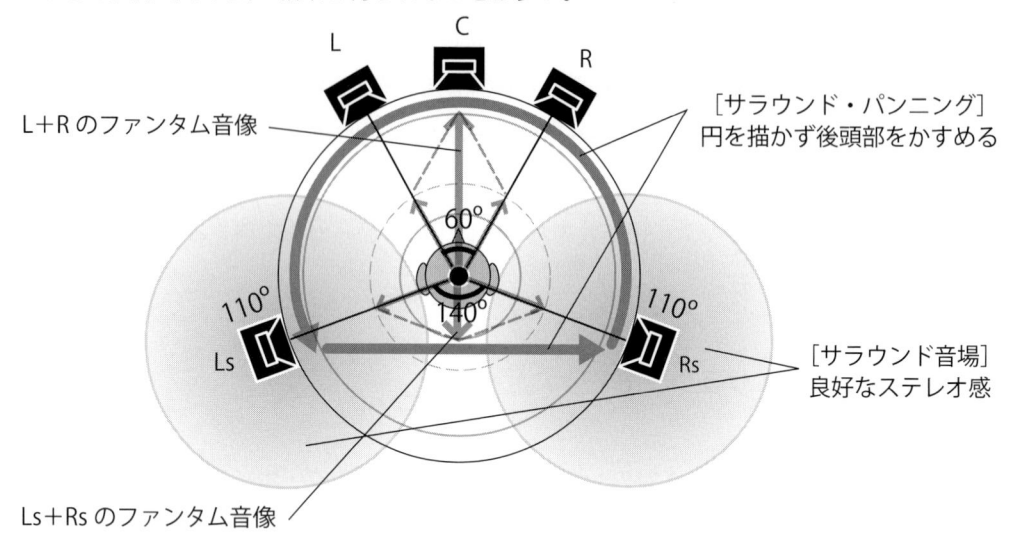

【図3-9】サラウンドのステレオ感とパンニング（Ls/Rs：110°）

ITU-Rのような横配置のダイレクト・サラウンドの環境を現実の世界で構築しようとする場合に，注意しなくてはならないポイントが，モニタ距離である。
【図3-10】は，ITU-Rの配置（L/R：30°，Ls/Rs：110°）にスピーカが設置された環境で，聴取位置をリスニング・ポイントから前後25cm移動した際に生じる各スピーカの設置角度のずれを表したものである。
横軸がモニタ距離，縦軸がずれ角度，実線がLs/Rsのずれ，破線がL/Rのずれを表している。
【図3-10】をみると分かるように，モニタ距離が短くなるほど角度のずれが大きくなることが分かる。特に，Ls/Rsスピーカに関しては，L/Rに比べて角度のずれが大きいことから，小さな再生環境になるほど，フロント側ではなくサラウンド側の再生が不安定になることが分かる。また，Ls/Rsに関しては，後方へ移動した場合のずれの方が前方へ移動した場合のずれよりも大きいことから，なるべく後方にカバーエリアを広くとれるようにLs/Rsスピーカの設置を検討することも重要であることが分かる。
ITU-Rでは，5.1チャンネル再生のモニタ距離に関して2m～3mの距離が推奨されていることからも分かるように，横配置のダイレクト・サラウンドでは2m以上のモニタ距離の確保が望まれる。さらに理想的には，3m以上のモニタ距離を得ることができれば，Ls/Rsチャンネルの違和感も少なくなり良好になると考えられる（【図3-10】）。

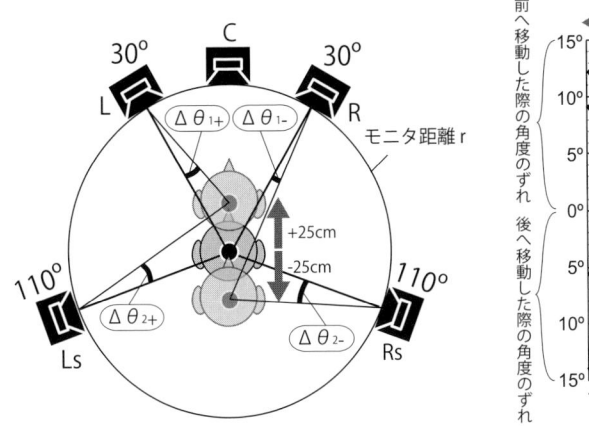

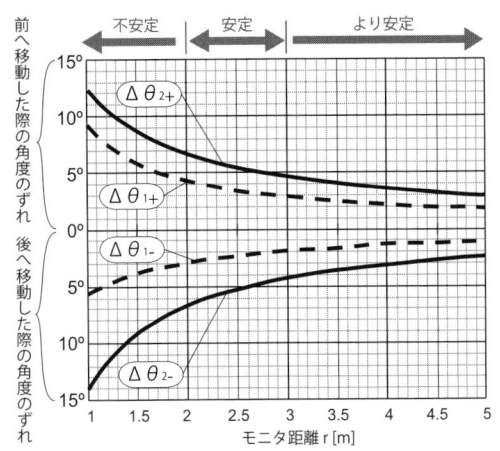

【図3-10】リスニング・ポイントの前後移動によるスピーカ設置角度のずれ

小さな再生環境でITU-R等の横配置のダイレクト・サラウンドを構築した場合，リスニング・ポイントの前後移動による不安定感の他に，Ls/Rsチャンネルの再生音自体に違和感を感じることがある。

聴取者に対して110°という角度からの音響再生は，Lsからの再生音は左耳だけへ，Rsからの再生音は右耳だけへといったように，左右の耳に対するクロストークが最も少なくなる再生方式であり，いわゆるヘッドホン的な再生に近い方式である（【図3-11】，S. Kim [8]）。

従って，特にモニタ距離が短い場合や指向性の強い（カバーエリアの狭い）スピーカをLs/Rsに使用しているときに，サラウンド側の音がヘッドホンで聞いているような感じになりやすくなる。

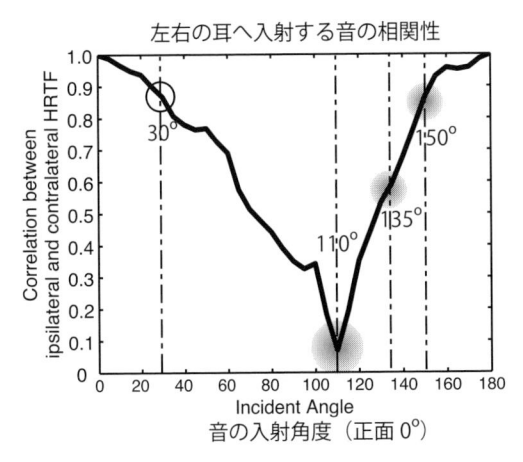

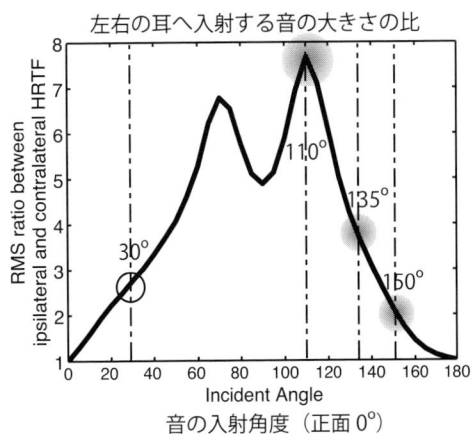

【図3-11】音の入射角度と両耳のクロストーク（S. Kim [8]）

043

以上のことから，小さな環境で ITU-R 等の横配置のダイレクト・サラウンドを構築した場合，Ls/Rs チャンネルの再生が不安定になり違和感を生じやすくなることがある。

小さな環境で ITU-R 配置を行う必要があり，Ls/Rs 再生に違和感が生じる可能性が高い場合は，(1) カバーエリアの広いスピーカを使用する，(2) 音響中心をリスニング・ポイントからはずす，などの工夫を行うと改善されることがある。それでも改善されない場合は，Ls/Rs に対して，(1) 別の配置を検討する，(2) ディフューズ・サラウンドを検討する，などの対処が必要になる。

B. 側方配置と後方配置の境界：135°

Ls/Rs を横（サイド）ではなく後ろ（リア）といったイメージで再生させるためには，Ls/Rs スピーカを 135°以上後ろに配置する必要がある。つまり，135°近辺が，横（サイド）と後ろ（リア）との音響的な境界だと考えておくと良い。そのため，135°の配置は，側方配置と後方配置との中間的な性格を有することになる（【図 3-12】）。

135°配置の場合，Ls と Rs の開き角が 90°となるため，フロントに 60°ではなく 90°の開き角をもつ L/R を組み合わせると，360°を均等に 4 等分した Quadraphonic（QUAD）の 4 チャンネル方式となる（例えば，[9]）。残念ながら QUAD 方式は商業的に失敗したが，135°の Ls/Rs 配置は，QUAD 方式に C スピーカを加え L/R スピーカの開き角を 60°に狭めた，いわばフロント重視型の QUAD 環境とも解釈できる。

135°の配置に関しては，多重録音などによる作り込み型のサラウンド音楽の制作や，一般家庭での再生環境との互換性を配慮したポストプロダクション作品の制作環境として採用されることがある。

また，小さな環境において，どうしても ITU-R の配置では Ls/Rs の再生音に違和感を感じる場合などにも，改善策の一つとして採用されることがある。

例えば，NARAS（National Academy of Recording Arts & Science）の P&E Wing では，Ls/Rs スピーカの配置に関して，110°～ 150°の設置角を推奨しているが，その中でも 135°～ 150°の後方配置が最適だと述べている [10]。これは，ITU-R に比べてサラウンド側の音像定位表現に優れている後方配置の方が，ポップス等の音楽制作においては好まれる傾向にあることも理由の一つであると思われる。

[図のラベル]
- L＋R のファンタム音像
- Ls＋Rs のファンタム音像
- L, C, R
- 60°
- 90°
- 135°, 135°
- Ls, Rs
- ［サラウンド・パンニング］ほぼ円を描く
- ［サラウンド音場］ステレオ感あり

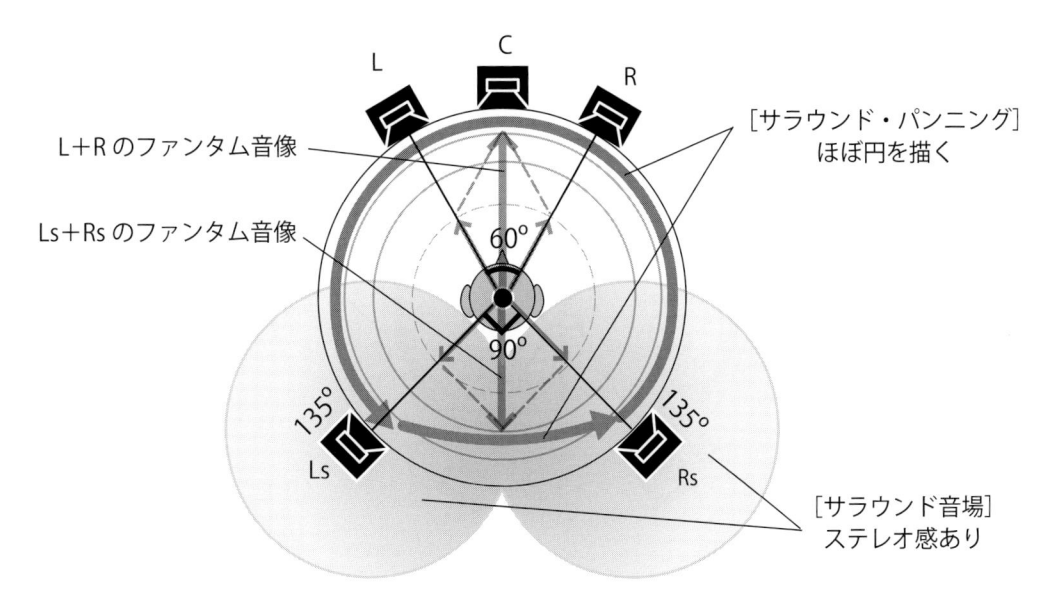

【図3-12】サラウンドのステレオ感とパンニング（Ls/Rs：135°）

C. 後方配置：150°

NARAS からも推奨されている Ls/Rs の後方配置の中でも 150°は，Ls/Rs の開き角が L/R の開き角と同じ 60°となる角度であり，前後対称の関係が構築できる設置方法である。

この場合，Ls と Rs で表現されるファンタム音像は，L と R とで表現される音像と同じ奥行きを表現することが出来るため，様々な音源を後方に定位させやすくなる（【図3-13】）。そのため，360°のサラウンド・パンニングがスムーズに表現しやすいなど，動的なパンニングに対しても優れた配置である。

一方で，Ls と Rs の音の分離が弱くなるため，後方の音場がモノフォニック的な再生となりやすい。

尚，150°配置では，音場が前後に分断され中抜けが生じやすいといった点も指摘されることがあるが，音像の側方定位は，ファンタム音像では困難であり実際にスピーカを配置する必要があることが報告されていることもあり [11]，150°配置に限らず ITU-R など他のスピーカ配置にも共通して困難な定位表現の一つとなっている。

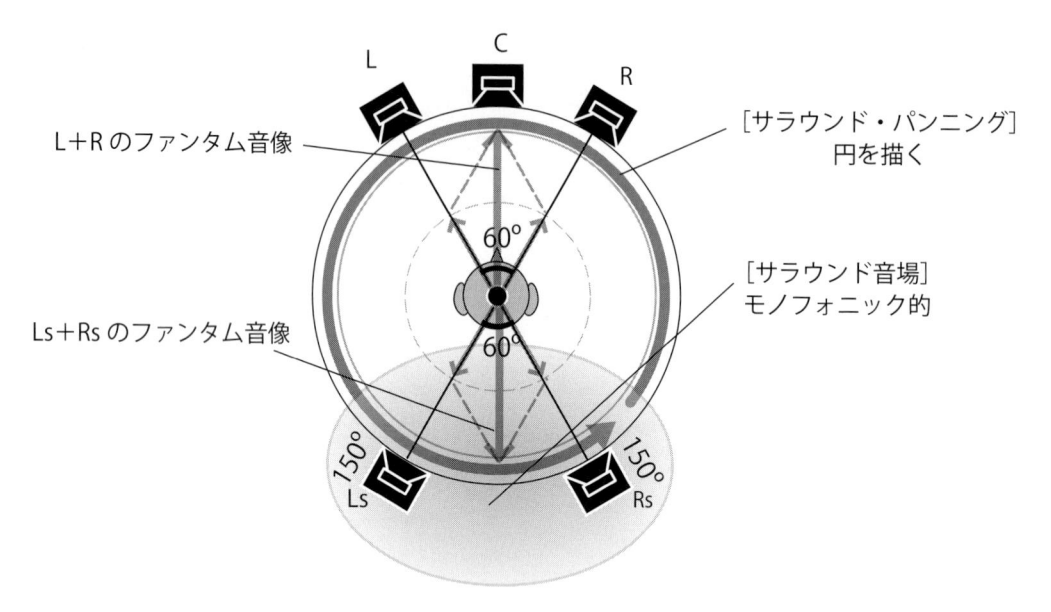

【図3-13】サラウンドのステレオ感とパンニング（Ls/Rs：150°）

3-2-5. ディフューズ・サラウンド

ディフューズ・サラウンドとは，ダイレクト・サラウンドとは異なり，Ls/Rsチャンネルにピンポイント的な音像定位を持たせず，カバーエリアを広くとる再生方式である。例えば，映画館では，数多くのサラウンド・スピーカが側壁と後壁に設置されており，分散配置による拡声方式で客席を広くカバーしたサラウンド再生が行われている。このような再生環境は，ディフューズ・サラウンドの代表的な例であり，サラウンドの包まれ感が良くアンビエンスなどの表現に優れているサラウンド再生方式である。さらに，ディフューズ・サラウンドは，フロント・チャンネル（L/C/R）との音像の繋がりが良いため，フライオーバや360°パンニングなどの音の表現が行いやすいといったメリットも有している。

このようなディフューズ・サラウンドを映画館のような大空間ではなく，中小空間で構築するためには，以下に示すような方法が考えられる（【図3-14】）。

(1) **Ls/Rsスピーカからの直接音を和らげる。**
　音響中心をリスニング・ポイントから外してスピーカを設置する。
　ダイポール型やトライポール型のスピーカを使用する。
(2) **Ls/Rsスピーカからの間接音を多くする。**
　Ls/Rsスピーカ周辺の壁を拡散処理し，適度な拡散音を付加する。

(3) Ls/Rs チャンネル再生に複数のスピーカを使用する。

Ls 及び Rs チャンネルにそれぞれ 2 個以上のスピーカを使用する。
複数スピーカを用いた再生では、リスニング・ポイントからずれた場所において、位相干渉による周波数特性の変化が生じてしまうため、上記 (1),(2) などの方法を併用し間接音を積極的に活用するとさらに効果的である。

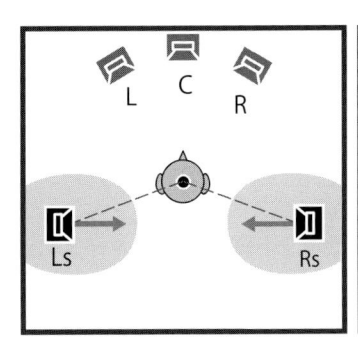

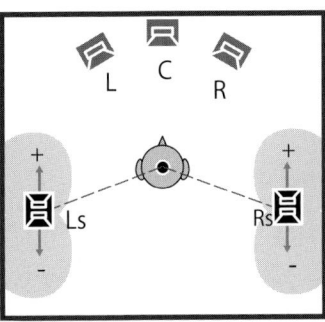

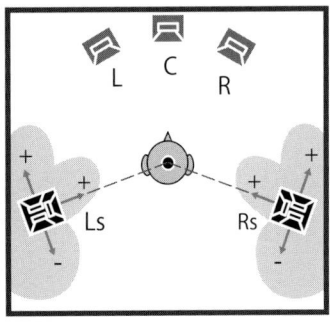

(1-1) スピーカの off-axis 設置　　(1-2) ダイポール・スピーカを使用　　(1-3) トライポール・スピーカを使用

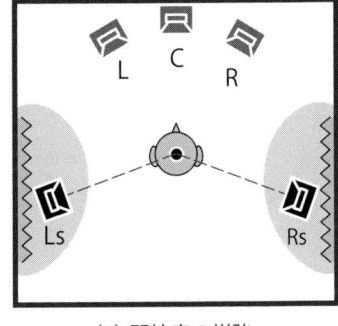

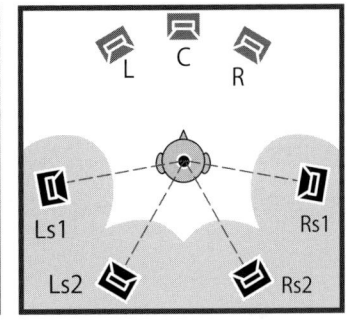

(2) 間接音の増強　　(3) スピーカの複数設置

【図 3-14】中小規模空間におけるディフューズ・サラウンドの代表的な構築方法

複数のスピーカを使用してディフューズ・サラウンドを構築する場合には、以下の点に留意すると良い。

(1) 135°を境界にしてスピーカを配置する。

ダイレクト・サラウンドにおける側方配置（サイド）と後方配置（リア）の双方のメリットを享受できるように、135°より前方と後方のそれぞれに Ls/Rs スピーカを配置する。

(2) ファンタム音像の位置を確認する。

　ITU-R 等のダイレクト・サラウンド環境との互換性に配慮し，スピーカの設置位置を検討する。具体的には，複数のスピーカで再生した場合のファンタム音像が，どのような角度に再現されるかを検証する。

【図 3-15】は，Ls/Rs に 2 台ずつのスピーカを使用する場合のスピーカ配置の一例である。ここでは，100°の位置に 1 台，150°の位置に 1 台のスピーカが設置されている。それら 2 台のスピーカから Ls/Rs の信号を同時に再生した場合，そのファンタム音像は，125°に生じることになる。従って，僅かに ITU-R の推奨位置からはずれているが，125°という位置は，ITU-R との互換性の良い配置であると考えられる。

この状態で，部屋がデッドであれば，ITU-R のダイレクト・サラウンド的な再生イメージに近くなり，逆にサラウンド・スピーカ廻りを拡散反射処理するとディフューズ・サラウンド的な再生となる。

また，5.1 チャンネル再生時に，100°のスピーカだけを使用すれば，完全に ITU-R の再生環境を再現することもできる。

このような複数個のサラウンド・スピーカを使用する再生環境は，5.1 チャンネルだけではなく，6.1 チャンネルや 7.1 チャンネル再生への拡張が容易であることから，それらのフォーマットを使用する機会が多いポストプロダクション・スタジオでは，採用されることの多い配置である。

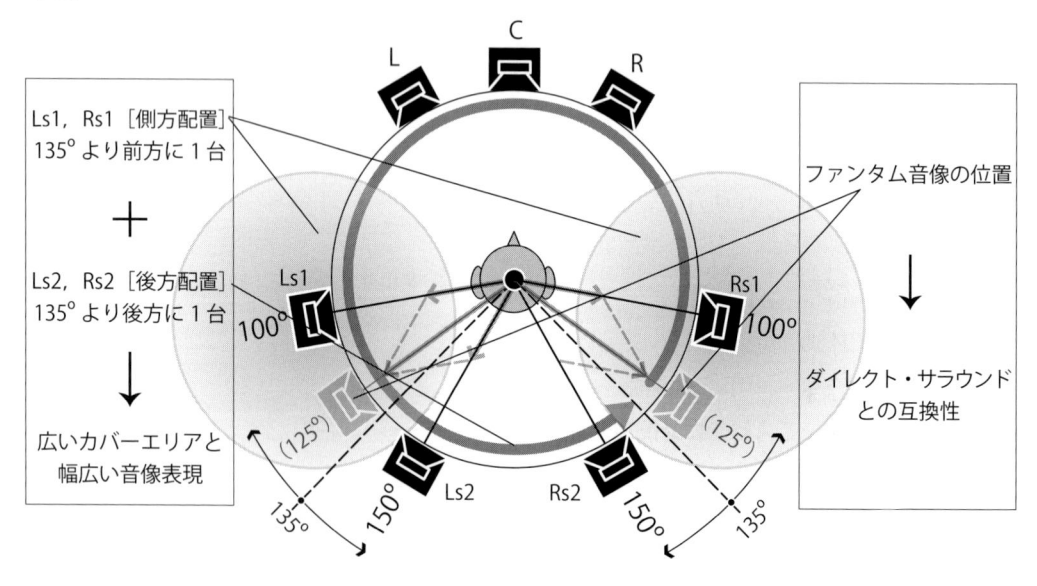

【図 3-15】Ls/Rs にそれぞれ 2 台のスピーカを用いる配置例

以上のように，一言に 5.1 チャンネルのスピーカ配置といえども，ITU-R だけではなく色々な配置が考えられ，様々な推奨とともに実際に用いられている。

ここで重要なことは，どの配置がベストかということを探求するのではなく，それぞれの環境のメリットやデメリットを理解し，自分の環境にあった，すなわち自分が作品を制作しやすい環境を構築することである。

そのためには，先ずは ITU-R を基準に考え，その配置からずれてしまう場合には，何が ITU-R と違うのかを理解しておくことが重要である。

現実のエンドユーザ（一般家庭）のサラウンド再生環境は千差万別である。そのような千差万別の環境で再生されるコンテンツを制作するためには，再生環境の違いによる再生音の差違を理解しておくことが重要である。

再生環境を理解しておくことは，再生環境の違いに左右されないコンテンツ制作にとって重要な事項である。

3-2-6. モニタ距離

前述したように，サラウンド再生においては，スピーカからリスニング・ポイントまでの距離，すわちモニタ距離が長くなるほど，安定したリスニングが可能となる。実際には，3m 以上だと安定性が良く，2m 以下になると不安定になりやすい場合が多い（【図 3-10】[7]）。

ちなみに，ITU-R では 2〜3m（適切に音響処理された部屋では 5m まで）[1]，NARAS では 2〜2.3m[10] をモニタ距離として推奨している。

それぞれのスピーカからリスニング・ポイントまでの距離に関しては，全て等しいことが望まれるが，実際には，モニタ距離がスピーカによって異なってしまうケースも多い。そのような場合には，様々な音響障害の発生が予測されるが（詳細は 3-3-5. にて後述），特に 30cm 以上の距離差が生じてしまうような場合は，ディレイなどを用いて距離差を補正しておく必要がある。

3-3. 再生環境の調整方法

全てのスピーカが適切な位置に設置されたら，次は再生環境の調整を行うことになる。
再生環境の調整の基本は，以下の 2 項目である。

(1) 同じ音量
　　リスニング・ポイントにおける各チャンネル（スピーカ）の再生音量を同一にする。

(2) 同じタイミング

　リスニング・ポイントにおける各チャンネル（スピーカ）の再生音の到達時間を同一にする。

2チャンネル再生環境では，リスニング・ポイントに対して左右対称にスピーカを配置するだけで，比較的容易に上記の事項が実現できた。
一方，サラウンド再生環境では，全て同じスピーカを使用し，それらをリスニング・ポイントから等距離に設置したとしても，簡単には上記の事項を満足することが難しい場合が多い。そのため，以下に示す測定・調整作業が必要となる。

3-3-1. 騒音計

音の大きさを測る機材に，「騒音計（サウンド・レベル・メータ）」という測定器がある。
騒音計は，音圧レベル（SPL: Sound Pressure Level [dB]）を測定するための機材であり，IECやJISなどで仕様が定められている[12,13]。
騒音計には，主に「動特性」と「周波数重み特性（フィルタ）」の2種類の機能が附帯している。動特性は，一般的にはFASTとSLOWの二種類から選択できる。FASTは時定数125msec，SLOWは時定数1secの動特性を騒音計のレベル表示に与えることになる。従って，SLOWはFASTに比べて，より長い時間での平均レベルを表示していることになる。また，高価な騒音計の中には，FASTよりも早い時定数を選択出来るものなどもある。
周波数重み特性とは，騒音計の入力に適用されるフィルタを意味しており，A特性，C特性，Z特性の3種類のフィルタがある。騒音計としてはA特性が必須とされているため，C特性やZ特性を持たない騒音計もある。
A特性やC特性は，人間が感じる音の大きさに適したレベルが表示されるように設計されたフィルタであり，それぞれ40phon及び100phonの等感曲線の逆特性を模擬したフィルタとなっている（【図3-16】）。ここで，phonとは音の大きさのレベルを表す単位で，同じ大きさに聞こえる1kHzの純音のレベルを意味する。
一方，Z特性は，フィルタ無し，すなわちフラットな周波数特性を意味する。Z特性は，従来測定器メーカ等から通称F（Flat）特性と呼ばれていた特性であるが，近年改めてZ特性としてIECやJISにより規定された。

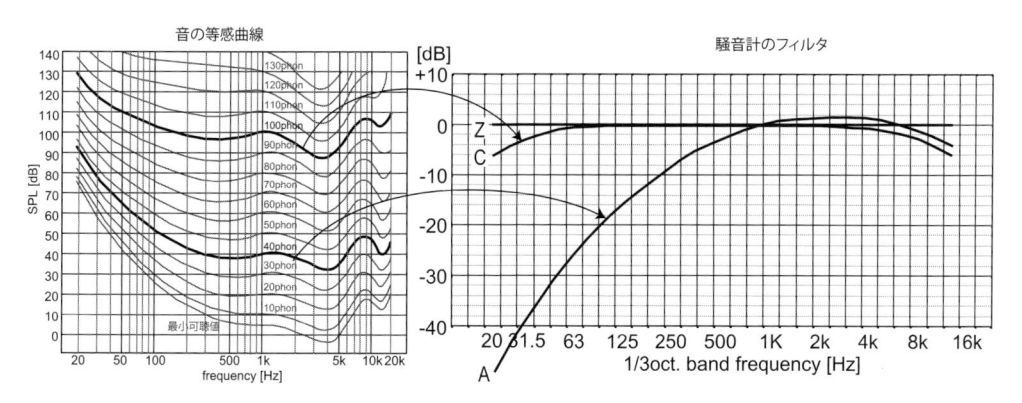

【図 3-16】A, C, Z 特性

Z 特性，C 特性，A 特性で測定した値は，それぞれ，音圧レベル（SPL：Sound Pressure Level），C 特性音圧レベル，A 特性音圧レベル（もしくは騒音レベル）と呼び，○○ dB，○○ dBC，○○ dBA と表記する。

ちなみに，同じ音量のピンクノイズを Z 特性，C 特性，A 特性で測定した場合，表示されるレベルは，Z 特性でのレベルを 0dB とすると，以下のようになる。

$$0dB > -1dBC > -3dBA$$

すなわち，フィルタを通すことによるレベル・ロスが，C 特性フィルタでは 1dB，A 特性フィルタでは 3dB 程度生じるということになる。

騒音計の周波数特性に関しては，全ての騒音計が 20Hz ～ 20kHz でフラットというわけではなく，Class 1 と Class 2 という 2 種類のグレードにて，分類されている。詳細は，[12,13] によるが，概要としては，Class 1 で 16Hz ～ 12.5kHz（-6dB ～ +2.5dB），Class 2 で 20Hz ～ 8kHz（± 5.6dB）である。

従って，広帯域の音を Z 特性や C 特性で測定する場合，騒音計のグレードによってレベルの違いが生じてしまうことがある。

サラウンドの再生環境の調整作業に騒音計を用いる際には，以下のように動特性とフィルタ（周波数重み付け）を設定する。

　　　動　特　性　　　　　　　SLOW
　　　フィルタ（周波数重み特性）　C 特性

尚，安価な騒音計の中には，C 特性を有していないものもあるため，サラウンド再生環境の調整用に騒音計を選択する際には注意が必要である。

3-3-2. RTA（Real Time Analyzer）〜オールパス・レベルとバンド・レベル〜

騒音計は，音の大きさを測定することは出来るが，周波数特性に関しては把握することが出来ない。周波数特性を把握するための測定器には色々なものがあるが，リアルタイム分析が可能で聴感上との対応が良いという点においては，1/3 オクターブバンド・アナライザが昔から広く用いられている。以下，1/3 オクターブバンド・アナライザのことをオクターブバンド・アナライザもしくは RTA（Real Time Analyzer）と呼ぶこととする。

オクターブバンド・アナライザを用いて周波数特性を測定する際には，ピンクノイズを音源信号として用いる。ピンクノイズは，広帯域な周波数成分を持つ雑音信号であるが，その成分は高域になるほど減衰するようにつくられている（【図 3-17】）。このような信号は，オクターブバンドごとのパワーで周波数特性を表現する分析においては，フラットな特性となる。

従って，入力信号をオクターブバンド・フィルタで処理するオクターブバンド・アナライザでは，ピンクノイズを測定用信号として用いることになる。

一方，FFT など周波数を等間隔で処理する測定法の場合には，等周波数幅ごとにフラットな特性を持つホワイトノイズを音源として用いることになる。

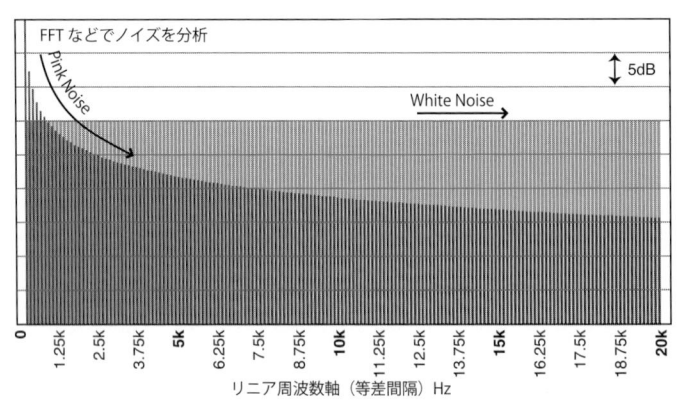

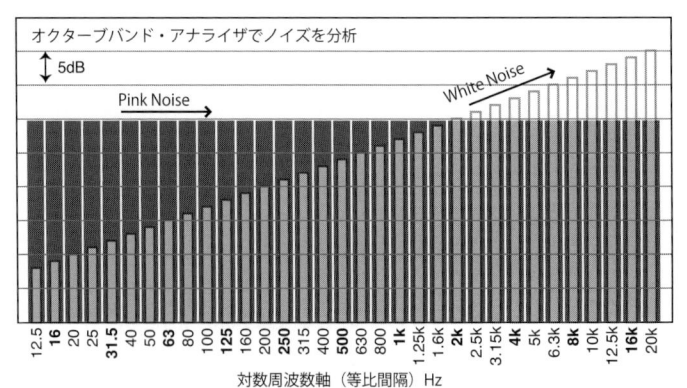

【図 3-17】ピンクノイズとホワイトノイズ

ピンクノイズは，ホワイトノイズをフィルタ処理して作られることが多い。そのため，フィルタの精度によって特性にばらつきが生じる。

【図 3-18】は，同じ rms レベルと公称されている複数のピンクノイズの周波数特性を分析した結果である。

ピンクノイズの特性に関しては，レベルと周波数特性という 2 つの観点から検証することができる。

レベルに関しては，同じ rms レベルのピンクノイズと公称されていても，それらのバンド・レベルには，ばらつきがあることが分かる。その結果，使用するピンクノイズによって 2dB 程度の音量差が生じるということになる。従って，少なくとも同じ施設内のスタジオの調整には同じピンクノイズを使用するなど，サラウンドの調整を行う際は，基準となるピンクノイズの管理を行った方が良いということになる。

ピンクノイズのバンド・レベルの差は，それらの周波数特性の差違によって生じている。広帯域に渡ってフラットな特性，特に DC までの低域に渡ってフラットな特性が得られているピンクイズに関してはバンド・レベルが低くなり，逆に狭帯域でフラット，もしくは周波数特性が暴れているようなピンクノイズに関しては，バンド・レベルが大きくなる。

周波数特性のフラットさに関しては，分析する側，すなわち RTA 自体が完全にフラットな特性を有しているとは限らないため，厳密にはどれが最もフラットな特性のピンクノイズであるかを断言することは難しい。しかし，ピンクノイズによって分析結果が大きく変わるということからも，測定に使用するピンクノイズに関しては，事前に RTA とのマッチングに関して確認しておく必要があるといえる。

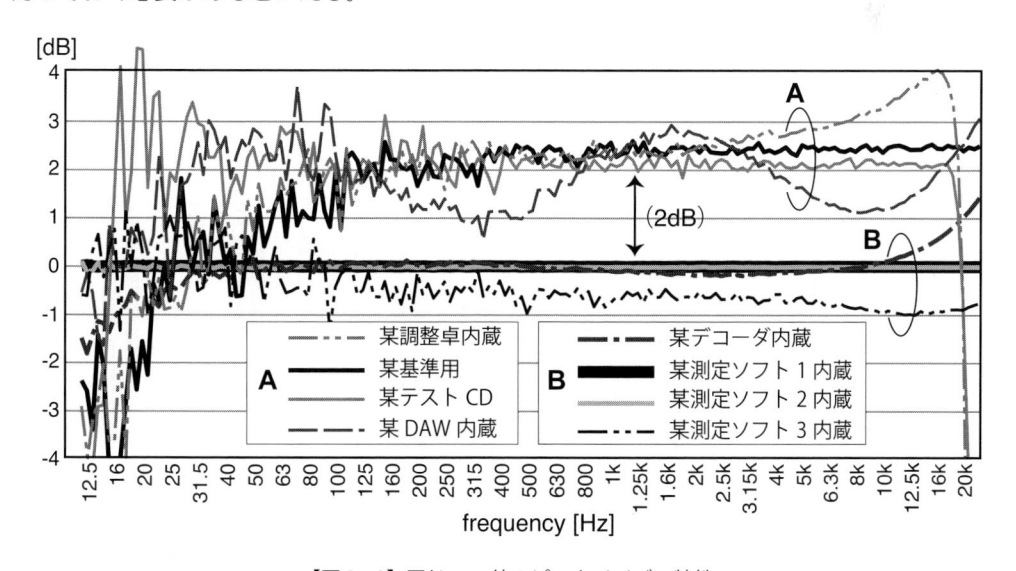

【図 3-18】同じ rms 値のピンクノイズの特性

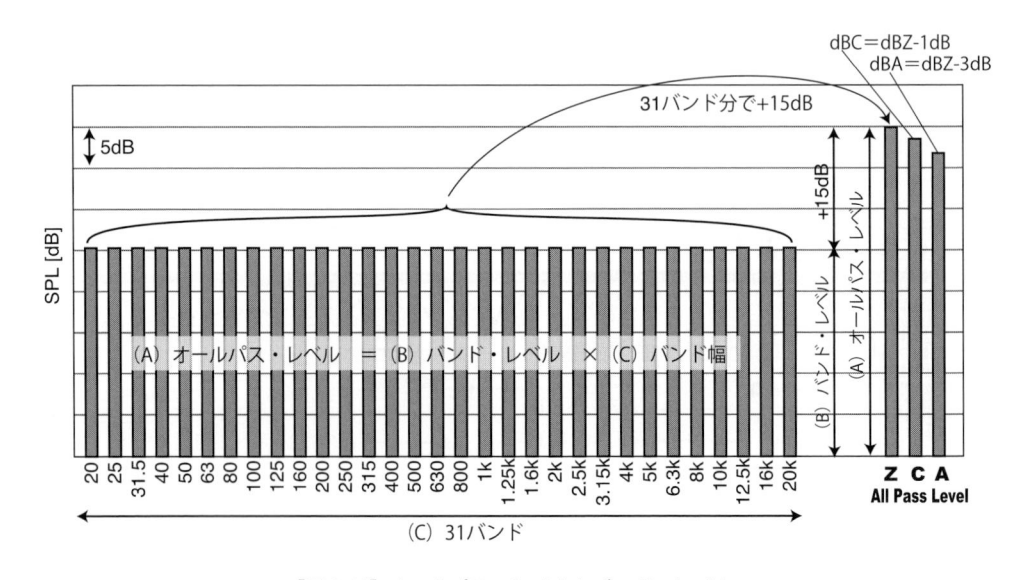

3-3-3. オールパス・レベルとバンド・レベル

騒音計で測定している値は，全ての周波数成分を足しあわせた「オールパス・レベル」である。一方，RTAで表示されるレベルは，1/3オクターブバンドごとのレベルであり，これを1/3オクターブバンド・レベル，通称「バンド・レベル」と呼ぶ。

RTAでは，入力された音信号を，複数のオクターブバンド・フィルタで分割してそれぞれのレベルを表示する。

RTAの分析帯域が，1/3オクターブバンドで20Hz～20kHzの場合，全てのフィルタ数は31バンドであるから，ピンクノイズのようなフラットな特性の信号が入力された場合，そのレベルは31分割されたレベル，すなわち，$10 \log_{10}(1/31) = -14.9$dBほど小さいレベルで表記される。例えば，騒音計で測定したオールパス・レベルが86dB（Z特性）= 85dBC（C特性）= 83dBA（A特性）の場合，86 − 14.9 = 71.1dBが，そのバンド・レベルとなる。（【図3-19】）。

以上より，RTAの画面では，バンド・レベルとオールパス・レベルの関係を高さと面積の関係として整理しておくと良い。

・バンド・レベル　　＝　高さ
・オールパス・レベル　＝　面積
・周波数帯域　　　　＝　横幅

バンド・レベル（高さ）× 周波数帯域（横幅）＝ オールパス・レベル（面積）

【図 3-19】オールパス・レベルとバンド・レベル

3-3-4. 再生音量が同じということ

ここに，ラージ・スピーカとスモール・スピーカがあるとする。
これらが同じ音量で再生されるように，それぞれ騒音計でC特性を用いて再生音量が80dBCとなるように調整した。しかし，結果的に，バンド・レベルには，【図3-20】のように違いが生じてしまう。この場合，同じ1kHzの信号をそれぞれのスピーカから再生した場合，スモール・スピーカの方が大きなレベルで再生されてしまう。
スピーカが同じ音量で再生されると言うことは，オールパス・レベルが同じであることを意味するのではなく，バンド・レベルが同じであることを意味している。オールパス・レベルによる音量合わせが可能なのは，2つのスピーカの再生周波数特性が同じ場合であることを理解しておく必要がある。

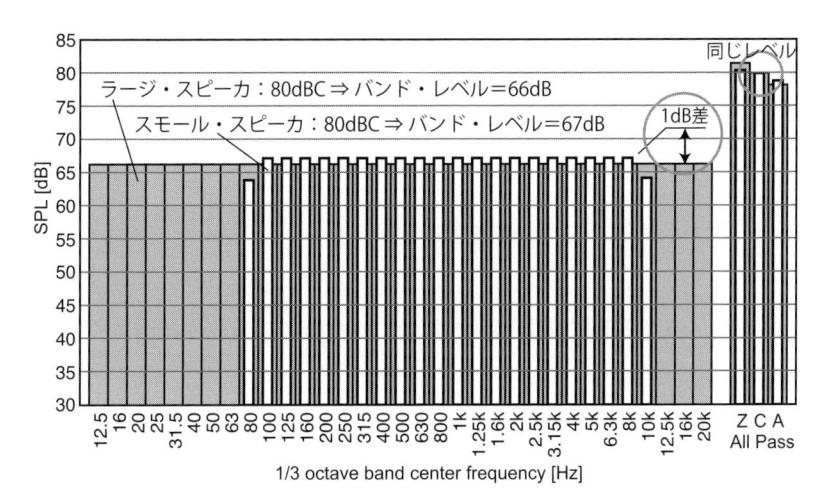

【図3-20】2種類のスピーカとバンド・レベル（オールパス・レベルが同じ）

【図3-21】は，逆にバンド・レベルが同じになるように2つのスピーカの再生レベルを調整した結果を示している。オールパス・レベルには相違が見られるが，この状態が再生音量が同じであることを表している。
このように，再生レベルを確認するためには，騒音計によるオールパス・レベルだけの確認では不十分であり，RTAを用いたバンド・レベルの確認が必要である。
スピーカの種類や部屋の音響特性の差違によりスピーカごとの特性のばらつきが大きいと思われる環境にて，どうしてもオールパス・レベルだけで音量調整を行わなくてはならない場合には，C特性やZ特性ではなく，A特性を用いると良い。なぜなら，A特性は，スピーカや部屋の特性などによって違いが生じやすい低域成分や高域成分などをカットしているため，一般的

に安定している中域特性のレベルを主に表示しているからである。

例えば，【図3-21】を見ても分かるように，オールパス・レベルに関しても，Z特性やC特性に比べるとA特性での差は少ないことが分かる。

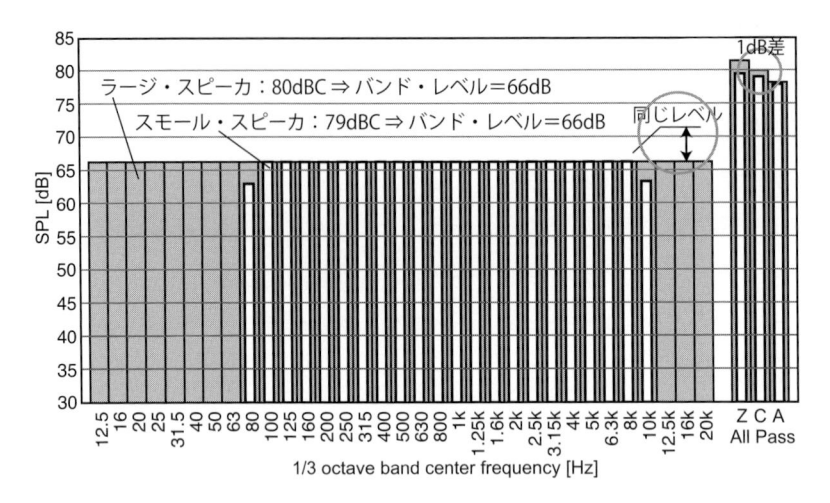

【図3-21】2種類のスピーカとバンド・レベル（バンド・レベルが同じ）

3-3-5．タイム・アライメントと音響障害

二つのスピーカから同じ音が同時に再生された場合，それぞれの音の到達時間に差があると，以下のような音響障害が生じる。

(1) 0.025msec ≦ 時間差 ≦ 25msec（8.6mm ≦ 距離差 ≦ 8.6m）
コムフィルタ現象による音色の変化

(2) 1msec ≦ 時間差 ≦ 30msec（34cm ≦ 距離差 ≦ 10.3m）
ハース効果による音像定位の変化

(3) 30msec ≦ 時間差（10.3m ≦ 距離差）
それぞれのスピーカから再生された音は，それぞれ2つの音に分離。

A．コムフィルタ現象

2つの同じ音が時間差（距離差）をもって重なり合う場合，その時間差（距離差）が半波長の奇数倍となる周波数では，互いに消しあってしまう。その結果，合成音の周波数特性にディップが生じることになる。

このような現象をコムフィルタ（櫛形フィルタ）現象と呼び，再生音の音色を変えてしまう原因となる。例えば，ミキシングの際にディレイを使用することで音色の変化が生じてしまう，ハード・センタからファンタム・センタに切り替えた際に音色が変化してしまうなどの現象は，コムフィルタ現象が原因の1つである。

【参考】コムフィルタの生じる周波数と距離差の関係

$$d = (2n+1) \cdot \frac{\lambda}{2}$$
$$\rightarrow \lambda = \frac{2d}{2n+1}$$
$$\rightarrow f = \frac{c}{\lambda} = (2n+1) \cdot \frac{c}{2d}$$

- f　消音される音の周波数 [Hz]
- λ　消音される音の波長 [m]
- d　距離差 [m]
- c　音速 344[m/s]（331.5 + 0.61t，t：気温 20[℃]）
- n　0, 1, 2, 3, …

B. ハース効果（先行音効果）

ハース効果は，先行音効果とも呼ばれ，最初に到達した音の方向に音像が定位してしまう現象である。ハース効果が生じる時間差は，音源の種類によっても違うと言われているが，一般的には1msec（34cm）以上の時間差（距離差）によって発生する。ハース効果により音像の定位が先行音に引っ張られてしまった場合，後続音の音量を先行音に比べて10dB程度大きくしても，定位は元には戻らないと言われている。このように，ハース効果によって生じた定位の偏りは頑強であるため，簡単には修正できない。

尚，時間差が30msec（10m）以上になった場合には，2つのスピーカからの再生音は既に1つの音像を構成しなくなり，それぞれ2つの音に分離されて聞こえるようになるため，ハース効果は生じない。

【図 3-22】は，時間差（距離差）にともなう音響障害と周波数の関係を示した図である。
コムフィルタ現象によるディップが，可聴上限である20kHzに生じてしまう時間差（距離差）は，0.025msec（8.6mm）という僅かな時間差（距離差）である。従って，スピーカの設置位置が僅かにずれただけでも，再生音に対して音色の変化を与えてしまう可能性が生じる。
また，時間差（距離差）が1msec（34cm）以上になると，コムフィルタ現象によるディップが500Hz近辺という分かりやすい帯域にも生じてしまううえに，ハース効果による定位への弊害も発生する。このような環境では，音色と定位の両方に弊害が生じてしまうため，改善が必須となる。

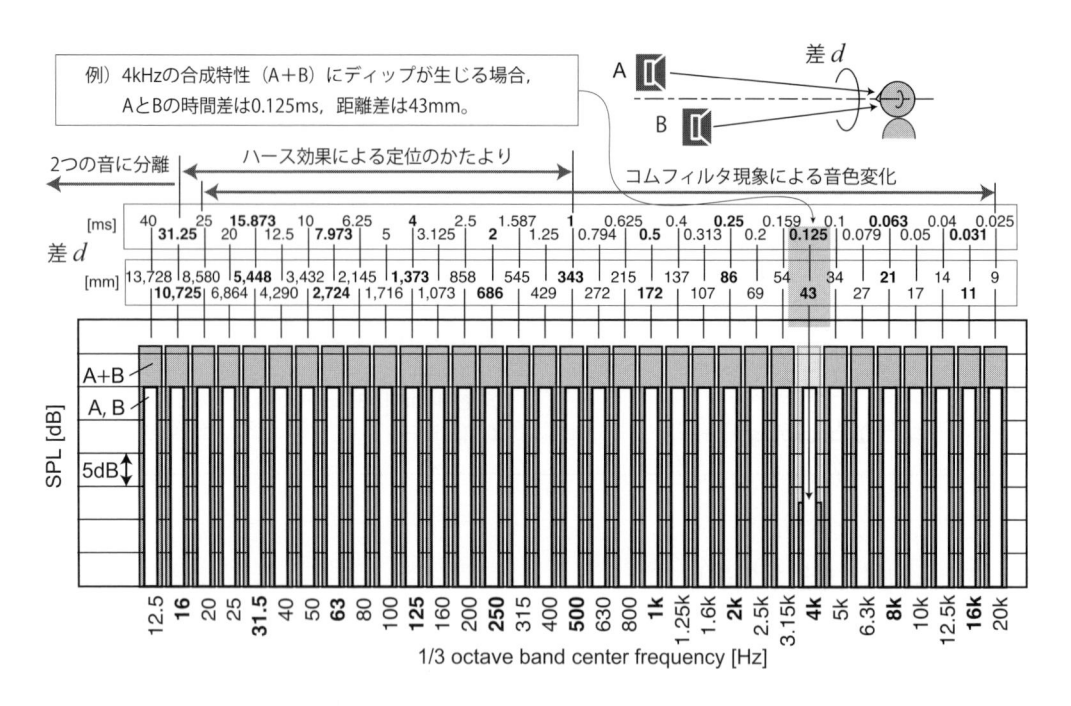

【図 3-22】時間差，距離差による音響障害

3-3-6. 再生レベルとタイム・アライメントの調整法

サラウンドの再生環境を調整するためには，前節までの知識を踏まえ，以下の手順で調整作業を行うことになる。

(1) ピンクノイズを ON/OFF し，SN 比を確認。
(2) ピンクノイズを各スピーカから再生し，再生レベルを調整。
(3) ピンクノイズをスピーカ対から再生し，タイムアライメントを調整。

A. SN 比の確認

再生環境の調整を行う際に再生するピンクノイズの音量に関しては，周囲のノイズに比べて十分大きい必要がある。すなわち，ピンクノイズを再生しているときの音量（S）と，再生していないときの暗騒音のレベル（N）との差，すなわち SN 比が，大きいほど正確な測定が可能ということになる。

- SN比が10dB以上の場合，測定値の整数桁までの値が信頼できる。
- SN比が20dB以上の場合，測定値の少数点第1位までの値が信頼できる。

実際の測定では，ピンクノイズのON/OFFによる測定値の差が，理想的には20dB以上，最低でも10dB以上となるようにピンクノイズの再生音量を調整する必要がある。逆に，SN比が6dB以下となるような状況では，十分な精度での測定がおこなわれていないことになる。
【図3-23】は，ピンクノイズをON/OFFした際のRTAの測定データの例を示している。低域になるほど，スピーカの再生レベルと部屋の暗騒音とのレベル差，すなわちSN比が小さくなっていることが分かる。この時，SN比が10dB以下となる帯域では，測定値が暗騒音の影響により実際の値より多少大きめに表示されていることになり，暗騒音とのレベル差が殆ど無い帯域に関しては，スピーカの特性ではなく部屋の騒音を測定していることになる。

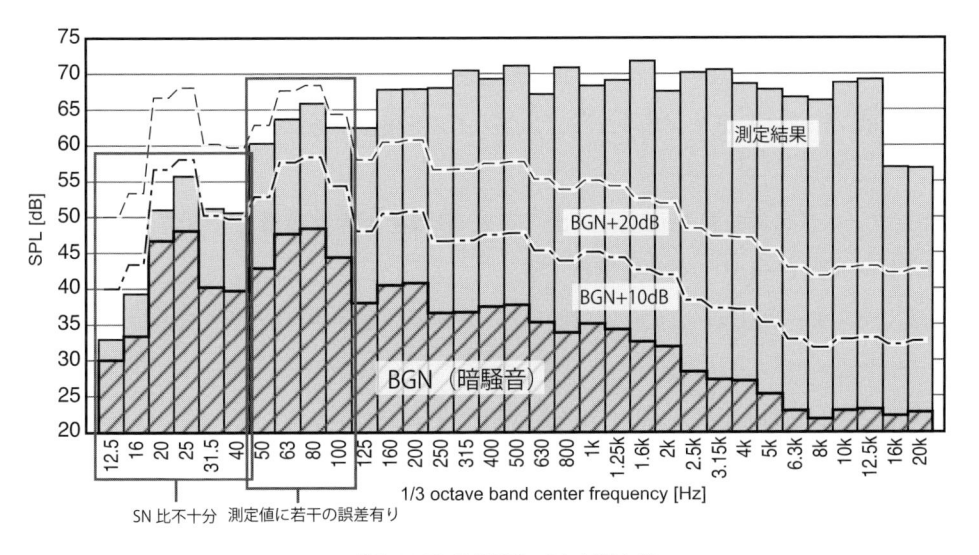

【図3-23】暗騒音レベルと測定値

【参考】SN比と測定値の信頼性

$$S' - S < K$$

$$\rightarrow S' - 10\log_{10}\left(10^{\frac{S'}{10}} - 10^{\frac{N}{10}}\right) < K$$

$$\rightarrow S' - N > -10\log_{10}\left(1 - 10^{-\frac{K}{10}}\right)$$

$$\rightarrow K = -10\log_{10}\left(1 - 10^{-\frac{S'-N}{10}}\right)$$

S　再生音のレベル（真値）[dB]
S'　暗騒音を含む再生音の測定値 [dB]
N　暗騒音のレベル [dB]
K　音測定値と真値（再生音）の差 [dB]

> (1) 整数値の範囲で正確な値を示すためには（小数点第一位で四捨五入して同じ値となるためには）
> $K=0.5$ として，$S'-N > 9.6357 \to S'-N \geqq 10$ [dB]
>
> (2) 小数点第一位で正確な値を示すためには（小数点第二位で四捨五入して同じ値となるためには）
> $K=0.05$ として，$S'-N > 19.4131 \to S'-N \geqq 20$ [dB]

B. 再生レベルの調整

各スピーカ（チャンネル）の再生レベルを調整する手順を以下に示す。

(1) 最も特性の良いと思われるスピーカから，ピンクノイズを再生する。
現実的には，LもしくはRチャンネルが最も良い特性となっていることが多いので，ここでは，先ずはLチャンネルからピンクノイズを再生することとする。

(2) ピンクノイズの再生音が暗騒音に比べて20dB以上大きな音量となるように，マスターボリュームのレベルを調整する。
以後，マスターボリュームの位置は固定し，不用意に動かさないようにしておく。

(3) Lチャンネルのオールパス・レベルを騒音計やRTAで測定する。
測定は，A特性（dBA）とC特性（dBC）の両方を測定する。
ここでは，A特性のオールパス・レベルが，83dBAだったと仮定する。
この時，20Hz〜20kHzまでの広帯域再生が可能なスピーカを使用しており，部屋の音響特性も良いという理想的な環境では，C特性のオールパス・レベルは，A特性＋2dB程度すなわち，85dBC程度となっていることになる。逆に，dBAとdBCとの差が2dBでない場合は，スピーカの再生帯域が狭い，部屋の音響特性が悪いなどの要因が考えられる。このように，A特性とC特性の値を比較することにより，再生環境の善し悪しを大雑把に判断できる。

(4) 次に，Lチャンネルと組み合わせて使うことの多いRチャンネルの再生レベルを測定する。
dBA値が，Lチャンネルと異なっている場合には，同じ値となるように，Rチャン

ネルのボリュームを調整する。この時，マスターボリュームは動かしてはならない。Rチャンネル専用のボリュームのみを利用して音量を調整する。

最後に，C特性のオールパスレベルを測定する。RチャンネルのdBCの値がLチャンネルと比較して大きく異なっている場合は，LとRの周波数特性に大きな差違が生じている可能性があると考えられる。

(5) 他のチャンネル（C, Ls, Rs）に関しても，上記4.と同じ作業を行ない，再生レベルを調整する。

(6) 以上により，大まかな再生レベルの調整は完了したことになる。

上の調整はA特性を用いてレベル調整しているため，中高域を中心に再生レベルの調整を行ったことになる。調整の結果，C特性のレベルのばらつきが大きくなってしまった際には，チャンネルごとに低域特性が大きく異なっている可能性が高い。そのような場合，中小音量での再生時には良いレベルバランスだが，大音量での再生の際にバランスが悪くなる可能性がある。

(7) RTAが使用できる場合には，オールパス・レベルだけではなく，バンド・レベルの確認を行うとより精密なレベル調整が可能となる。

前述したように，スピーカの再生レベルに関しては，オールパス・レベルの値よりもバンド・レベルが揃っていることが重要である。

従って，例えオールパス・レベルが揃っていたとしても，RTAで1/3オクターブバンド特性を測定し，各チャンネルのバンド・レベルのばらつきが最小となるようにレベル調整を試みた方が良い。

RTAでの調整の際，スピーカごとの周波数特性に大きな差が見られる場合には，EQやスピーカのLow/Highのレベル調整などを用いて周波数特性を整えると，音量バランスはさらに正確に整うことになる。

ちなみに，スピーカの再生特性が，20Hz～20kHzでフラットな特性の場合，オールパスレベル（dBC, dBA, dBZ）と1/3オクターブバンド・レベルは以下のような関係となる。例えば，A特性で83dBAに音量を調整した場合は，理想的な環境下ではバンド・レベルが71dBに揃っていることになる。

- オールパス・レベル　　　　dBC　　　　　± 0dB　（85dBC）
- オールパス・レベル　　　　dBA　　　　　 -2dB　（83dBA）
- オールパス・レベル　　　　dBZ　　　　　 +1dB　（86dB）
- 1/3 オクターブバンド・レベル（20Hz〜20kHz）　-14dB　（71dB）

【参考】騒音計のマイクの向き

騒音計のマイクも含め，測定用のマイクのほとんどは全指向性である。しかし，全指向性とはいっても，筐体による指向特性の影響を受けてしまうため，ダイアフラムの横や後方から入射する音の高域成分は減少してしまう。このような影響を軽減するためには，なるべく口径の小さなマイクを使用すると良いということになるが，その分 SN 比は悪くなる。実際に測定用マイクとして用いられることの多い 1/2 インチの口径のマイクに関しては，その大きさから 10kHz 以上の高域において指向性の影響が顕著に表れてしまう。サラウンドの調整・測定作業では，前後左右から音が再生されるため，測定時のマイクの向きがそれぞれの測定値に影響を与えてしまうことになるが，実際の測定では，主に以下に示す 3 通りの考え方でマイクを設置することになる。

(1) 全てのスピーカのうち，重要なスピーカの方向に向ける。
例えば，前方にマイクを向ける方法である。この場合，C，L，R チャンネルの特性に関しては良好な特性が得られるが，Ls，Rs に関しては実際の特性よりも高域が減衰した特性として測定されてしまう。
この状態で，測定値結果をそのまま信じて，Ls，Rs の高域を持ち上げてしまうと誤った調整となってしまう。

(2) 全てのスピーカに対して同じ条件となるように，上方を向けてマイクを設置する。
この場合，全てのチャンネルに対して高域が減衰された特性として測定が行われてしまうが，チャンネル間のレベルや周波数特性の差違を観察するためには良い設置方法である。

(3) 前方の上方，仰角 45°程度上向きに設置する。
この方法は，(1) と (2) との中間的な正確を持つ実践的な設置方法としてしばしば活用されてきた [14]。この場合，L，C，R に比べ Ls，Rs の高域がやや減衰して測定されることになるが，実際に人が音を聞く場合の頭の向きを模倣しているという点においては，実践的な方法の一つである。

> 一般的には，特性の良い測定マイクを用いる場合は（2）の手法を用いる傾向にあり，そうでない場合には（3）の手法を用いることが多い。
> （1）の方法は，L，Rの2チャンネル測定の際には一般的に用いられる手法であるが，サラウンドの測定では使用されることは少ない。
> 尚，全てのスピーカの特性を正確に測定するためには，測定するスピーカごとにマイクの向きを変えるという方法も考えられるが，測定条件によってマイクを頻繁に移動するといった測定方法はなるべく避けた方が良い。同じスピーカを測定し直す場合には，正確に同じ位置にマイクを設置し直す必要があるため，その再現性が保証されない場合は，マイクの位置はなるべく固定しておく方が良い。

C. タイム・アライメント

部屋の広さなど，物理的な制約などの理由から，全てのスピーカをリスニングポイントから等距離に設置できないことがある。このような場合は，ディレイなどを用いて，タイム・アライメントを整える必要がある。

また，全てのスピーカを等距離に設置したつもりでも，僅かな設置誤差やスピーカの応答速度の違いなどにより，実際には遅延のばらつきが生じていることも多い。

タイム・アライメントに関しては，大まかな調整と細かな調整の2種類に大別される。

C-1. 距離補正

全てのスピーカをリスニング・ポイントから等距離に設置できていない場合は，各スピーカのモニタ距離を測り，以下の式により算出されたディレイをそれぞれのチャンネルに適用する。

$$\text{適用ディレイ [msec]} = \text{距離差 [mm]} / 344$$

例えば，下記のように，最も遠い（遅い）スピーカを基準として，他のスピーカに適用するディレイを計算することになる。

チャンネル	モニタ距離	距離差	適用ディレイ
L, R	3 m	± 0 mm	0 msec
C	2.9 m	100 mm	0.29 msec
Ls, Rs	2.7 m	300 mm	0.87 msec

特に，モニタ距離の差が 30cm 以上生じているような場合には，パンニング時の音像定位などに障害が生じてしまうため，ディレイの適用は必須である。

C-2. コムフィルタ補正

次に，距離差ではなくスピーカの個体差など電気的な要因で生じている微細な遅延の補正を行う。【図 3-22】が示しているように，異なるスピーカ間に僅かな時間差が生じている場合には，コムフィルタ現象により合成特性にディップが生じてしまう。このようなディップを回避し，可聴帯域で障害のないようにモニタ距離を調整しようとする場合，各スピーカの距離差を 8mm 以下としなければならない。これは，音の到達時間に換算して 0.025msec 以下ということになるため，物理的なスピーカ配置だけではなく，スピーカの個体差など電気的な誤差修正も含んだ調整となる。

このような僅かな時間差を測定するためには，インパルス応答などを用いることもできるが，モニタ環境に対しては，時間差が「周波数特性」に与える影響が問題となることから，時間差を周波数特性として評価できる RTA を用いた調整方法をここでは紹介する。

RTA を用いたタイム・アライメントの整え方

（1）L と R の遅延差を確認するため，L と R から同時にピンクノイズを再生し，RTA で周波数特性を観測する。

L や R 単独でピンクノイズを再生した際には観測されなかったディップが，L＋R の特性に観測される場合は，【図 3-22】を用いて L と R の間に生じていると思われる距離差（時間差）を予測する。

予測されたディレイを L もしくは R に適用して，L+R 特性に生じていたディップが解消されていることを確認する。

完全にディップが解消されなくても，L と R の時間差が小さくなればなるほど，ディップの周波数が広域にシフトしていく様子が確認できる。そして，時間差が 0.025msec より小さくなると可聴帯域外の 20kHz 以上にディップが追い出される。

スピーカにディレイを適用できない場合は，片方のチャンネルを測定により予測された距離差分近づけて，もしくは離して設置し，ディップが 20kHz 以上の高域にシフトするまで，設置位置の微調整を行う。

(2) LとCに関して(1)と同じ作業を行い、それぞれのスピーカ間の距離差を解消する。
その際、Lに関しては既に調整済みのため、位置の調整やディレイの適用に関しては、Cに対して行う。
どうしてもLに対してディレイの再調整が必要になった場合は、同じ調整をRに対しても行ない、再度LとRの間に時間差が生じていないか確認する。

(3) CとLsに関して(1)と同じ作業を行い、それぞれのスピーカ間の距離差を解消する。
その際、Cに関しては既に調整済みのため、位置の調整やディレイの適用に関しては、Lsに対して行う。どうしてもCに対してディレイの再調整が必要になった場合は、同じ調整をLとRに対しても行い、再度L, R, Cの間に時間差が生じていないか確認する。

(4) LsとRsに関して(1)と同じ作業を行い、それぞれのスピーカ間の距離差を解消する。
その際、Lsに関しては既に調整済みのため、位置の調整やディレイの適用に関しては、Rsに対して行う。どうしてもLsに対してディレイの再調整が必要になった場合は、同じ調整をC, L, Rに対しても行い、再度L, R, C, Lsの間に時間差が生じていないか確認する。

以上の手順で測定・調整を行うことにより、全てのチャンネル間での時間差を0.025msecより小さくすることができる。その結果、位相干渉によるディップを可聴帯域内において回避することが出来る。

しかしながら、状況によっては、CとLsとの時間差及びLsとRsとの時間差はOKだが、CとRsとの時間差が解消できていないなど、調整中に矛盾が生じることがある。

このような場合は、チャンネルの組み合わせの重要度を考慮し、以下のように時間差解消の優先順位を考えると良い。

(1) 「LとR」が同じタイミング、「LsとRs」が同じタイミング
(2) 「LとRとC」が同じタイミング、「LsとRs」が同じタイミング
(3) 「LとRとCとLsとRs」の全てが同じタイミング

一般的に、スタジオのような適切な吸音処理が行われた空間では20kHzまでの位相干渉を確認することが出来るが、そうでない反射の多いライブな環境では、20kHzのような高域におい

ては，コムフィルタ現象を観測できないことが多い。

そのよう場合は，20kHzなどではなく，その部屋でコムフィルタ現象が確認できる上限周波数までの範囲で時間差の調整ができていれば良い。

タイム・アライメントは，ハース効果とコムフィルタ現象を防ぐために行うことが目的のため，コムフィルタ現象が観測されない状態となる範囲で調整できていれば，その部屋におけるモニタ障害は回避できていると考えられる。

3-3-7. スピーカの設置高さとタイム・アライメントとサラウンド音場

一般にモニタ距離といった場合，平面上の距離と実距離の双方の意味で使用されることが多いが，正しくは，前者はモニタ半径と表現される（【図 3-24】）。

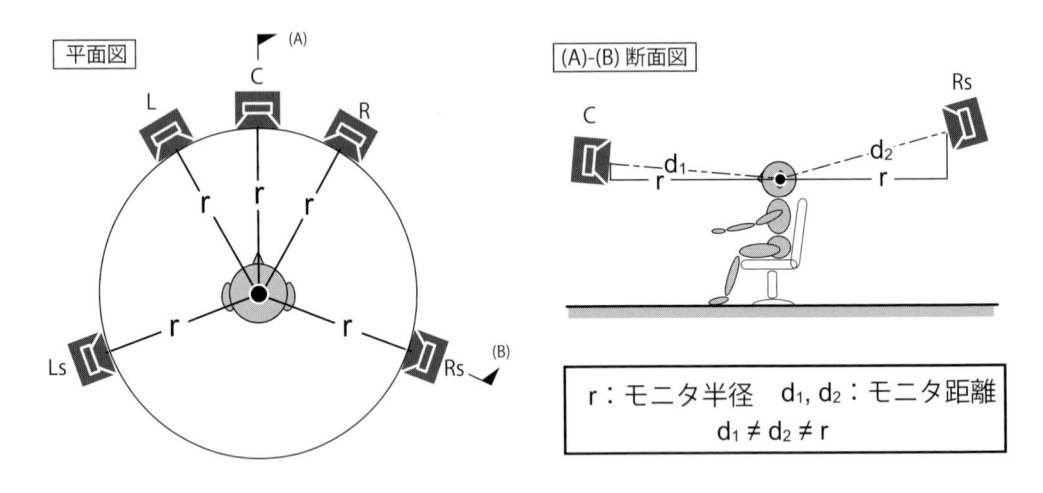

【図 3-24】モニタ半径とモニタ距離

モニタ距離（実距離）の違いは，前述のようにコムフィルタ現象やハース効果などに影響する。従って，良好な再生特性を得るためには，全てのスピーカのモニタ距離（実距離）が同一な環境が望まれる。

一方で，モニタ半径（平面上の距離）は，サラウンドの音場感に影響する。この場合，良好なサラウンド音場を再現するためには，全てのスピーカが平面的に同心円上に設置されている，すなわち全てのスピーカのモニタ半径が揃っている必要がある。

以上より，全てのスピーカに対して，モニタ距離もモニタ半径も等しい環境が，特性的にも音

場的にも最良と言うことになる。しかしながら，そのような環境は，全てのスピーカが同じ高さに設置された場合でしか実現できない（【図 3-25（A）】）。例えば，Ls や Rs が他のスピーカより高い位置に設置された環境では，【図 3-25】の（B）のように，実距離を揃えてサラウンド音場よりも周波数特性を優先するパターンと，（C）のようにモニタ半径を揃えて周波数特性よりもサラウンド音場を優先するパターンのどちらかを選ばなければならない。

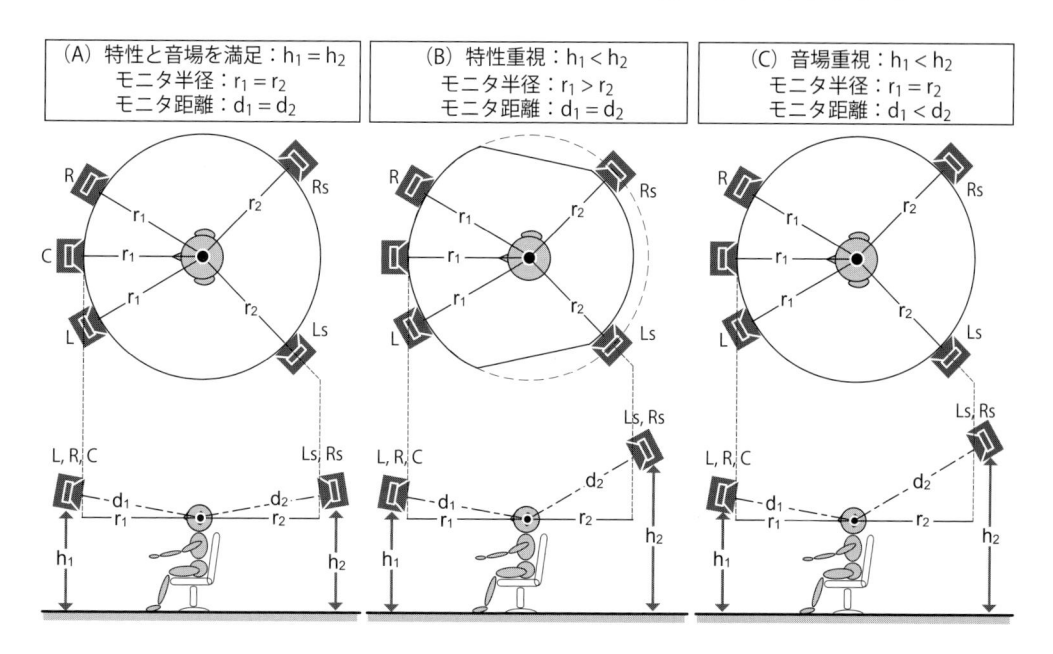

【図 3-25】スピーカの高さとモニタ半径及びモニタ距離の関係（A, B, C）

B を選択する場合

フロント・チャンネルとサラウンド・チャンネル間に静的なファンタム定位を多用するような音場表現を行う場合には，モニタ距離（実距離）を優先したほうが良い。なぜなら，モニタ距離が揃っていない場合，ファンタム音像の音色が，コムフィルタ現象により著しく変化してしまう恐れがあるからである。

この場合，モニタ距離を優先するあまり，フロント側のモニタ半径とサラウンド側のモニタ半径が大きく異なってしまうということになると，音場感が損なわれてしまうため注意が必要である。

C を選択する場合

フロント・チャンネルとサラウンド・チャンネルとの音響的な役割分担ができており，それぞれが相関性の低い信号を再生する場合には，コムフィルタ現象の心配がないため，モ

ニタ半径を優先した方が良い。ファンタム音像に関しても，静的な音像定位ではなくフライオーバなど動的な定位表現が主であれば，パンニング時の音色の変化が知覚されにくいため，モニタ距離（実距離）が揃っていない環境でも問題になることは少ない。
以上の理由から，例えば，映画や DVD など映像音響作品の制作環境には，モニタ半径を優先したスピーカ配置が採用されることが多い。

以上のように，再生環境のタイム・アライメントは，制作するコンテンツの内容とチャンネル間の相関性を考慮して調整を行う必要がある。

3-4. サブウーファの設置方法と調整方法

サブウーファは，低域効果専用の LFE（Low Frequency Effect）チャンネルを再生するために設けられたスピーカである。そのため，設置方法や調整方法に関しては，他のスピーカとは異なる考え方が必要になる。

3-4-1. サブウーファの設置方法

スピーカの低域特性は，部屋の音響特性の影響を大きく受ける。
特に中小規模の部屋では，サブウーファの設置位置によってリスニング・ポイントにおける再生特性が大きく変化する。そのため，サブウーファの設置位置の検討は，特性の改善に対して大変効果的である。
一方で，部屋の特性と音源位置の関係は，単純ではないため，定説のような分かりやすいコツを述べることは難しい。サブウーファの設置に関しては，以下の基本原理を理解した上で，実際に試行錯誤を繰り返し，それぞれの環境に応じたベスト・ポジションを見つけることになる。

A. 部屋のモードとのマッチング

低域の再生特性は，部屋のモード（定在波）の影響を強く受ける。従って，サブウーファの設置場所を検討する際に，モードとの関係を検討することは重要である。
但し，部屋のモードと低域特性の関係は非常に複雑である。
従って，サブウーファの設置に関しては，先ずは，モード（定在波）の原理を理解しておき，その上で，実際に試行錯誤を繰り返すといった努力が必要とされる。

A-1. 部屋のモードとは

部屋は，形状ごとに異なる倍音構造を持っており，それぞれに固有の響きを持っている。これは，部屋も楽器も同じである。

ここに，（A），（B），（C），（D）といった異なる大きさの直方体があるとする【図 3-26】。

（B），（C）は，縦・横・高さの寸法比が（A）と同じだが，それぞれ（A）より大きい，小さいといった違いがある。

（D）は，（A）と同じ容積（大きさ）だが，縦・横・高さの寸法比が（A）とは異なっている。これらの立方体を，鉄琴の音板のような金属の固まりだと考えると，それぞれの部屋の音をイメージしやすくなる。

（A），（B），（C）は，形状が同じで大きさが異なることから，音色は似ているが，音の高さ（ピッチ）が，（C）＞（A）＞（B）の順番で低くなってゆくことが想像できる。一方，（A）と（D）は大きさが同じで形状が異なることから，音の高さ（ピッチ）は似ているが，音色が異なることが想像できる。

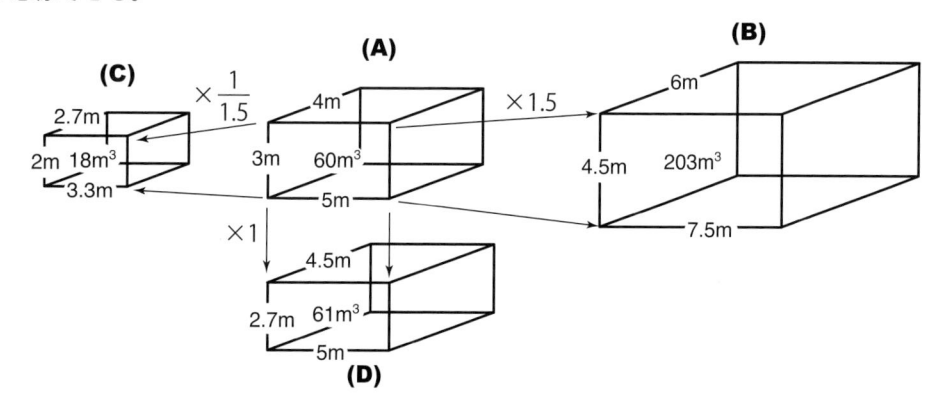

【図 3-26】形状の異なる 4 種類の部屋

部屋には，いくつかのある決まった周波数の音だけしか存在できない。どの部屋にも共通な周波数は，0Hz（DC，直流成分）であるが，その他の周波数は，室の寸法によって与えられる定在波によって決定される。

この定在波によって生じる音場のことを部屋のモードと呼ぶ。さらに，それぞれのモードの発生する周波数のことを固有周波数と呼び，この固有周波数がいわゆる楽器の倍音構造の周波数スペクトルのように部屋の音の性質をつくり出している。

【図 3-27】は，（A）〜（D）の部屋の固有周波数分布を計算した結果である。これによると，（A），（B），（C）の部屋は，縦・横・高さの寸法比が同じであるため，固有周波数のパターンが同じ

であるが，それぞれ周波数軸上を平行移動したような倍音構造となっていることが分かる。そのため，(A)，(B)，(C) は，音色は同じで，音程が違うといった特徴を持つ部屋ということになる。一方，(A) と (C) は，最低の固有周波数（基音）が同じであるため音程は同じだが，固有周波数のパターンが違うため音色が違うということが分かる。

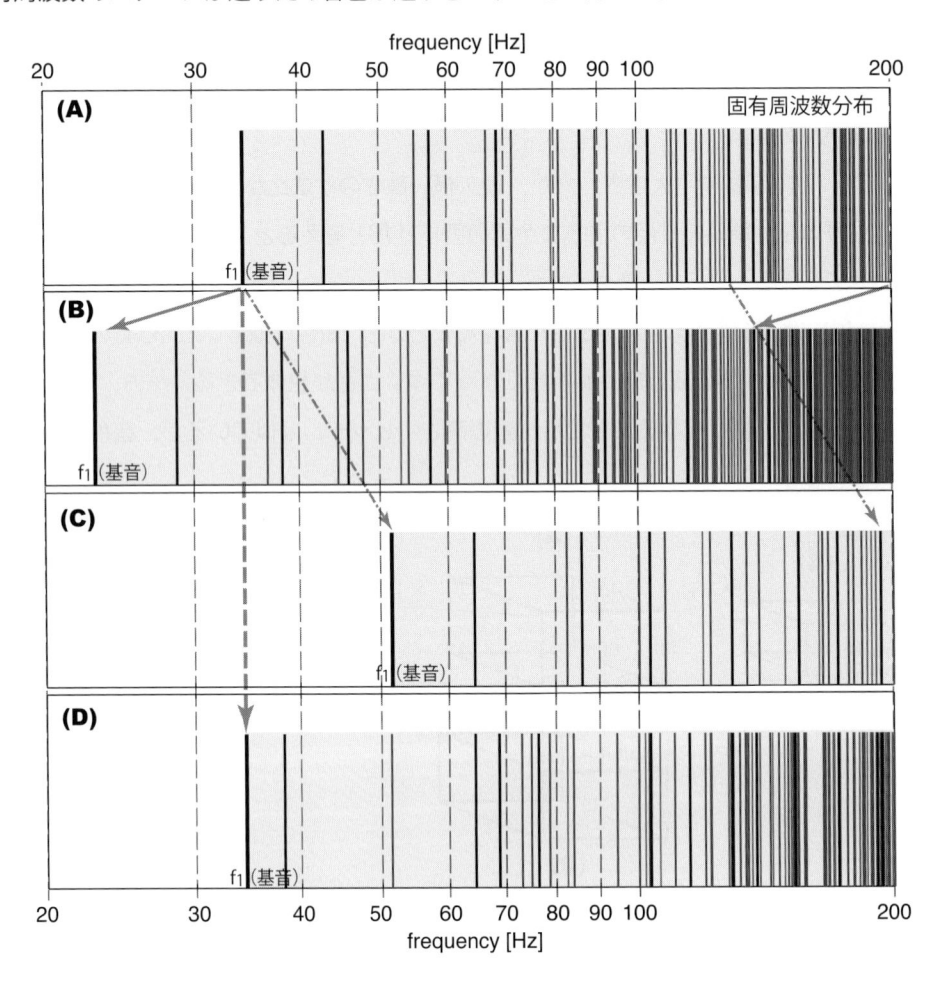

【図 3-27】形状の異なる 4 種類の部屋の倍音構造

以上のように，部屋の基本的な音の性格は，部屋の寸法によって与えられる固有周波数のパターンによって決められてしまう。そして，リスニング・ポイントにおける最終的な周波数特性は，固有周波数分布に以下の 3 要素を反映した結果として表現されることになる [15]。

(1) 音源位置（サブウーファの設置場所）
(2) 受音位置（リスニングポイントの位置）
(3) 吸音処理

上記の3要素と固有周波数から最終的な周波数特性が得られる概略は,以下の通りである(【図3-28】)。

(1) 室の寸法によって,固有周波数のパターンが決定する。
(2) リスニング・ポイントと音源(サブウーファ)の位置が相互に影響し合い,各固有周波数におけるレベルと位相が決定する。
(3) 部屋を吸音すると,それぞれの固有周波数スペクトルのスロープが緩やかになる。
従って,部屋が全く吸音されておらず完全反射状態の場合,固有周波数は離散的に分布するようになるため,固有周波数以外の周波数の音はほとんど再生されない。さらにこの場合,部屋における音の低域再生限界は,最低固有周波数(f_1)によって決定されることになり,小さな部屋では低域再生が不可能となってしまう。換言すれば,部屋の吸音処理は,特に小さな部屋での低域再生にとって重要だということになる。
(4) 以上により得られた全ての周波数スペクトルの合計が,最終特性となる。

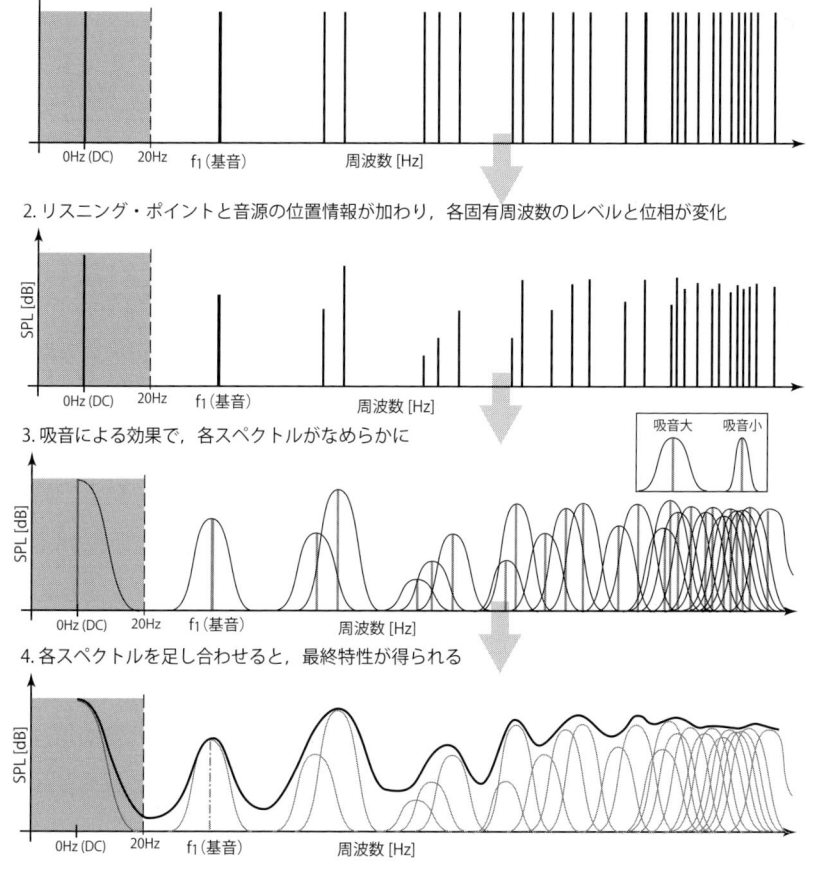

【図3-28】固有周波数から実際の周波数特性が得られる仕組み

A-2. 定在波の発生する仕組み

部屋のモードには，一対の対向面で生じる1次元モード（軸モード，axial mode）の他に，2次元モード（接線モード，tangential mode）や3次元モード（斜めモード，oblique mode）などがあるが，ここでは，減衰が遅く部屋の低域特性にもっとも大きく影響する1次元モードに関してその概要を述べる。

【参考】固有周波数の計算

■全てのモードに対する固有周波数の表記

$$f_{nx,ny,nz} = \frac{c}{2}\sqrt{\left(\frac{n_x}{Lx}\right)^2 + \left(\frac{n_y}{Ly}\right)^2 + \left(\frac{n_z}{Lz}\right)^2}$$

$\left(\begin{array}{ll} f_{nx,ny,nz} & \text{固有周波数 [Hz]} \\ Lx, Ly, Lz & \text{部屋の寸法（幅，奥行，高さ）[m]} \\ n_x, n_y, n_z & 0, 1, 2, 3, \cdots \\ c & \text{音速 344[m/s]（331.5 + 0.61t，t：気温20[℃]）} \end{array}\right)$

■1次元モード（軸モード）に対する固有周波数の表記

$$f_n = \frac{c}{2L} \cdot n$$

$\left(\begin{array}{ll} f_n & \text{固有周波数 [Hz]} \\ L & \text{壁の距離 [m]} \\ n & 0, 1, 2, 3, \cdots \\ c & \text{音速 344[m/s]（331.5 + 0.61t，t：気温20[℃]）} \end{array}\right)$

一対の平行面があると，その幅に対してちょうど半波長の整数倍で当てはまる音圧分布が存在することになる。この状態がいわゆる共鳴している状態である。このとき，この音圧分布を1次元モードと呼び，その周波数を固有周波数と呼ぶ。

例えば，部屋の幅が4.15mの場合，横幅方向の固有周波数は，低い方から，41Hz（n=1），83Hz（n=2），124Hz（n=3）となり，これらをそれぞれ第1次モード，第2次モード，第3次モードと呼ぶ（【図3-29】）。従って，この部屋では横幅方向に，41Hz，83Hz，124Hzの定在波（共鳴）が生じやすい性格を持つと言うことになる。

図中の音圧分布のうち，音圧レベルの小さな箇所をモードの「節」と呼び，大きな箇所を「腹」と呼ぶ。このような定在波が発生した場合，部屋の中でモードの節や腹が形成されるため，該当する固有周波数の音が場所によっては聞こえなくなったり，逆に大きく聞こえたりするようになる。実際の部屋では，このような1次元モードが，横方向だけではなく縦方向や高さ方向にも生じることになる。

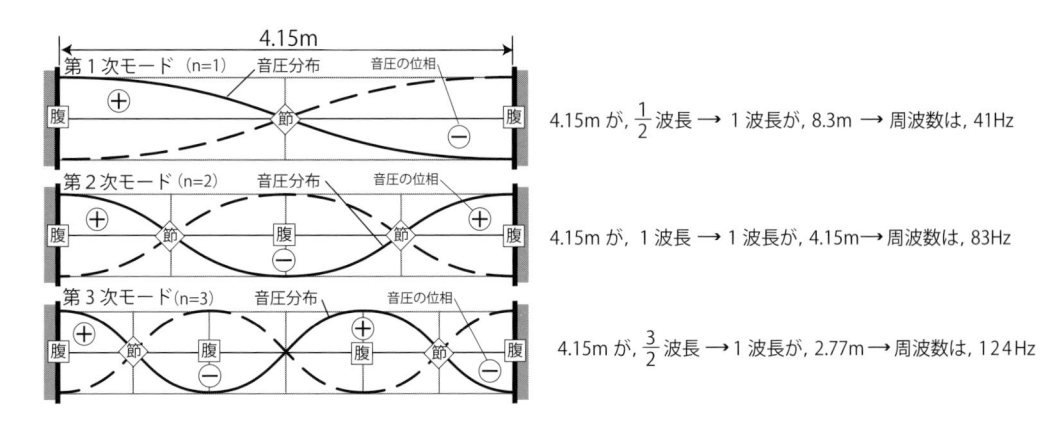

【図 3-29】部屋のモード現象（横方向の 1 次元モード）

A-3. リスニング・ポイントと定在波の関係

リスニング・ポイントにおける特性は，定在波による音圧の山谷の影響を受ける。例えば，【図 3-30】に示すような位置にリスニング・ポイントが存在する場合，部屋の奥行方向のモードに対してはピークやディップを避けられているため良好であることが予測されるが，幅方向に対しては，1 次モード（41Hz）と 3 次モード（124Hz）ではディップとなり音が聞こえない可能性が高くなる。

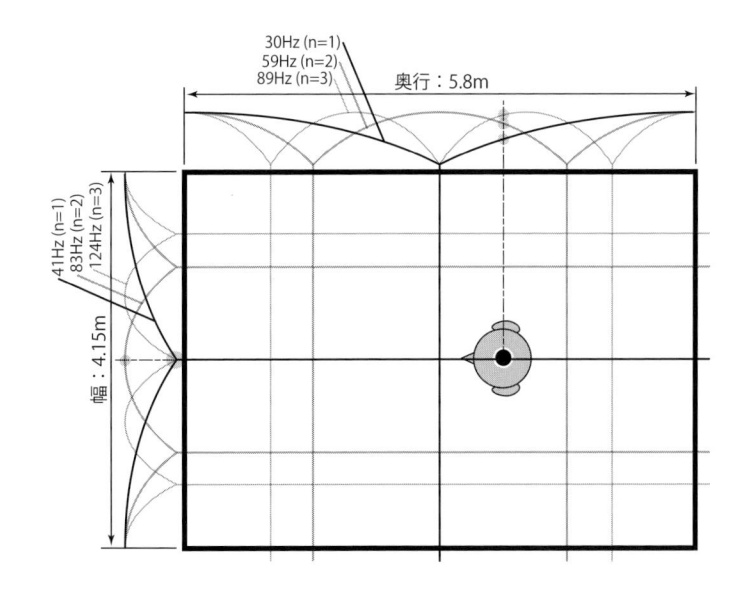

【図 3-30】リスニング・ポイントと 1 次元モードの影響

A-4. 音源位置と定在波の関係

音源位置の調整によってリスニング・ポイントにおける特性を変化させる方法は，主に以下の3種類に大別される。

(a) モードの節と腹を避けたスピーカ設置

音源が，モードの腹に位置した場合，そのモードは最も激しく励起され，定在波によるピークやディップの激しい音場が形成されてしまう。一方，音源が，モードの節に位置した場合，そのモード（定在波）は励起されず，音場は均一となるが，その周波数が再生しにくくなるというデメリットが生じる。

従って，リスニング・ポイントと同様に，まずはモードの腹でも節でも無い位置をスピーカ（サブウーファ）の設置場所として見つけることが，モード対策の基本である（【図 3-31】）。

但し，リスニング・ポイントがモードの節に位置している場合，モードを励起してしまうこの方法では，そのディップを取り除くことができないため，他の方法を検討する必要がある。

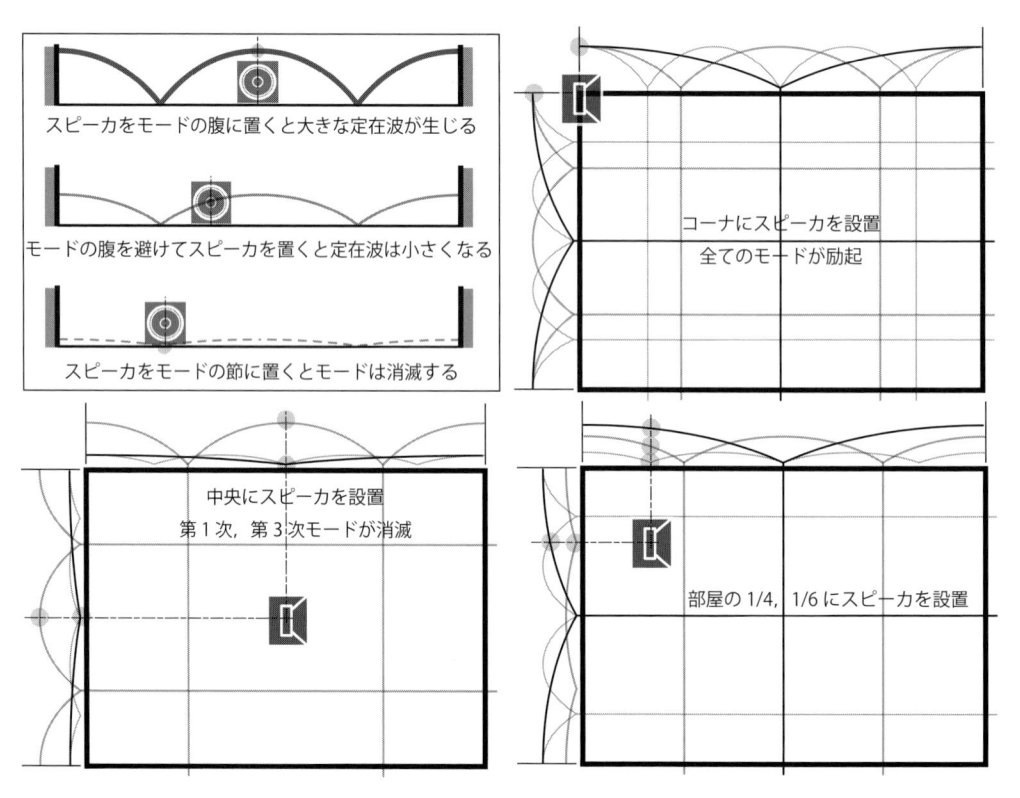

【図 3-31】音源位置と励起されるモードの関係

(b) モードの削除

モードの節の位置に音源がある場合，そのモードは励起されない。これを節点駆動という。
リスニング・ポイントがモードの影響を強く受けてしまう場合，節点駆動を利用すれば，そのモードの影響をなくすことができる（【図 3-32】(C)）。例えば，特定の周波数にモードが密集していて，再生特性に大きなピークが生じている場合，それらのモードのいくつかを節点駆動により削除すると特性の改善が期待できる。
一方，吸音が不十分な部屋において，不用意にモードを削除してしまうと，その周波数が再生できないということになるため注意が必要である（【図 3-32】）。
以上のように，問題となるモード（定在波）のディップとなる位置に音源（サブウーファ）を設置することで，そのモードの発生を抑制する効果が期待できる。但し，節点駆動に関しては，部屋の吸音が不十分な場合，逆に特性悪化につながる場合もあるため注意が必要である。

(c) モードの励起

節点駆動とは逆に，モードの腹となる位置に音源（サブウーファ）を設置し，積極的にモードを励起することで特性が改善される場合もある。
モードは節点駆動などにより削除してゆくと，数少なくなったモードが逆に大きなピークやディップを再生特性に与えるようになる場合がある。特に部屋の吸音が十分でない場合は，そのような傾向が生じやすい。
例えば，部屋の吸音が十分でない場合など，全てのモードの腹となる部屋のコーナーに音源（サブウーファ）を設置し，全てのモードを励起させた方が良い特性を得られることもある。

B. 複数設置

A. で述べたように，サブウーファの特性は定在波の影響と密接に関わっており，設置場所が変わると特性も大きく変化する。しかし，現状では，全ての定在波対策に有効な設置場所を見つけ出すことはほぼ不可能である。換言すれば，全ての場所は，メリットとデメリットの両方を有しているということになる。
従って，複数のサブウーファを使用して，それぞれを異なる場所に設置すると，モードへの影響が分散され，良い結果を得られることがある。例えば，サブウーファ1台では節点駆動でしか消去できない定在波も，2台使用できる場合には，節点以外の場所に設置した状態でもモードの励起を抑制することができる（【図 3-32】）。

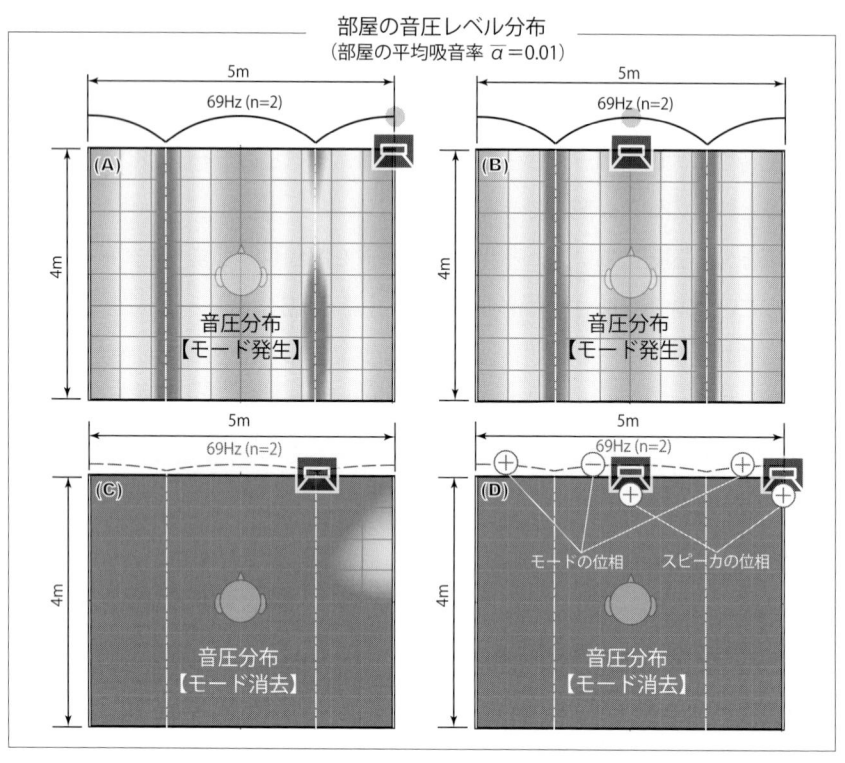

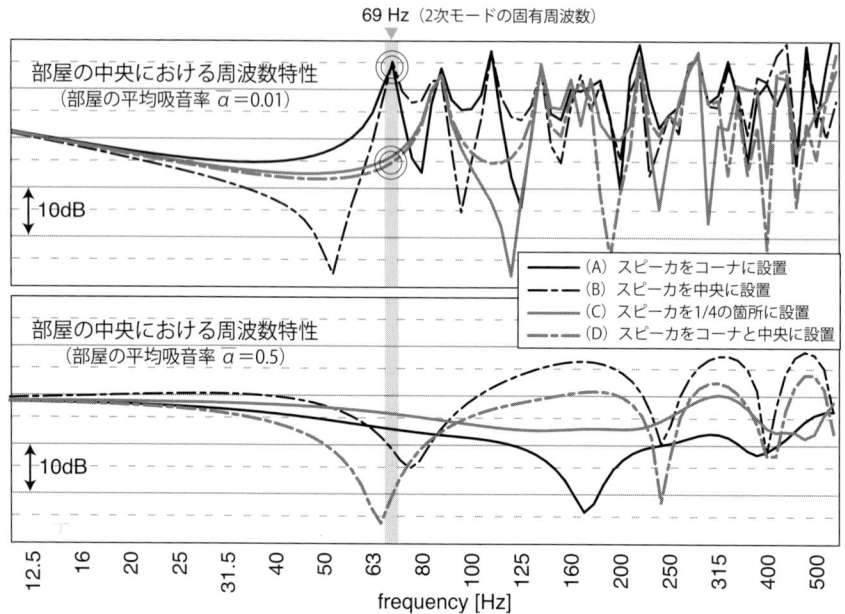

【図 3-32】節点駆動と逆相駆動による特性の変化（モード合成法による計算）

例えば，Poulainらは，実際の試聴室において1～4台までのサブウーファを16通りの条件で設置した場合の再生特性の変化を測定し，サブウーファの複数設置の有用性を検証している[16]。【図3-33】はその検証の一例を示しているが，サブウーファの数が多くなるほど場所による特性の変化が少なくなっており，特性も平坦化していることが分かる。

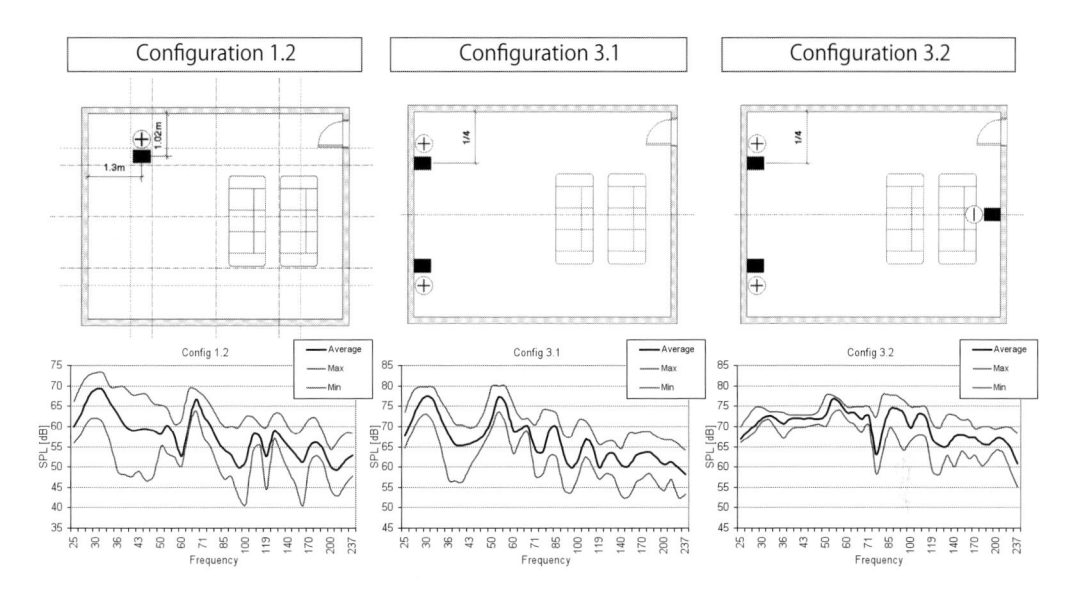

【図3-33】サブウーファの複数設置による再生特性の変化の例（A. Poulain [16]）

C. 床からの高さ

スタジオなど壁や天井が充分に吸音されている場合，モードの影響よりも床の反射の影響が再生特性に大きく影響していることがある。

たとえば，直接音と床からの反射音との干渉により，サブウーファの特性にディップが生じてしまっているような場合である。

ディップが生じる最低周波数は，サブウーファの設置位置が高くなるほど低域にシフトし，モニタ距離が長くなるほど高域にシフトする。

従って，ディップをなるべく高い周波数に追いやり，床の反射の影響を軽減するためには，モニタ距離を長くとるか，サブウーファを低い位置に設置しなければならないということになる。
【図3-34】は，サブウーファの設置高さの上限（Hmax）とモニタ半径（r）に関して計算した結果である。例えば，LFEチャンネルの再生上限を120Hz(-3dB)とすると，fcは240Hzとなり，モニタ半径（r）が3mのときのサブウーファの高さは床上1m以下にする必要がある。

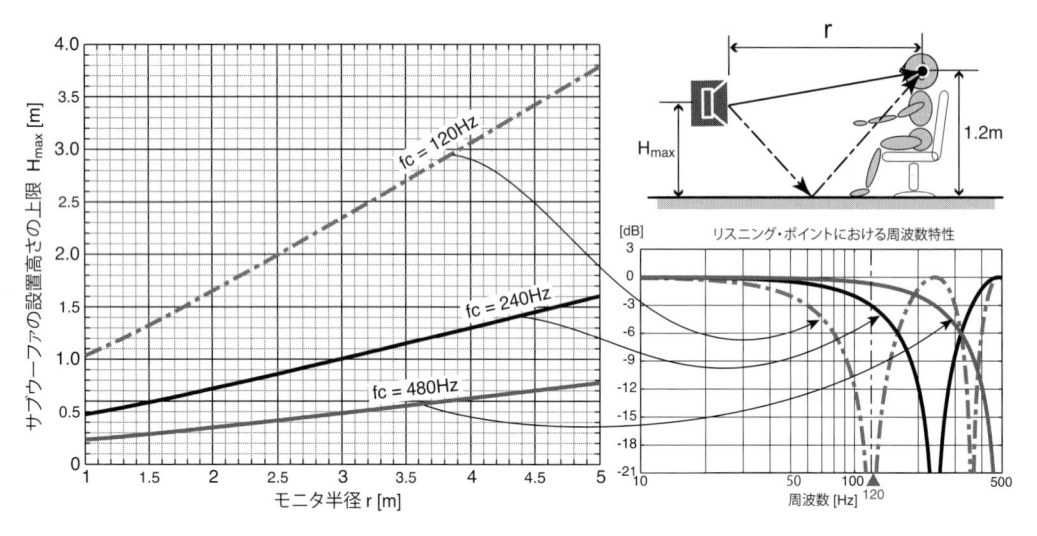

【図 3-34】サブウーファの設置高の上限

【参考】床反射によるディップ

$$f_c = \frac{c}{2d}$$

$$d = \sqrt{r^2 + (H+h)^2} - \sqrt{r^2 + (H-h)^2}$$

f_c　ディップの生じる周波数 [Hz]
d　直接音と床からの反射音との距離差 [m]
H　サブウーファの設置高さ [m]
h　リスニング・ポイントの高さ 1.2 [m]
r　モニタ（平面上のサブウーファまでの距離）[m]
c　音速 344[m/s]（331.5 + 0.61t, t：気温 20[℃]）

以上のように，LFE チャンネルの再生帯域を確保するためには，サブウーファを床に近い低い位置に置くと良いことが分かる。

一方，スタジオなど制作環境においてサブウーファを下方に設置した場合，ミキシング・コンソールなどの遮蔽効果により時間応答特性が悪化し，逆に好ましく無い結果となることがある。このような場合は，サブウーファを複数台使用し，(1) 周波数特性の良い床に近い位置，(2) 時間応答特性の良い高い位置，の双方に設置するとバランスがとれて良い結果を得られることがある（【図 3-35】）。

また，このような設置方法は，室の高さ方向のモードの影響を分散する意味でも効果的である。

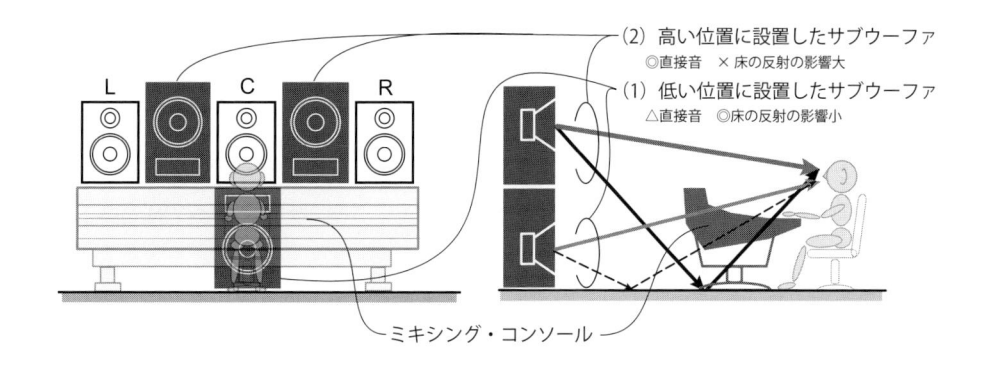

【図 3-35】サブウーファの複数配置（高さ方向）

D. サブウーファ設置の試行錯誤の方法

以上のように，サブウーファの設置と室内音響特性の関係は複雑であり，どのような環境にも有効な設置方法というものが存在しない。従って，実際には，測定と位置の調整を繰り返し，最適なサブウーファの位置を現場で発見する作業が必要となる。その際に，上記 A.～C. で解説した原則を活用し，効率よく作業を行うことになる。

D-1. RTA を使用できる場合

サブウーファの最適な設置場所を見つける作業に一番良い方法は，RTA を用いて周波数特性を測定しながら，位置を検討することである。
RTA が使用できる場合は，先ずは，最良と思われる位置にサブウーファを仮設置し，ピンクノイズを再生してリスニング・ポイントにおける周波数特性を RTA で測定する。その結果，良好な特性が得られない場合は，サブウーファの移動と測定を繰り返し，周波数特性が最も良くなる，すなわち 20Hz～120Hz の特性が最も平坦になるような設置場所を見つける。

D-2. RTA を使用できない場合

RTA で周波数特性を確認出来ない場合は，簡易的な方法になるが，音圧レベルにより設置場所を検討する方法がある。
サブウーファのように再生帯域が低域に限定されるスピーカの場合，周波数特性の悪化は，ピー

クではなく，大きなディップによりもたらされていることが多い。従って，「音圧レベルが低い⇒大きなディップが発生している⇒周波数特性が悪い」と考えられることから，音圧レベルの小さくなる位置を避けてサブウーファを設置すると良い結果が得られることが多い。

音圧レベルに関しては，サブウーファから120Hz以上をカットしたピンクノイズを再生し，そのレベルをリスニング・ポイントにおいて騒音計で測定するか，聴感で確認する。

騒音計で測定する場合は，C特性もしくはZ特性を用い，ピンクノイズのON/OFFにて十分なSN比が稼げているかを確認のうえ測定を行う。

D-3. 相反定理を利用した検証方法

サブウーファを様々な場所に移動しながら設置位置の検証を行うことが困難である場合は，音場の相反定理を利用して，サブウーファとリスニング・ポイントを入れ替えた検証を試すことができる。

具体的には，リスニング・ポイントにサブウーファを設置し，ピンクノイズを再生しながら，最も良い特性が得られる場所を探し，その位置にサブウーファを移動する。この方法だと，サブウーファを動かしながら検証を行うよりは，迅速に作業ができる。

但し，音場の相反定理が成立するのは，音源が点音源の場合である。実際のサブウーファはある程度の大きさと指向性を持った音源であることから，この方法による測定結果には誤差が生じてしまう。

相反定理を利用した検証方法は便利な方法ではあるが，正確な特性の把握はできないことから，最終的にはサブウーファを決めた位置に設置した上で特性の最終確認を行う必要がある。

D-4. 測定及び調整ができない場合

時間が無いなど試行錯誤を行うことができない場合は，サブウーファをメインとなるスピーカの近くに配置すると良い。

LFEチャンネルの効果が正しく聴感上で確認できるためには，サブウーファと他のチャンネルの再生音とのかぶり具合を正確に再現できている必要がある。LFEチャンネルの効果は，単独で成り立っているのではなく，他のチャンネルとの相対関係により成立している。

従って，LFEチャンネルが正しく再生されるためには，一緒に再生されている他のチャンネルの低域特性とサブウーファの周波数特性が出来る限り同じである必要がある。

理想的には，サブウーファを含めた全てのスピーカの周波数特性がフラットに揃っていること

が要求されるが，一般的にはそのような環境を得ることは難しい。

このような場合は，サブウーファだけに特性のフラットさを要求するのではなく，他のチャンネルの低域特性，特に LFE チャンネルとのかぶりが重要と思われるチャンネルの低域特性とどれだけ似ているかということを優先しなければならない。

従って，現場での試行錯誤が困難である場合は，サブウーファをメインとなるチャンネル，例えば，L/R や C スピーカの近傍に設置し，LFE チャンネルとそれらの低域特性を揃えておくと良い（【図 3-36】）。

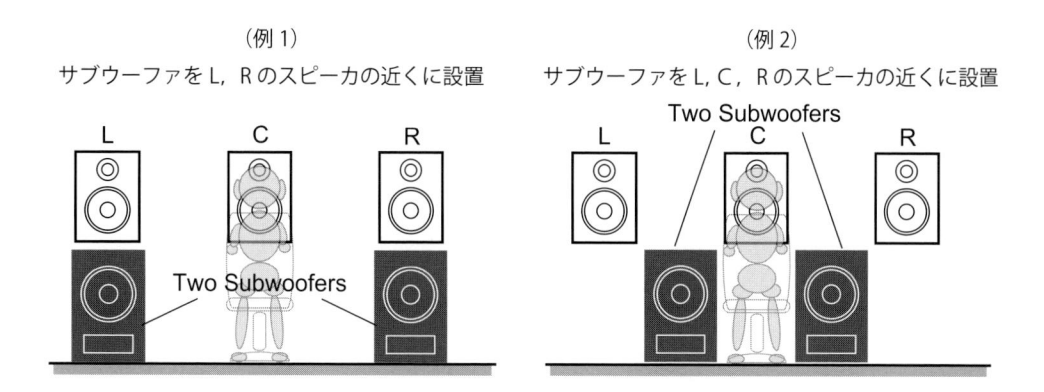

【図 3-36】サブウーファの配置計画の例

3-4-2. サブウーファの調整方法

サブウーファの調整は，「レベルの調整」と「位相の調整」に大別される。それらは全てメイン・チャンネルとの相対関係をもとに調整されることになる。

従って，サブウーファを調整する際には，それ以前にメイン・チャンネルの調整が終了している必要がある。

A. レベルの調整

サブウーファの再生レベルは，一部のメディア（DVD-Audio, Super Audio CD）を除き，5 チャンネル（L, C, R, Ls, Rs）に比べて 10dB 大きく再生されるように調整しなければならない [7]。すなわち，同じ信号をメイン・チャンネルと LFE チャンネルから再生した場合，メイン・チャンネルより 10dB 大きく再生されるのが，LFE チャンネルの特徴である。

ここで，10dB 大きく再生されるということは，オールパス・レベルではなく，バンド・レベルが 10dB 大きく再生されるということに注意しなくてはならない（【図 3-37】）。

メイン・チャンネルと LFE チャンネルでは，再生可能帯域が異なるため，LFE のバンド・レベルがメイン・チャンネルに比べて +10dB であったとしても，オールパス・レベルは +10dB とはならない。

例えば，以下の仮定が成立する場合，LFE チャンネルのオールパス・レベルは騒音計の C 特性を用いて +4dBC となる。

- サブウーファの再生帯域が「20Hz 〜 120Hz」
- メイン・チャンネルの再生帯域が「20Hz 〜 20kHz」
- サブウーファとメイン・チャンネルの特性がそれぞれ「フラット」

↓

この時，LFE のオールパス・レベルは，メイン・チャンネル＋「4dBC」

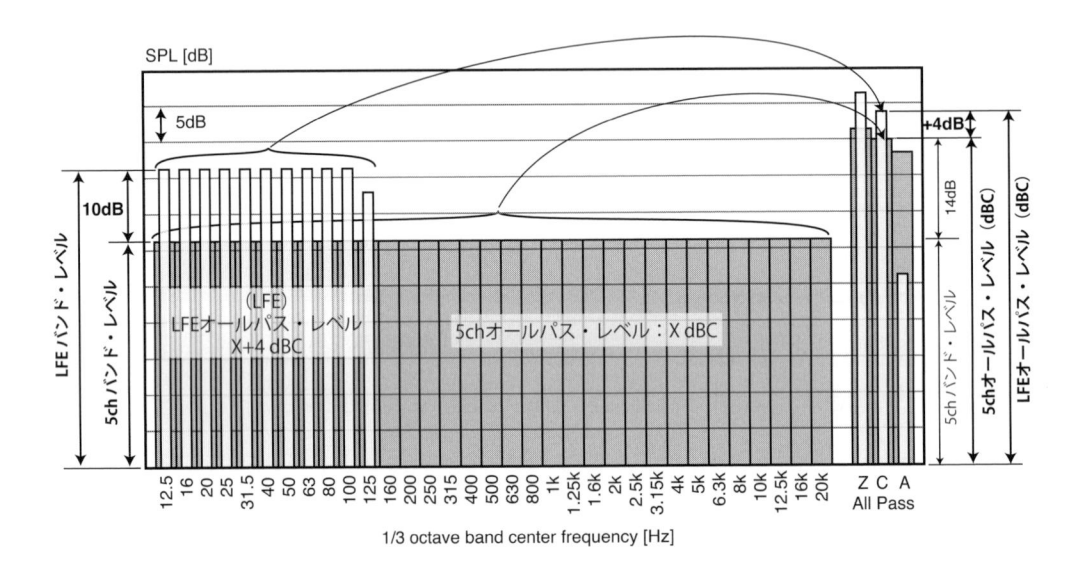

【図 3-37】LFE の再生レベル

A-1. RTA を使用できる場合

LFE（サブウーファ）とメイン・チャンネルでは再生帯域が異なるため，LFE（サブウーファ）に対して +10dB の再生レベルを与えるためには，RTA を用いたバンド・レベルの測定が必要である。

具体的には，LFE及びメイン・チャンネルから同じピンクノイズを再生し，LFEの有効再生帯域内（〜120Hz）において，LFEチャンネルとメイン・チャンネルのバンド・レベルとの差が10dBになるようにサブウーファの音量を調整する（【図3-37】）。

その際に重要なのは，サブウーファの再生特性がメイン・チャンネルの低域特性と出来る限り同じ特性となっていることである。それぞれの特性がばらばらである場合，周波数ごとに再生レベルの差が異なってしまうことになり，正しくLFEの効果を聴くことができない。

例えば，EQなどでサブウーファの周波数特性を調整できる場合は，以上の点に注意し，サブウーファだけがフラットで良い特性となるように調整するのではなく，なるべくメイン・チャンネルと同じような特性になるように調整を行う方が良い。但し，殆どの場合メイン・スピーカとサブウーファでは低域再生限界が異なるため，ローエンドの特性に関しては，あえてサブウーファの低域をカットしてメイン・スピーカに合わせる必要は無い。

サブウーファの再生レベルは，メイン・チャンネルに対して相対的に与えられるものであり，そのためには，それぞれが同じ周波数特性を持っていることが重要であることを留意しておく必要がある。

A-2. RTAを使用できない場合

サブウーファの調整にRTAが使用できない場合は，騒音計を用いてオールパス・レベルの確認を行う。その際，メイン・チャンネルからは通常のピンクノイズを再生し，LFEチャンネルからは同じピンクノイズを120HzのLPFで帯域制限した信号を再生する。

それらの再生レベルを騒音計のC特性を用いて測定し，LFEの再生レベルがメイン・チャンネルの再生レベルに比べて4dB大きくなるようにサブウーファの音量を調整する。

以上の方法は，サブウーファの再生特性が20Hz〜120Hzでフラットであり，メイン・チャンネルの再生特性に関しても20Hz〜120Hzでフラットであるという理想的な状態を前提として調整方法である。

しかし，現実的には，メイン・チャンネルとLFE（サブウーファ）では低域再生限界が異なる場合が多く，+4dBの調整が当てはまらない場合も多い。

そのような場合には，例えば40Hz〜100Hzなど，LFE（サブウーファ）でもメイン・チャンネルでも再生可能な帯域に制限したピンクノイズを使用して再生レベルの確認を行うと良い。この場合，LFEチャンネルからはメイン・チャンネルに比べて-10dBのレベルの帯域制限ピンクノイズを再生し，その再生音量がメイン・チャンネルからの再生音量と同じとなるように，サブウーファの音量を調整する。この手法は，聴感確認によっても実施可能なため，騒音計が

使用できない場合においても有用な手法である。

B. 位相の調整

LFE チャンネルだけが単体で再生されるようなシーンが使われるようなコンテンツは，まず無い。
これは，フォールドダウン・ミックスへの対応や LFE という特殊なチャンネルの使い方や考え方などによるものであるが，この様に LFE チャンネルは必ずメイン・チャンネルとの関係の中に成り立っている。
従って，サブウーファとメイン・チャンネルの相対的な再生関係を良好なものとするためにも，それらの位相関係を最良な状態に調整しておくことは，LFE 再生にとって重要な調整項目となる。
例えば，サブウーファとメイン・チャンネルの位相があっていない場合，LFE チャンネルを再生したことにより，逆にメイン・チャンネルの低域を打ち消してしまうということもあり得る。
位相のチェックは，サブウーファとメイン・チャンネル（例えば C チャンネル）からそれぞれ同じピンクノイズを再生し，リスニング・ポイントにおける周波数特性を RTA で眺めることで行うことができる。
LFE もしくはメイン・チャンネル単体でピンクノイズを再生した際には生じていなかったディップが，2つを同時に再生することで生じてしまう場合は，お互いの位相が合っていないということになる。
さらに，位相のチェックを厳密に行うためには，上記のチェックを LFE から再生するピンクノイズの音量を変えながら，すべての周波数においてディップが生じないかを確認すると良い。

サブウーファの位相調整作業は，以下の2段階に分けて行う。

B-1. 正相 / 逆相

先ずは，使用しているサブウーファが正相が良いのか逆相が良いのかをチェックする。
そのためには，メイン・スピーカ，例えば C スピーカとサブウーファからピンクノイズを同時に再生し，サブウーファの位相を切り替えながら，RTA によりレベルと周波数特性をチェッ

クする。

この時，ディップが生じていなく，レベルの大きい方の位相が正解となる。

以上の作業を以下の二種類のLFEの再生レベルで検証する。

(1) ±0dB
　　LFE（サブウーファ）から再生するピンクノイズが，メイン・チャンネルと同じレベル。
(2) +10dB
　　LFE（サブウーファ）から再生するピンクノイズが，メイン・チャンネル+10dB。

上記のどちらの音量でも，良好な結果が得られれば問題なく位相調整は終了したことになる。一方，±0dBの時は「正相」が正解だが，+10dBの時は「逆相」が正解となってしまう，もしくは，どの音量の場合も必ずどこかの周波数にディップが生じてしまうなどといった場合には，次に示す遅延補正が必要となる。

以上の位相チェックにはRTAを用いているが，基本的には「音が大きく再生される方が正解」ということになるため，騒音計や聴感確認でも対応可能である。騒音計や聴感で位相を確認する際には，200Hz以上の高域がカットされたピンクノイズを用いると作業を行いやすい。

B-2.　遅延補正

サブウーファをメイン・スピーカと同じようにリスニング・ポイントから等距離に設置している場合でも，遅延補正が必要になることが多い。

なぜなら，多くのサブウーファはLPF（ローパス・フィルタ）などメイン・スピーカには無い電気的な遅延を持っているものが多いからである[6]。多くの場合，サブウーファの音はメイン・スピーカより遅延してリスニング・ポイントに届いている。

メイン・スピーカとサブウーファとの間に大きな遅延の差が生じている場合，LFEとメイン・チャンネルを同時に再生した場合の特性にディップが生じてしまう。

そのような場合，以下に示す2種類の方法で対処を行う必要がある。

(a) サブウーファの遅延の原因となっているLPFをバイパスする。
　　但し，DVD-VideoなどエンコーディングのにLFEに対してLPFが適用されるコンテンツ制作では，サブウーファに対してLPFを適用しながら制作作業を行うことが一般的なため，LPFをバイパスすることが好まれないことが多い。

(b) **メイン・スピーカにディレイを適用する。**

　サブウーファの遅延量をチェックするためには，サブウーファ（LFE）とメイン・チャンネルから同じレベルでピンクノイズを再生し，その結果生じるディップの周波数をRTAを用いて観測すれば良い（【図3-22】）。

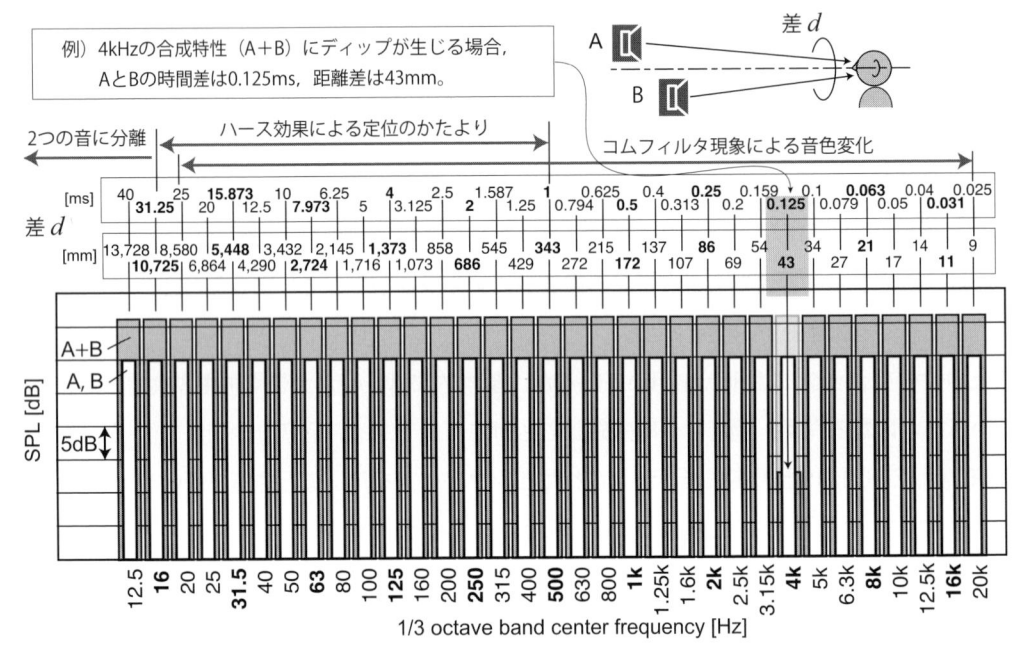

【図3-22】時間差・距離差による音響障害

RTAが使用できない場合は，細井らが提案している【表3-1】を利用する方法もある［6］。これによると，サブウーファが使用しているLPFのタイプ，スロープ，カットオフ周波数が分かれば，メイン・チャンネルに必要な適切なディレイを得ることができる。

業務用サブウーファの多くは，カットオフ周波数（fc）が約120Hzで，-24dB/octより急峻なカットオフ特性を持つLPFが使用されていることから，遅延量は約4〜8msec程度と考えられることが多い。これらの遅延量は，距離に換算すると1.4m〜2.7m程度となり，63Hz〜125Hzの帯域にディップをもたらす可能性がある。

fc	Butterworth						Linkwitz-Riley			
	-6 dB/oct	-12 dB/oct	-18 dB/oct	-24 dB/oct	-36 dB/oct	-48 dB/oct	-12 dB/oct	-24 dB/oct	-36 dB/oct	-48 dB/oct
63 Hz	0.8 ms	3.7 ms	6.1 ms	8.2 ms	11.3 ms	15.8 ms	3.1 ms	8.2 ms	12.1 ms	15.8 ms
80 Hz	0.7 ms	2.9 ms	4.8 ms	6.4 ms	9.6 ms	12.4 ms	2.6 ms	6.4 ms	9.5 ms	12.4 ms
100 Hz	0.6 ms	2.3 ms	3.8 ms	5.1 ms	7.5 ms	9.9 ms	2.1 ms	5.1 ms	7.5 ms	9.9 ms
125 Hz	0.5 ms	1.9 ms	3.0 ms	4.1 ms	6.0 ms	7.9 ms	1.7 ms	4.1 ms	6.0 ms	7.8 ms
160 Hz	0.4 ms	1.4 ms	2.3 ms	3.2 ms	4.7 ms	6.1 ms	1.4 ms	3.2 ms	4.7 ms	6.1 ms

【表 3-1】LPF と遅延の関係（S. Hosoi [6]）

B-3. サブウーファの位相調整方法（上級編）

インパルス応答の測定が可能な場合には，サブウーファとメイン・スピーカの精密な位相調整を行うことができる。

サブウーファとメイン・スピーカの低域成分との位相関係を最良な状態に設定するためには，それぞれのインパルス応答を測定し，時間波形のずれが最も少なくなるように位相（＋／－）とディレイを調整する。

この時，サブウーファとメイン・チャンネルのインパルスレスポンスは，同じ帯域成分となるように，位相調整のターゲットとなる帯域に制限して評価を行う。

例えば，【図 3-38】の場合，サブウーファの位相を逆転し，メイン・チャンネルに 7msec のディレイを付加することで，メイン・チャンネルとの位相関係が最良になることが分かる。このように調整されたメイン・スピーカとサブウーファは，群遅延による位相差が最小となっており，様々な条件下において確実な LFE 再生が可能となっている。

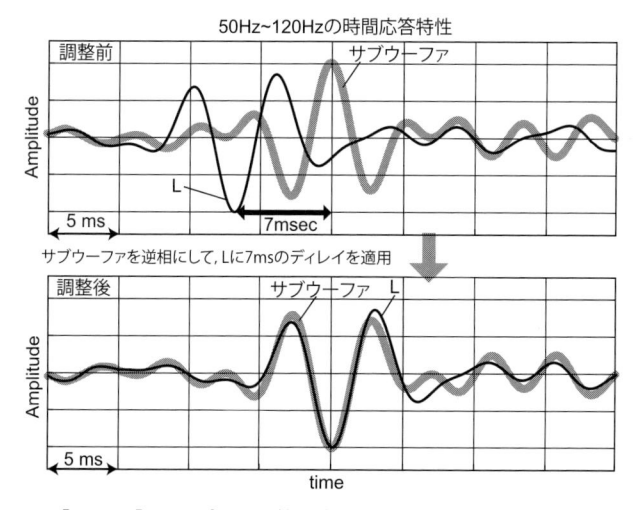

【図 3-38】インパルス応答測定によるサブウーファの位相調整

サブウーファとメイン・スピーカの位相調整は，複雑な作業である。

しかし，この調整を怠ると，LFE 本来の迫力が再生されず，場合によっては，LFE を再生することでメイン・チャンネルの低域まで減ってしまうと言うようなことにもなる。

一方で，一般家庭のサラウンド再生システムがこのようにきちんと調整された環境であるとは限らない。このことは，制作環境では迫力をもって再生されていた LFE が，一般家庭では位相のミスマッチングにより消えて無くなってしまう可能性もあるということを示唆している。このような位相干渉によるモニタ障害は，LFE チャンネルがメイン・チャンネルと同じような低域成分を再生している場合に生じる。

換言すれば，様々な環境において LFE チャンネルが正しく再生されるためには，メイン・チャンネルとの相関性の低い，すなわち位相干渉の生じにくいコンテンツを LFE チャンネルに与えると良いということになる。

その他には，LFE とメイン・チャンネルがお互いに干渉しないように 10dB 以上の音量差をもうけるという方法も考えられるが，エンドユーザ環境ではサブウーファの音量が任意のレベルに設定されているため，確実な方法ではない。

サブウーファとメイン・スピーカが正しい位相関係になるように調整されたモニタ環境は，いわば LFE が最大に迫力を持って再生される環境である。一方で，世の中のサラウンド再生環境におけるサブウーファの位相状態は様々である。

従って，幅広い再生環境に対応するといった観点からは，正しく調整されたモニタ環境において，LFE を正相と逆相の 2 パターンで再生し，逆相再生の際にも大きな問題が生じないかチェックしておくといった作業も有用である。

3-5. 絶対再生レベルの調整

サラウンド制作において，85dB という言葉を耳にすることがある。これは，サラウンドの再生音量を表す数値である。

一般的には，サラウンドの再生環境に関しては，各チャンネルの再生レベルが相対的に正しく調整されていれば良く，いわゆる 85dB などの絶対値を遵守しなくても良い。

但し，映画の音響制作など，最終的に再生される環境（映画館）での再生音量が決まっており，その音量にて確認作業を行うことが必須である場合には，各チャンネルの相対的な音量関係だけではなく，絶対的な音量（SPL，音圧レベル）を合わせておく必要がある。

絶対レベルの調整は，映画の制作環境において確立された手法を用いるのが一般的である。この場合，基準レベルのピンクノイズを各チャンネルから再生し，メイン・チャンネルの再生レ

ベルを騒音計のC特性を用いて85dBCになるように調整する。この環境で，映画や音楽などのソースを再生すると，105dB程度の音量が得られることになる。

3-5-1. 基準となるピンクノイズを用意する

制作環境（スタジオ）のリファレンス・レベルと同じrms（Root Mean Square）レベル，すなわち平均レベルのピンクノイズを用意する。

リファレンス・レベルは，VU計の0dBを与えるレベルである。例えば，-20dBの1kHz信号を再生した際にVUメータが0dBとなるようであれば，そのスタジオのリファレンス・レベルは-20dBであり，そのリファレンス・レベルの信号に対してミキシング・コンソールなどのアナログ・アウトからは+4dBuの出力が得られるということになる。換言すれば，そのようなスタジオでは，ヘッドルームの設定が20dBであり，アナログ・アウトの最大出力は+24dBuということになる（【図3-39】）。

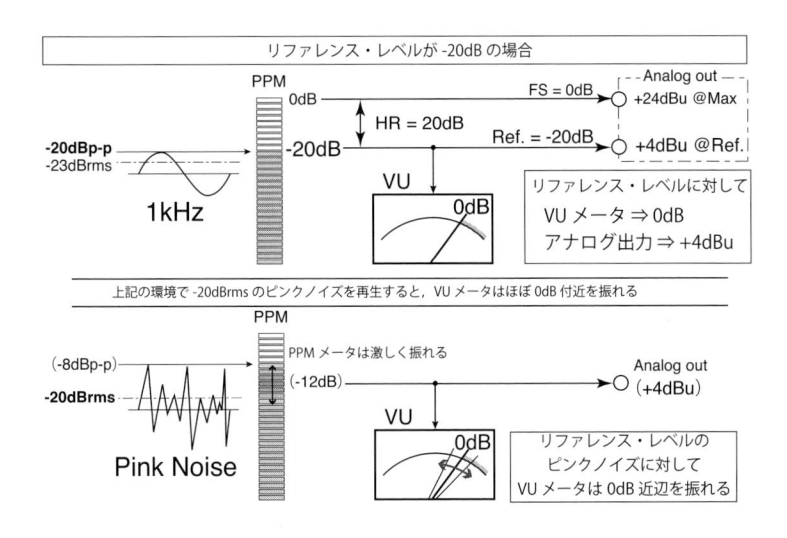

【図3-39】リファレンスレベル

純音では，ピークレベルとrmsレベルの差，すなわちクレスト・ファクタは3dBと決まっている。一方，ピンクノイズのクレスト・ファクタは，一般的には12dB前後のものが多いが，実際には様々である。

このように，ピンクノイズはピークレベルとrmsレベルの関係が決まっていないため，そのレベルに関しては，ピークではなくrmsにて指定する必要がある。

例えば，スタジオのリファレンス・レベルが-20dBの場合，サラウンド再生レベルの調整には，

rmsレベルが-20dB，すなわち-20dBrmsのピンクノイズを基準信号として使用することになる。そのようなピンクノイズを再生すると，VUメータは0dB近辺を振れることになる（0dB±1.5dB程度）。

ピンクノイズはレベル変動が大きいため，そのrmsレベルをピークメータやVUメータなどで確認することは困難である。そのため，ピンクノイズに関しては，rmsレベルが明示されているものを使用するか，DAW等に取り込んで分析するなどしてあらかじめrmsレベルを確認しておく必要がある。どうしてもピンクノイズのレベルが分からないときは，VUメータが0dBを中心に振れる程度にピンクノイズの再生レベルを調整することになる。

3-5-2. 音圧レベルを測定する

基準となるピンクノイズを再生し，オールパス・レベルがC特性で85dB，すなわち85dBCとなるようにメイン・チャンネル（L, R, C, Ls, Rs）の再生レベルを調整する。この時，すべてのメイン・チャンネルが20Hz～20kHzでフラットな周波数特性を有していれば，1/3オクターブバンド・レベルは71dBとなる。

LFEチャンネルに関しては，メイン・チャンネルに対して+10dBの再生音量が得られるように，バンド・レベルが81dB（71dB + 10dB）となるようにレベルを調整する。この時，サブウーファが20Hz～120Hzでフラットな周波数特性を有していれば，そのオールパス・レベルは89dBCとなる（【図3-40】）。

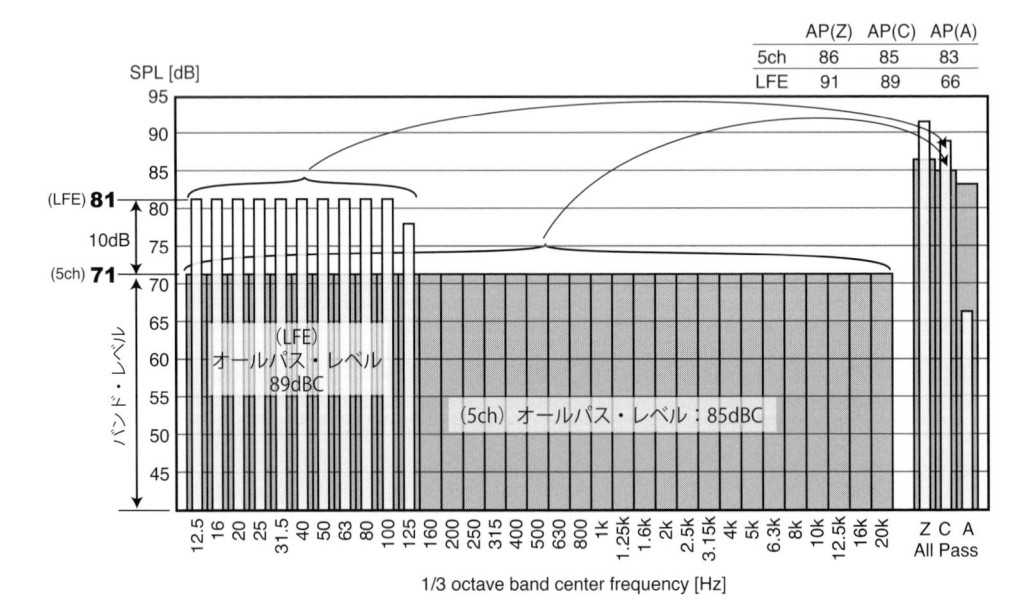

【図3-40】85dBCでの調整

【表 3-2】に，85dBC 調整用のレベルの関係をまとめたものを記す。

このように調整された環境で映画などのコンテンツを再生すると，チャンネル当たり 105dB 程度の音量が得られる。85dBC はあくまでリファレンス・レベルのピンクノイズを使用した場合のレベル調整時の音量であり，実際のコンテンツの再生レベルではない。

実際には，映画の音響制作であっても，常にこのような大きな音量で作業が行われているわけではない。要所要所の確認の際に 85dBC での再生が行われている。

また，一般家庭での再生を前提とした作品制作においては，85dBC より 6dB 低い 79dBC が基準とされる場合が多い。例えば NHK では，一般家庭の再生レベルを調査した結果をもとに番組制作時の再生レベルの目安の一つを 78dB ± 2dB としている（基準ピンクノイズのレベルは -18dBrms）［4］。

		L/C/R	LS/RS	LFE
Blu-ray, DVD-Video, GAME, デジタル放送 他	オールパス・レベル(dBC)	**(1) 85dBC**	85dBC	**(4) 89dBC** [20〜120Hz]
	バンド・レベル	**(2) 71dB**	71dB	**(3) 81dB** [+10dB]
映画	オールパス・レベル(dBC)	85dBC	**82dBC** [-3dB]	89dBC [20〜120Hz]
	バンド・レベル	71dB	68dB	81dB [+10dB]
DVD-Audio SA-CD	オールパス・レベル(dBC)	85dBC	85dBC	79dBC [20〜120Hz]
	バンド・レベル	71dB	71dB	**71dB** [±0dB]

【表 3-2】85dBC 調整用のレベル一覧

3-6. 映像をともなう場合のスピーカ・セッティング

映像をともなうサラウンドの再生環境として，映像と音像とのマッチングが必要とされる場合は，映像モニタとフロント・スピーカ（L/C/R）の関係を検討しなければならない。

3-6-1. スピーカの設置高

5.1ch は，基本的には，高さ方向の定位表現が不可能なシステムである。
従って，フロント・スピーカに関しては，様々な映像シーンに対して最も自然に聞こえる高さ，すなわち最良の妥協ポイントに設置しておくということになる。

映像音響作品において最も重要な音声は，ダイアログ（せりふ）である。従って，ダイアログの再生に対して重要な役割をになうCスピーカに関しては，特に口元の映像とのマッチングが重要である。せりふが発せられているシーンの映像は，バストアップや立っているシーンが多く，たいていの場合，口元の映像は画面の上部に位置している。従って，Cスピーカに関しては，映像画面の半分より若干高い位置に設置すると，多くの映像シーンとの対応が良いということになる。

具体的には，映像の高さに対して約5/8〜2/3の高さにL，C，Rスピーカが設置されることが多く，多くのポストプロダクション・スタジオでも採用されている（【図3-41】）。

ここで，映像の高さにあわせてスピーカを設置すると，リスニング・ポイントからの仰角が大きくなってしまうことがある。

仰角が15°以上となってしまう場合，ファンタム音像の再現に影響が生じてしまう可能性が生じる。その場合，(1) モニタ距離を長くとる，(2) 映像画面を低い位置に下げる，(3) ファンタム音像の再現に重要なL，Rのスピーカだけでも低い位置に下げるなど，何らかの工夫を検討すると良い。

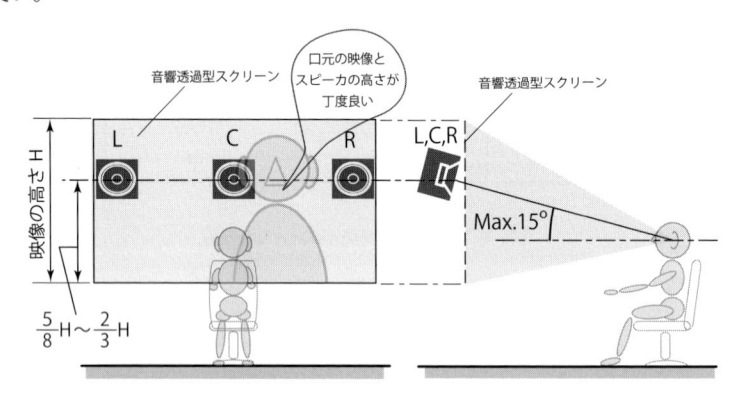

【図3-41】映像の高さとフロントスピーカの設置高との関係

映像と音像とのマッチングという観点からは，以下の理由から，【図3-41】に示したように音響透過型スクリーンを映像再生用に用いるのが理想的である。

・Cスピーカを映像に対して理想の高さに設置できる
・L，C，Rのスピーカの高さを同一にできる
・映像の両端にL，Rスピーカを設置できる

しかし，実際には音響透過型スクリーンではなく，PDPやLCDなどのビデオモニタを映像再生に使用しなければならないことも多い。

その場合，Cスピーカに関しては，映像モニタの上部に設置する方が良い結果を得られる場合が多い。なぜなら，口元の映像の多くは画面の上部に位置しているため，映像モニタの下部に設置するよりも上部への設置の方が映像との対応が自然だからである。さらに，画面の上部にCスピーカを設置した場合，リスニング・ポイント後方のエリアもカバーすることができるため，リスニング・エリア拡大の観点からも有利である（【図3-42】）。

この場合，CスピーカとL, Rスピーカの高さが異なってしまうケースが大半になるが，その場合には各スピーカの仰角の差が7°以内となるように調整すると，音像移動も良好となる。

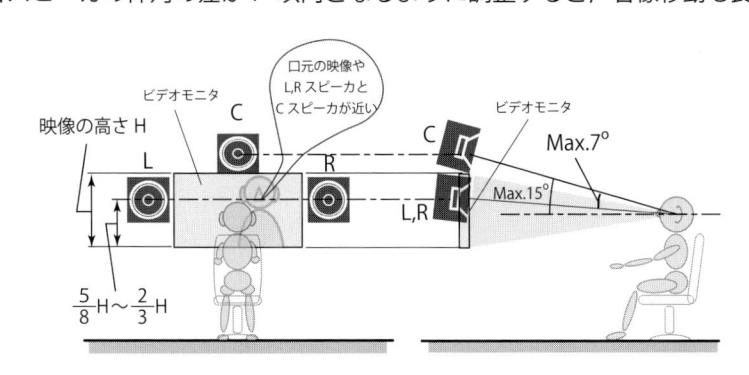

【図3-42】ビデオモニタとCスピーカの設置高との関係

3-6-2. L, Rのスピーカ配置

左右の動きに対して映像と音像とのマッチングを図るためには，音響透過型スクリーンを用いて，L-Rのスピーカ幅と映像の幅を同一とすることが望ましい。

その際，L, Rのスピーカの開き角がRec. ITU-R BS.775のように60°の場合，映像の視野角も60°となってしまう。60°の視野角は，没入感という観点からは良いが，映像を評価するという観点からは広すぎてしまい，作品制作には向かないことが多い（【図3-43】）。

このような観点から，映像と音像とのマッチングを重視するポストプロダクション・スタジオでは，L, Rの開き角を60°ではなく45°に狭めて設置する場合もある。また，映画の制作においては，映画館の環境を反映した45°でのL/R設置の方が60°よりも一般的である。

映像再生に音響透過型スクリーンではなくビデオモニタを使用する場合，どうしてもL, Rスピーカの位置と映像の両端を一致させることができない。

そのような場合は，できるだけL, Rのスピーカ幅に近いサイズのビデオモニタを設置し，映

像の端部とL，Rのスピーカとの差を小さくする。
この時，音像と映像とのずれが4°以内であれば，プロのミキサでも音像と映像とのずれを検知しづらいと言われており，15°以上となってしまうと一般の人でも気づいてしまうと言われている（【図3-43】）。

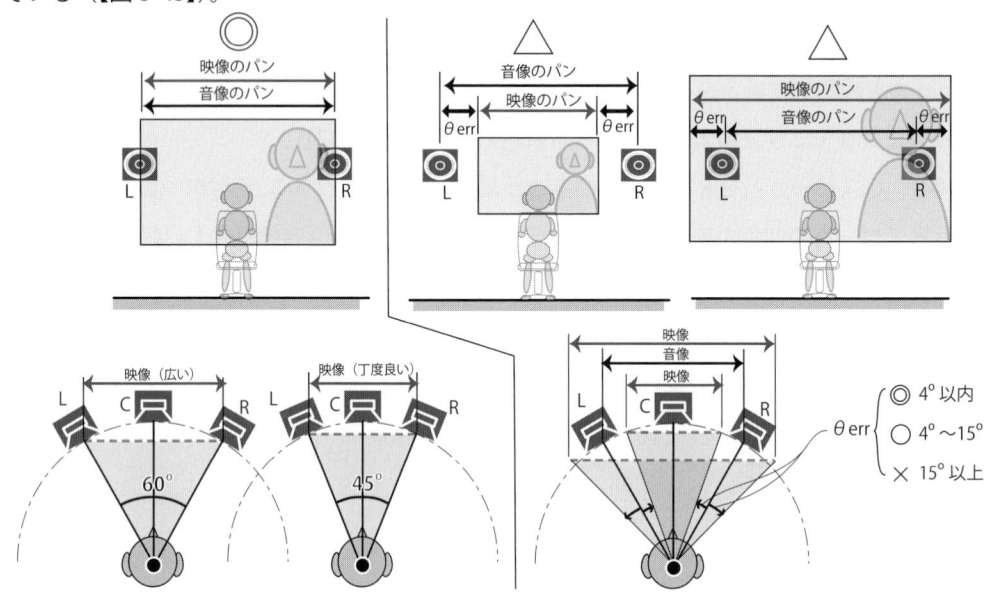

【図3-43】L-Rパンと映像とのマッチング

3-6-3. LS, RSのスピーカ配置

映像を伴うサラウンド制作環境におけるサラウンド・スピーカの配置に関しては，映画制作に対しては，ディフューズ・サラウンドが基本となるが，DVD，ゲーム，TV番組などその他のメディアに対しては，Rec. ITU-R BS.775のダイレクト・サラウンドであったりディフューズ・サラウンドであったりと様々である。一般的には，幅広い環境やメディアに対応したい場合にはディフューズ・サラウンドが採用される傾向にあり，基準や規格が優先される場合にはITU-Rが採用される傾向にある。

以上は，映像をともなうサラウンド再生環境の中でも，音像と映像のマッチングを重視しなければならない場合のスピーカ配置の考え方である。
一方，映像モニタは必要だが音像と映像のマッチングに関しては重視せず，映像再生が単にシーン確認としての役割で良いということであれば，音の再生に対して最良なスピーカ配置を検討し，映像モニタに関しては，音の再生に対して邪魔にならない位置に設置すれば良い。

3-7. ベースマネージメント（Bass Management）

サラウンドに限らず，モニタ環境にとって最も重要な事項の一つは，全てのチャンネルの特性が揃っていることである。

サラウンド再生においては，スピーカ数の多さから，特に低域において全てのチャンネルの特性を揃えることが難しく，低域をどのようにコントロールするか，すなわち「ベースマネージメント」が，再生環境の構築における重要な検討事項の一つとなっている。

ベースマネージメントに関しては，スピーカ設置位置の工夫や吸音などの室内音響的な手法が考えられるが，一般的には，以下に示す電気音響的な手法を「ベースマネージメント」と呼んでいる。

3-7-1. ベースマネージメントの仕組み

ベースマネージメントは，メイン・チャンネルの低域成分をそれぞれのスピーカからではなく，サブウーファからまとめて再生する再生方法のことをいう。

具体的には【図3-44】に示すようなクロスオーバ・フィルタをアンプの手前に挿入することによりベースマネージメントを実現する。

ベースマネージメントは，AVアンプやDVDプレーヤに対して必須として搭載されている機能である。例えば，AVアンプやDVDプレーヤのスピーカ設定にて，スピーカの種類を「小」や「small」と設定すると，そのチャンネルの低域成分はサブウーファから再生されることになる（【図3-45】）。最初からベースマネージメントがONの状態で設定されているAVアンプやDVDプレーヤも少なくないので，セットアップ時には注意が必要である。

【図3-44】では，代表的な3種類のベースマネージメント回路を挙げているが，AVアンプやDVDプレーヤなどの民生機に採用されていることの多いものは，（A）である。この場合，メイン・チャンネル用のLPFがLFEのLPFを兼ねているため，メイン・チャンネルのクロスオーバを80Hzと設定してしまうとLFEチャンネルの再生上限も80Hzに制限されてしまうことになる。サラウンド・メディアの中には，LFEチャンネルの帯域の上限を120Hzまでとしているものが多いため，（A）のタイプのベースマネージメントを使用する際には，LFE成分の帯域の一部を削って再生してしまうことになるため注意が必要である。

一方（B）は，メイン・チャンネルのLPFとLFEのLPFが独立して設定可能な仕様となっており，プロ用のベースマネージメントの多くはこのような仕様となっている。

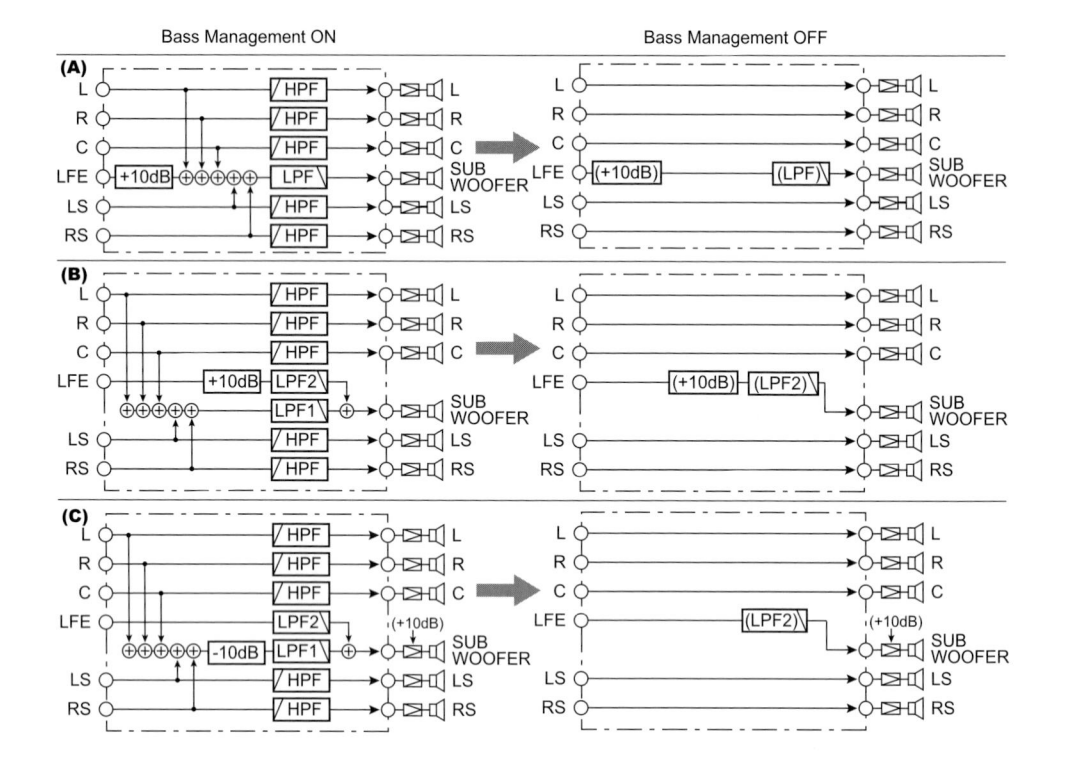

【図 3-44】ベースマネージメント

【図 3-45】AV 機器では必須となっているベースマネージメント

3-7-2. ベースマネージメントとチャンネル・ゲイン

【図3-44】を見ても分かるように，ベースマネージメントを用いた再生環境では，LFEチャンネルのゲイン調整（+10dB）は，サブウーファのボリュームではなくベースマネージメントの回路内で行わなくてはならない。

従って，ベースマネージメントの多くは，【図3-44】の（A）や（B）のように，ベースマネージメントのON/OFFによらず，LFEチャンネルのゲインが増幅されている点に注意しなければならない。例えば，既にサブウーファのゲインが+10dBとなるように調整されているモニタ環境に，DVDプレーヤなどの民生機を接続した場合，場合によってはLFEが+20dBで再生されてしまうことがあるので注意が必要である。

ちなみに，AVアンプやDVDプレーヤなどの民生機では，ベースマネージメントの搭載は必須であってもLFEチャンネルのゲインに関しては+10dBとは決まっていない。そのため，AVアンプやDVDプレーヤなど民生機からのLFEの出力レベルに関しては，+6dBであったり，+10dBであったりと，機種によって様々である可能性がある。さらに，製品によっては，ベースマネージメントがOFFの際にはLFEの出力レベルが±0dB，ONの際には+10dBなど，状況により内部でLFEのゲインを切り替えているものもある。このように，民生機のLFE出力レベルの仕様は一様ではなく複雑である。

以上より，DVDプレーヤやAVアンプなど，ベースマネージメント回路を搭載している民生機を使用する際には，予めチェック信号等[5]を用いて，各チャンネルの出力レベルの関係を把握しておく必要がある。

一方，業務用の機器の中には，【図3-44】の（C）に示すように，ベースマネージメントのON/OFFによらず，LFEを含む全チャンネルが同じレベルで得られるようなものもある。この場合，LFEの+10dBのゲインはサブウーファのボリュームで与えることになるため，元々そのように調整してある制作環境にのモニタ系には挿入しやすいベースマネージメントだといえる。

3-7-3. クロスオーバの設定

ベースマネージメントによる再生音のクオリティを確保するためには，サブウーファとメイン・スピーカとのクロスオーバ特性（【図3-44】のHPFとLPF1）の設定が重要となる。
ベースマネージメントのメリットを活かすためには，クロスオーバ周波数を高く設定する方が良い。しかし，クロスオーバ周波数を高くしすぎた場合，サブウーファからの再生音に対し

て定位感を感じることになってしまう。その場合，例えば，Ls の音が，高域は後ろから低域は前から聞こえるなどといったように，サラウンド再生に違和感が生じる。これらのバランスを考え，制作環境においてベースマネージメントを用いる場合は，「クロスオーバ周波数：80Hz，スロープ：24dB/oct」の仕様が多く用いられている。

この際，メイン・スピーカに適用する HPF のスロープに関しては，スピーカの低域特性とのマッチングを考慮しなければならない。例えば，80Hz 以下が 12dB/oct で減衰する密閉型のスピーカの場合は，24dB/oct ではなく 12dB/oct の特性を HPF に与えることになる [7]。

3-7-4. ベースマネージメントのメリット

ベースマネージメントは，メイン・スピーカの再生帯域を拡張するといった以外にも以下のような利点がある。そのため，十分な低域再生能力を有するラージモニタがインストールされているようなスタジオでも，ベースマネージメントが導入されていることが多い。

(a) 同一の低域特性
　　サラウンド再生環境の構築にとって最も困難な課題の一つである「各チャンネルの低域特性を揃える」ことを実現できる。

(b) LFE チャンネルのゲイン
　　サラウンド再生環境の調整で最も困難な課題の一つである「LFE チャンネルとメイン・チャンネルとのゲイン（+10dB）」を確実に得ることができる。
　　【図 3-46】は，ベースマネージメントを使用した場合のモニタ特性の例と使用しない場合の例を示している。
　　ベースマネージメントを使用しない場合，サブウーファと C スピーカの低域の周波数特性が大きく異なっているため，平均では 10dB のゲインが LFE に対して与えられているにも関わらず，帯域によっては 10dB よりもはるかに大きかったり小さかったりしている。このようなメイン・チャンネルに対する +10dB のゲインが不確かな環境では，LFE を再生したとしてもその効果が分かりにくくなってしまう。
　　一方，ベースマネージメントを使用した再生環境では，低域特性に乱れはあるものの，サブウーファと C スピーカの特性が揃っているため，全ての帯域において +10dB のゲインが確実に確保されており，良好な再生環境が得られていることが分かる。

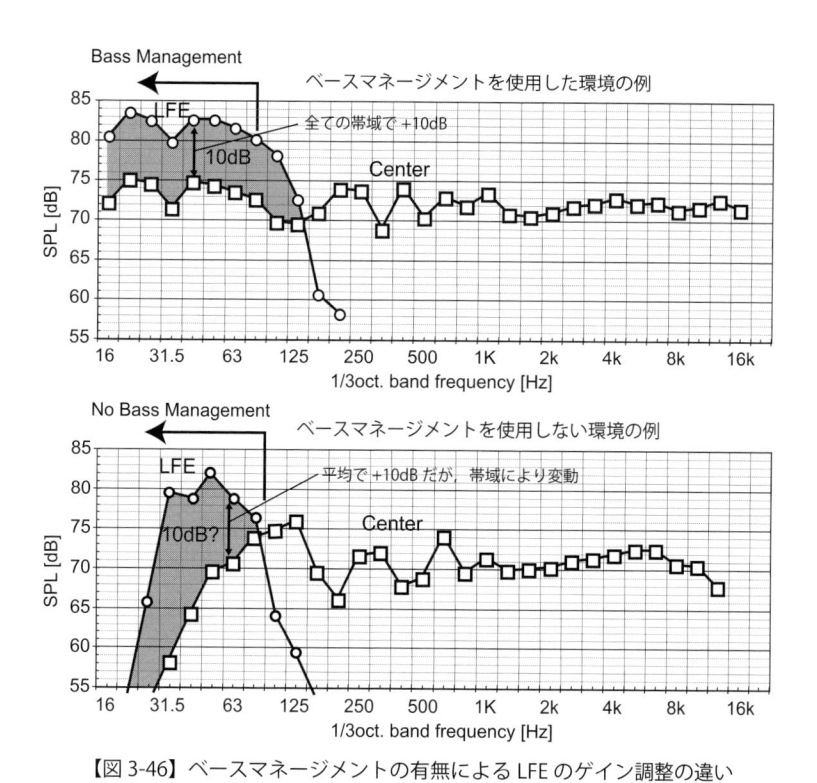

【図3-46】ベースマネージメントの有無によるLFEのゲイン調整の違い

(c) 低域の位相干渉の確認

ベースマネージメントによる再生と通常の再生環境（ディスクリート再生）の一番の違いは，各チャンネルの低域成分が「電気的に合成」されるか「空間的に合成」されるかである。

- ベースマネージメント再生　　電気的合成
- ディスクリート再生　　　　　空間的合成

電気的合成は空間的合成に比べて位相干渉を生じやすい。
例えば，LチャンネルとRチャンネルに互いに逆相となる低域成分が記録されているとする。
この場合，ベースマネージメント環境（電気的合成）では，その低域成分は完全に消去されてしまい再生されない。
一方，ディスクリート再生（空間的合成）では，L，Rのスピーカから等距離の位置で

は互いに打ち消しあって聞こえないが，その他の場所，例えばL，Rそれぞれのスピーカの直前では聞こえる。また，スピーカから再生された音は部屋の特性の影響を受けるため，L，Rのスピーカから等距離の位置であっても，電気的合成のように完全に打ち消しあってしまうケースは少ない。

以上のように，ディスクリート再生（空間的合成）では，うっすらと広がり感のある音響効果として聞こえていた低域成分が，ベースマネージメント再生（電気的合成）では，全く聞こえなくなってしまうといった事態が生じる可能性がある。

上述したように，ベースマネージメントはDVDプレーヤやAVアンプなど民生機には必須の機能であり，多くのエンドユーザがベースマネージメントを使用してサラウンド・コンテンツを再生している。

2チャンネルの作品を制作する際に，ラージモニタだけではなくスモールモニタ，ラジカセ，ヘッドホンなど様々な環境下で試聴を行い，エンドユーザ環境との互換性をチェックしていたように，サラウンドにおいてもエンドユーザ環境のチェックという観点から，ベースマネージメントを用いた試聴は必要となる。

3-7-5. ベースマネージメントを使用する際のモニタ調整

サラウンド再生にベースマネージメントを使用する場合，そのモニタ調整は，サブウーファとメイン・チャンネルとのクロスオーバ特性が最優先される。

(1) 例えばCチャンネルなど，最も重要とされるメイン・チャンネルからピンクノイズを再生し，Cスピーカ（中高域成分）とサブウーファ（低域成分）とのレベルバランスを調整する。

(2) クロスオーバ周波数（80Hz前後）近辺の特性に着目し，サブウーファとCスピーカとの位相関係や遅延を調整する。

(3) 各チャンネルからピンクノイズを再生し，全てのチャンネルの再生レベルが同一となるように，メイン・スピーカの音量を調整する。

ベースマネージメントでは，メイン・チャンネルの調整が正しく行われていれば，LFE のゲインは自動的に正しい値に設定されるため，LFE に関する調整は不要であり，以上でレベル調整の作業は終了となる。

3-8. 2 チャンネル再生との互換性　〜ダウンミックス

サラウンド作品は，サラウンド再生だけではなく，2 チャンネルでの再生に対しても配慮しておく必要がある。

サラウンド作品を 2 チャンネルで再生する方法，すなわちサラウンドを 2 チャンネルにダウンミックスして再生するには，2 通りの方法がある。

一つは，別途 2 チャンネルのミキシングを行い，サラウンド再生の場合と 2 チャンネル再生の場合で再生するコンテンツを切り替える方法である。

この方法は，2 チャンネルとサラウンドを別々に制作しないといけないという点では手間と時間がかかる方法であるが，サラウンドと 2 チャンネルの双方とも制作者の意図を反映した作品制作ができる点においては，一番安心して作品を提供できる方法である。

もう一つは，サラウンド・コンテンツを再生機にて強制的に 2 チャンネルにダウンミックスする方法であり，これを「フォールド・ダウン（ミックス）」と呼ぶ。

DVD プレーヤ，AV アンプ，デジタル放送のチューナー等，サラウンド再生を行う民生機には，必ずフォールド・ダウンを行う回路が内蔵されており，ユーザが C スピーカや Ls/Rs スピーカを持っていないという設定を行うと，強制的にダウンミックス回路が作動するようになっている（【図 3-47】）。

従って，例え 2 チャンネルとサラウンドの別々のミックスをディスクに収録したとしても，ユーザの操作ミスやディスクのプログラム（オーサリング）などの問題により，2 チャンネル・ミックスではなく，場合によっては，プレーヤ側で強制的にダウンミックスされたサラウンド・ミックスが 2 チャンネルとして再生されてしまう可能性がある。

従って，サラウンド作品を制作するにあたっては，フォールド・ダウンの仕組みを理解しておき，それにより自身の作品がどのような音になってしまうのかを確認しておいた方が無難である。

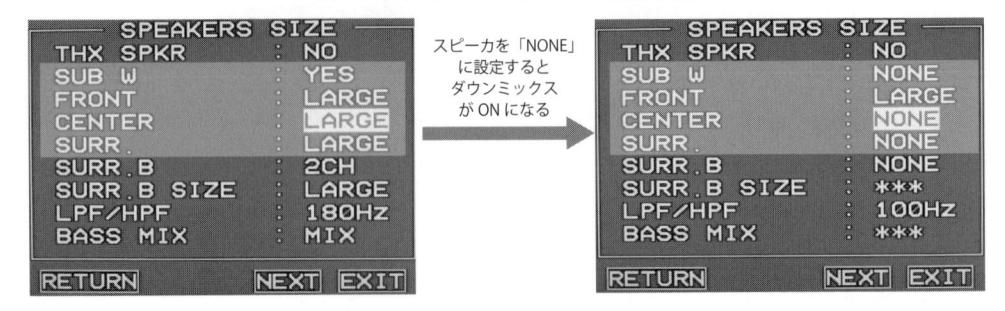

【図 3-47】AV アンプのダウンミックス設定例

フォールド・ダウン（ミックス）には，主に二通りの手法がある。
一つは，Lo/Ro ミックスであり，もう一つは，Lt/Rt ミックスである。
細かなパラメータ設定などは，メディアによって異なるが，プレーヤ，AV アンプ，TV のチューナーなどには，Lo/Ro もしくは Lt/Rt のダウンミックス回路が内蔵されている。一般的には，AV アンプや TV チューナーには，Lo/Ro ダウンミックスが採用され，DVD プレーヤなどには Lt/Rt が採用されていることが多いようである。

3-8-1. Lo / Ro ダウンミックス

Lo/Ro は，L-only, R-only の意味で使用され，【図 3-48】に示す回路によりダウンミックスが行われる。
ここでは，C チャンネルが，3dB 程度レベルが下げられたうえで L と R にミックスされる。また，Ls, Rs チャンネルに関しても 3dB 程度レベルが下げられたうえで，それぞれ L 及び R にミックスされている。
各チャンネルに適用されるアッテネート値（Att）に関しては，メディアごとにデフォルト値やオプション値が若干異なったりしているが［7］，LFE チャンネルがカットされる点は，ほぼ全てのメディアで共通である。従って，LFE チャンネルに重要な信号を与えていると，フォールド・ダウン時には制作者の意図を反映した再生音とはならない可能性が高くなる。
尚，Lo/Ro ミックスに関しては，Lm/Rm（L-mix / R-mix）と表記されたりすることもある。

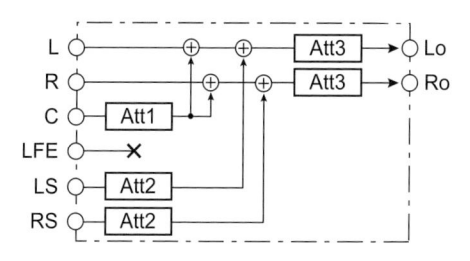

		DVD-Video	デジタル放送（日本）
Att1	デフォルト	0.707 (-3dB)	0.707 (-3dB)
	オプション	0.596 (-4.5dB) 0.500 (-6.0dB)	————
Att2	デフォルト	0.707 (-3dB)	0.707 (-3dB)
	オプション	0.500 (-6.0dB) 0.000 (-∞dB)	0.500 (-6.0dB) 0.354 (-9.0dB) 0.000 (-∞dB)
Att3		1.000 (0dB)	0.707 (-3dB)

【図 3-48】Lo/Ro ダウンミックス

3-8-2. Lt/Rt ダウンミックス

Lt/Rt は，L-total，R-total の意味で使用され，【図 3-49】に示す回路によりダウンミックスが行われる。

Lo/Ro ダウンミックスとの違いは，サラウンドチャンネル（Ls, Rs）の処理である。ここでは，Ls および Rs チャンネルはレベルを 3dB 程度下げられた後に 1 つのチャンネルにまとめられ，L チャンネル及び R チャネルにそれぞれ逆相及び同相でミックスされる。これは，いわゆる「マトリックス・サラウンド」といわれるサラウンド処理方式の一つであり，しばしば「サラウンド互換のある 2 チャンネル・ミックス」というように表現される［7］。

このマトリックス・サラウンドは，サラウンド・コンテンツをオリジナルのトラック数（チャンネル数）で記録できない時代に考案されたサラウンド処理方式である。マトリックス・サラウンドでは，一旦 2 チャンネルにまとめられた Lt/Rt が，そのまま再生されれば 2 チャンネル・ダウンミックス再生となり，ダウンミックス時とは逆のサラウンド処理を施せば，再びサラウンドで再生される。実際には色々と複雑な処理も行われるが，基本的には，Lt と Rt の同相成分が C チャンネルとして取り出され，逆相成分が Ls+Rs チャンネルとして取り出されることになる。

例えば，Lt/Rt ミックスに対して，Dolby ProLogic（II, IIx, IIz）や DTS Stereo（Neo: 6）などのサラウンド処理を適用すると，サラウンドで再生されることになる。現在でも映画の 2 チャンネル・アナログトラックは，Lt/Rt ミックスが原則である。

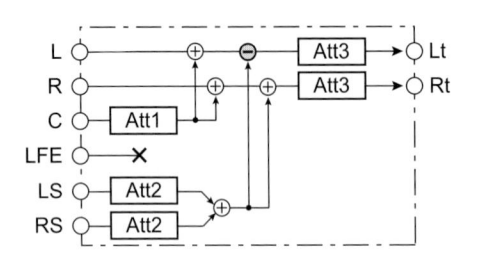

		DVD-Video	デジタル放送(日本)
Att1		0.707 (-3dB)	0.707 (-3dB)
Att2	デフォルト	0.707 (-3dB)	0.707 (-3dB)
	オプション	―	0.500 (-6.0dB) 0.354 (-9.0dB) 0.000 (-∞dB)
Att3		1.000 (0dB)	0.707 (-3dB)

【図 3-49】Lt/Rt ダウンミックス

以上のように，DVD プレーヤや AV アンプでは，チャンネル間の位相を操作する Lt/Rt ダウンミックスが行われることがあるため，場合によっては意図しない 2 チャンネル・ミックスが勝手につくられてしまう可能性がある。

例えば，Rs ⇔ L や Ls ⇔ L など，音場の内側に音像を定位させるような「インテリア・パン」などの音響表現は，Ls 及び Rs が逆相で L にミックスされてしまうため，ダウンミックス再生時に消失してしまう可能性がある［5］。

一方，マトリックス・サラウンドとは異なり，5 チャンネルを 5 チャンネルのままメディアに記録し，そのまま再生するサラウンド記録・再生方式を「ディスクリート・サラウンド」と呼ぶ。今では当たり前となったこのディスクリート・サラウンドは，DVD ディスクやデジタル放送など，メディアの大容量デジタル化と圧縮技術の進歩により，一般家庭でも再生可能となった。

3-9. サラウンド再生環境の具体例

サラウンド再生環境を構築する際には，先ずは基本となる Rec. ITU-R BS.775［3］から検討することが，重要である。

しかし，現実的には，部屋の狭さなど様々な音響条件により ITU-R などの環境をそのまま構築できないことも多い。

ここでは，狭小空間でのサラウンド再生環境の構築例として，放送局の音声中継車の設計例を紹介する。

音声中継車は，プロの再生環境が要求される空間だが，その狭さから，単純に ITU-R の配置を実現するだけでは，制作作業に適した自然な再生音場とモニタ特性を得ることが困難である。従って，音声中継車は，サラウンド再生環境を現実的に構築するために必要とされる様々な応用と知恵が具現化された空間だといえる。

3-9-1. YTV（読売テレビ）音声中継車

YTV の音声中継車は，D-45 の遮音性能とダクト式の空調システムにより，音声中継車でありながら実稼働環境において NC25 の静粛さを実現しており，いわば移動するサラウンド・スタジオそのものである [17]。

【図 3-55】はモニタ特性を示しているが，ここでは，M&K 社のモニタスピーカとベースマネージメント・コントローラを使用し，Yamaha DME24N にて精密なモニタ調整を行うことで，低域まで安定したモニタ特性を実現している。

スピーカ配置は，映像と音像とのマッチングを重視するといった観点から L-R の開き角を ITU-R よりも狭角となる 45°とし，Ls/Rs に関しては，小さな空間での再生による違和感を軽減するために，ITU-R よりも後方の 130°に設置している（【図 3-51】）。

さらに，Ls/Rs に関しては，（1）スピーカの左右からも音が放射されるトライポールタイプと側壁の木製スリットによる拡散音の強調，（2）音響軸心を外した設置，といった工夫により，距離の近いスピーカから直接耳へ音が刺さる感じを軽減し，より自然なディフューズ・サラウンド再生が行われるよう工夫が行われている（【図 3-51】【図 3-52】）。

サブウーファに関しては，M&K 社の小型のタイプを 2 台 L/R スピーカの直下に配置している（【図 3-53】【図 3-54】）。これらのサブウーファに関しては，L/R スピーカの直下に設けられたポート開口から音が放射されるように設置されている。

サブウーファに対してはさらに，ベースマネージメントやディレイ等の詳細なモニタ調整を施しており，いわば L/R スピーカのウーファ・ユニットのようサブウーファを振る舞わせている。その結果，狭小空間であっても，LFE を含む全チャンネルに対して 20Hz までの確実な再生が可能なサラウンド環境が得られている。

【図 3-50】YTV 音声中継車

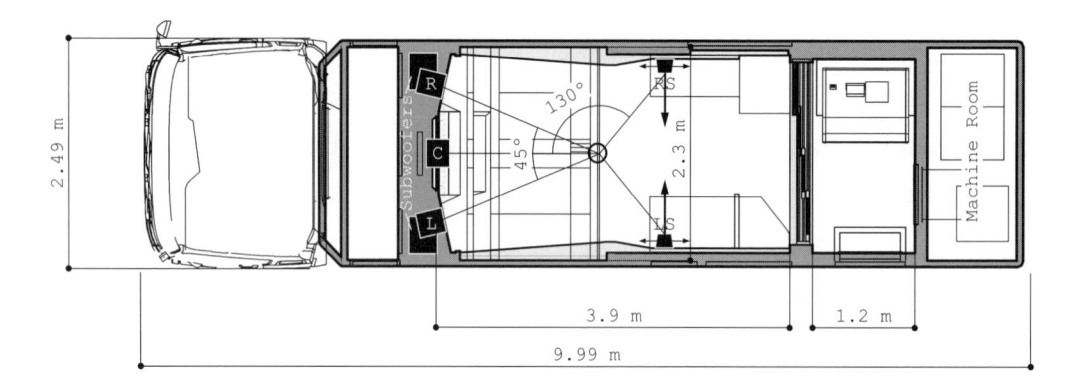

【図 3-51】YTV 音声中継車：平面図

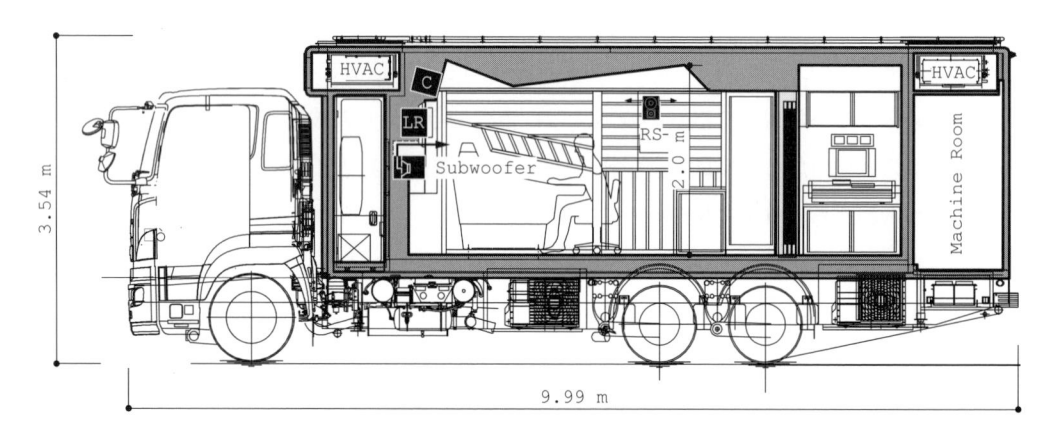

【図 3-52】YTV 音声中継車：断面図

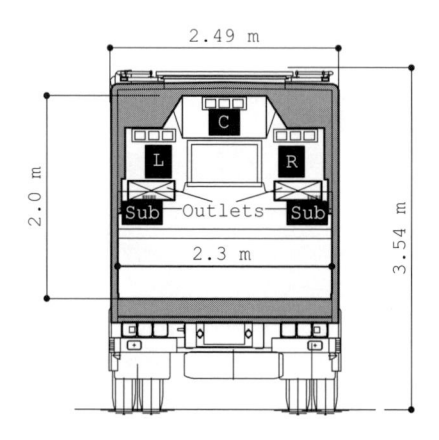

【図 3-53】YTV 音声中継車：立面図

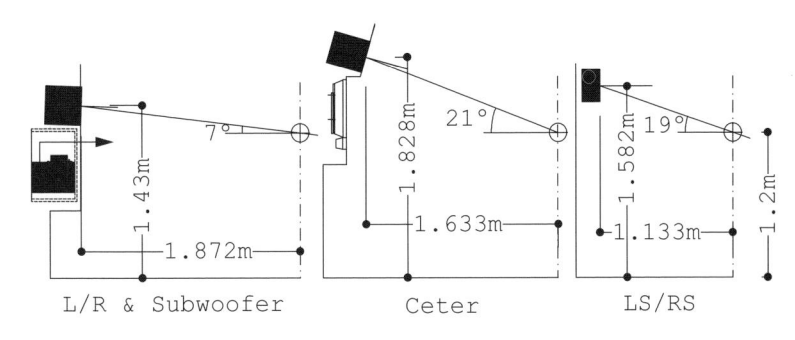

【図 3-54】YTV 音声中継車：スピーカ配置図

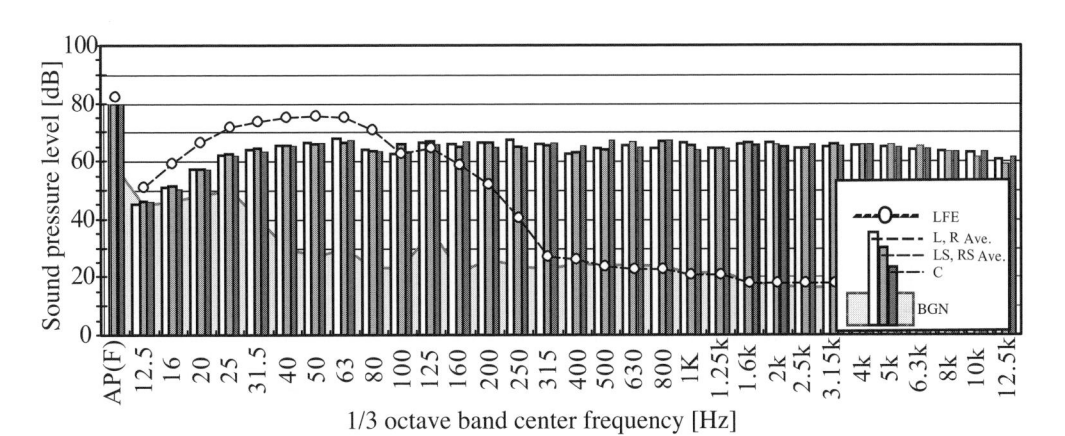

【図 3-55】YTV 音声中継車：スピーカ再生特性

YTV 音声中継車モニタ系機材リスト

【スピーカ】	L / C / R	M&K	MPS-2510
	Ls / Rs	M&K	MPS-1525 (Tri-Pole)
	Subwoofer	M&K	MPS-2810（2 台）
【アンプ】	L / C / R / Ls / Rs	Amcron	K-1
【ベースマネージメント】		M&K	LFE5
【モニターコントローラ】		Yamaha	DME24N

3-9-2. MBS（毎日放送）音声中継車

MBS の音声中継車に関しても，ダクト型の空調システムなど，通常のサラウンド・スタジオ並みの性能を有している。

モニタ・システムには，M&K 社のスピーカとベースマネージメント及び，モニタ調整用の Yamaha DME64N を用いている。

スピーカ配置は，ITU-R に準拠したスピーカ配置となっている（【図 3-57】）。但し，1m 程度という短いモニタ距離で ITU-R のスピーカ配置を実現した場合，Ls/Rs の再生がヘッドホン的になり，サラウンドの再生に違和感が生じてしまうため，トライポールタイプのスピーカを音響軸心を外して設置し，Ls/Rs に対してディフューズ・サラウンドの要素を付加することで，狭小空間での ITU-R 再生時に生じる Ls/Rs の違和感を緩和している（【図 3-57】【図 3-58】）。

また，センタースピーカには，L/R と同じユニットで構成された横長タイプを使用することで L/C/R の音響軸をほぼ同じ高さに揃えており，L-C-R パンニング時のスムーズな音像推移を実現している（【図 3-59】【図 3-60】）。

低域特性の制御や LFE のゲインの確保などに関しては，YTV の音声中継車と同様の手法が用いられており，LFE チャンネルを含めた全チャンネルに対して安定した低域再生が可能となっている。

【図 3-56】MBS 音声中継車

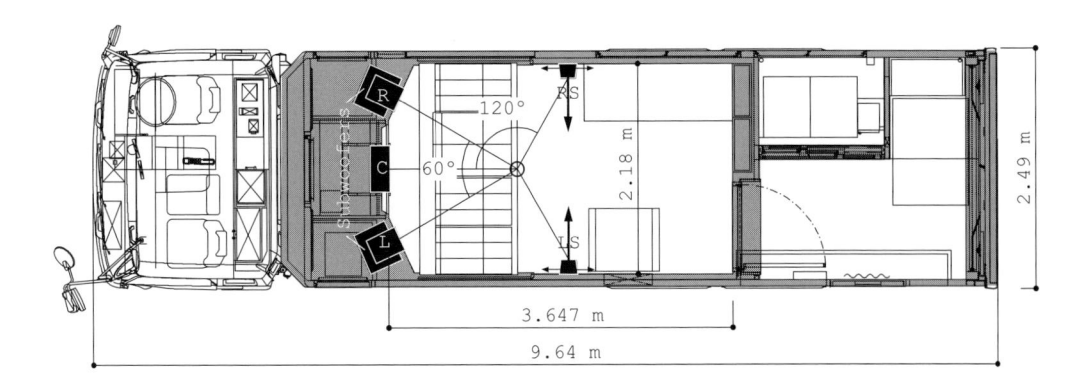

【図 3-57】MBS 音声中継車：平面図

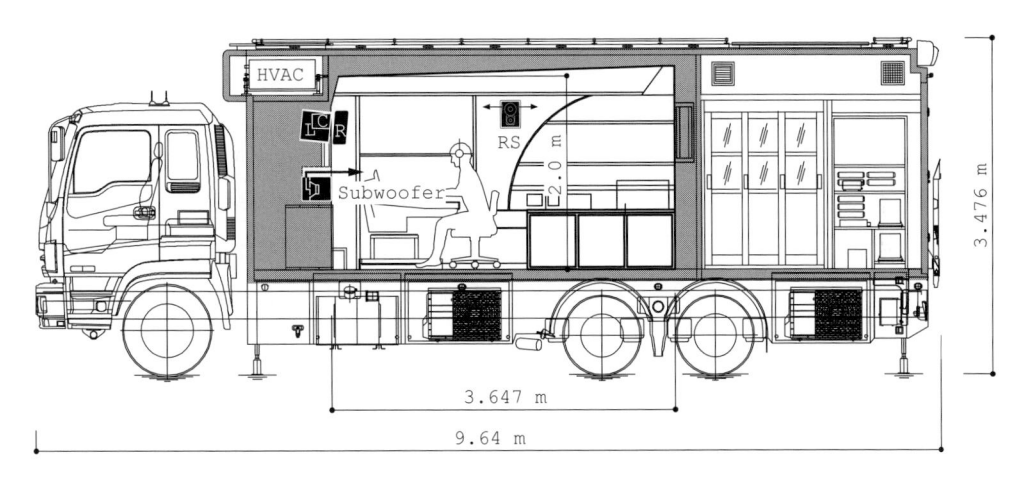

【図 3-58】MBS 音声中継車：断面図

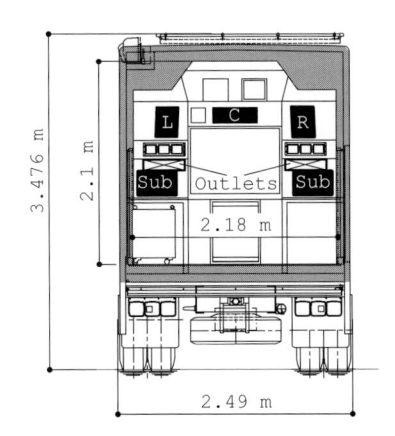

【図 3-59】MBS 音声中継車：立面図

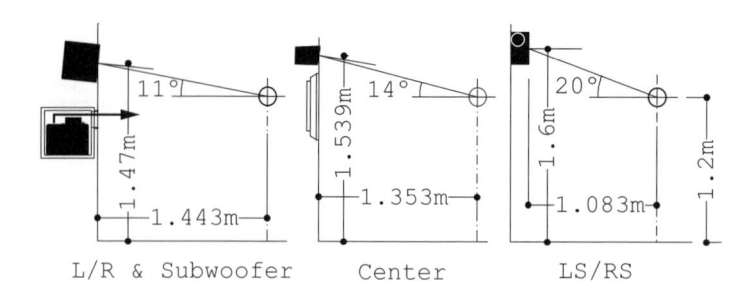

```
         11°              14°              20°
    1.47m            1.539m           1.6m        1.2m
    ├1.443m┤         ├1.353m┤         ├1.083m┤
    L/R & Subwoofer   Center           LS/RS
```

【図 3-60】MBS 音声中継車：スピーカ配置図

MBS 音声中継車モニタ系機材リスト

【スピーカ】	L / R	M&K	MPS-2510
	C	M&K	MPS-1520
	Ls / Rs	M&K	MPS-1525（Tri-Pole）
	Subwoofer	M&K	MPS-2810（2 台）
【アンプ】	L / C / R / Ls / Rs	QSC	DCA1222
【ベースマネージメント】		M&K	LFE5
【モニターコントローラ】		Yamaha	DME64N

[参考資料]

[1] "*Methods for The Subjective Assessment of Small Impairments in Audio Systems Including Multichannel Sound Systems,*" Recommendation ITU-R BS.1116-1 (1994-1997)

[2] "*The 22.2 Multichannel Sound System and Its Application,*" Kimio Hamasaki, Koichiro Hiyama, Reiko Okumura, Proc. AES 118th Convention, Barcelona（2005）

[3] "*Multichannel Stereophonic Sound System With and Without Accompanying Pictures,*" Recommendation ITU-R BS. 775-1（1992-1994）

[4] "*再生環境から考えるサラウンド音響 －番組制作者の視点から－* ," Akira Fukada, InterBEE 音響シンポジウム（2006）

[5] "*Dolby Digital Check Disc -Encode Decode Technique & Professional Surround Monitoring Adjustment*," Geneon Universal Entertainment (DVD-Video, PIBW-1140, POS：4988102943615)（2003）（*in Japanese*）

[6] "*An Improvement in Sound Quality of LFE by Flattening Group Delay,*" Shintaro Hosoi, Hiroyuki Hamada, Nobuo Kameyama, Proc. AES 116th Convention, Berlin（2004）

[7] "*Multichannel Monitoring Tutorial Booklet 2nd Edition,*" Masataka Nakahara, Yamaha Corp. and SONA Corp.（2005）

[8] "*Virtual Ceiling Speaker: Elevating auditory imagery in a 5-channel reproduction,*" Sungyoung Kim, Masahiro Ikeda, Akio Takahashi, Yusuke Ono, and William L. Martens, Proc. AES 127th Convention, New York (2009)

[9] "*A Discrete Four-Channel Disc and Its Reproducing System (CD-4 System),*" Toshiya Inoue, Nobuaki Takahashi, Isao Owaki, JAES Vol.19（1971）

[10] "*Recommendations for Surround Sound Production,*" The Recording Academy's Producers & Engineers Wing Surround Sound Recommendations Committee, The National Academy of Recording Arts & Science, Inc（2004）

[11] "*Properties of Hearing Related to Quadraphonic Reproduction,*" P. A. Ratliff, BBC RD（1974）

[12] "*Electroacoustitcs -Sound level meters- Part 1:Specifications,*" IEC 61672-1 (2002), JIS 1509-1 (2005)

[13] "*Electroacoustitcs -Electroacoustics -Sound level meters- Part 2: Pattern evaluation tests,*" IEC 61672-2 (2003), JIS 1509-2 (2005)

[14] "*Dolby Digital Professional Encoding Manual*," Dolby Laboratories (1997)

[15] "*A Note on Modal Summation Method for Sound Field Prediction of Rectangular Enclosure*," Akira Omoto and Masataka Nakahara, Proc. AES 14th Regional Convention, Tokyo (2009)

[16] "*Practical Approaches to Subwoofer Placement*," Andrew M. Poulain and Steven P. Martz, Proc. AES 13th Regional Convention, Tokyo (2007)

[17] "*The summary of the new sound OB truck for making 5.1 channel surround sounds*," Susumu Onogi, Tatsuya Asaka and Hideo Taniguchi, Proc. AES 12th Regional Convention, Tokyo (2005) (in Japanese)

[18] "*Multichannel Surround Sound Systems and Operations*," AES Tchnical Council Document ESTD1001.0.01-05（2001）

[19] "*新版 音響用語辞典*," 日本音響学会 編, コロナ社（2003）

4 サラウンド音場のデザイン

Chapter4　Surround Sound Design　　　　　　　　　　　　　　　　　沢口 真生

2チャンネルステレオの音響構築では，フロントに提示された平面にLチャンネルからRチャンネルの定位と奥行きをどうデザインするかがポイントであった。ではこれが360度に拡大されたサラウンド音響空間ではどういった空間音場デザインが可能であろうか？本章では，サラウンドサウンドを組み立てていく場合の基礎となる映画・ドラマと音楽，さらに最近取り組みが始まったCMでのデザイン例について述べる。デザインの考え方は，クリエータの持つ特徴と個性により幅広い可能性があるのでここで述べることが全てではないが，おおむね現在の様々な領域での表現を集約したつもりである。

4-1. 映画・ドラマ・サラウンドデザイン

1　アンビエンス・サラウンド（SURROUND AMBIENCE）

これは最も基本的なサラウンドデザインである。音楽では，演奏している場が発生するアンビエンス空間を作り上げることで観客はあたかもその場にいるかのような臨場感や雰囲気を体験することが出来る。映画やドラマにおいてはドラマの進行がどうした状況の中で行われているかを，環境音・アンビエンスによって明確に説明することが出来る。ドラマ的アンビエンスの使い方と音楽のアンビエンスの相違点は，音楽が演奏している同一空間を同次元で収録している（相関関係が成り立つ音場）なのに対しドラマは，撮影現場が必ずしもその空間設定に応じた場所で撮影が行われる訳ではないのでその場で録音した音が有効とは限らない点である。これらは，ポストプロダクションの段階で創造して作り上げる（無相関な関係の音場）ことになる。スポーツやお祭りなどは，音楽と同様に現在進行形の状況や環境，競技場の雰囲気が同時進行で収録，生放送されるため相関関係のあるサラウンド音場を再現していることになり，そのことであたかも家庭の視聴者と競技場の観客が同じ目線を楽しむことができる。アンビエンスの録音に使用するマイクアレンジは，音楽とスポーツ，ロケーションなどで相違が見られるが，その場の雰囲気をいかに捉えるかといった基本は同じである。

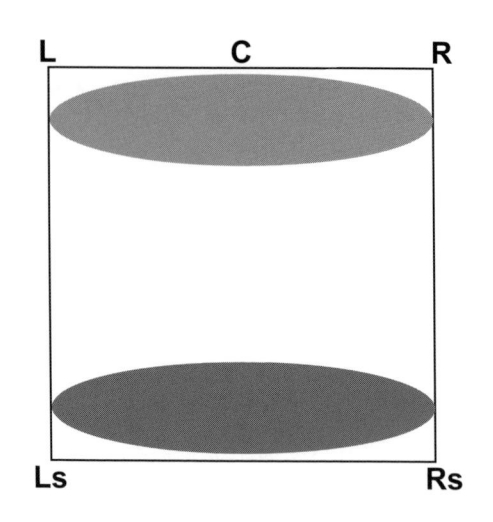

【図 4-1】アンビエンス効果

2　縦の移動効果（FLY-OVER）

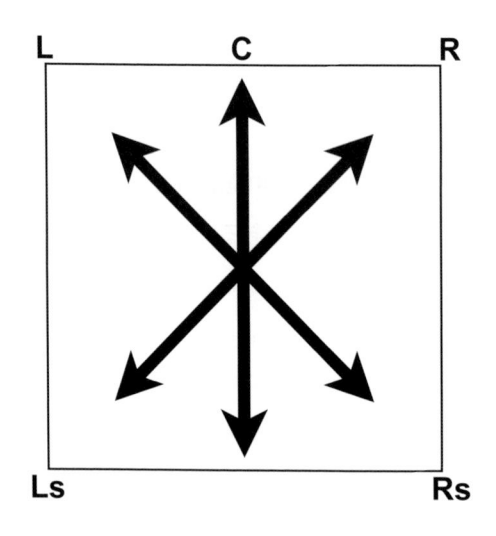

【図 4-2】縦移動効果

FLY-OVER と言う名前のようにこのデザインは，特定の音がフロントとリアの縦方向で移動する音を意味している。一瞬のサラウンド効果で場面に鋭いパンチを与えることが出来るデザインといえる。FLY-OVER の音源は，モノーラル点音源で移動した方が効果的な場合とひとかた

まりの群または，面音源として移動した方が効果的な場合がある。これらの選択はひとえにストーリー進行と深く関連するためデザイナや監督などの連携が必要である。実際の FLY-OVER を実現するツールは，ミキシングコンソールや DAW のミキサ画面にあるジョイスティック，パンポットに音源をアサインして移動するだけである。どこから音が立ち上がってどこに消えたのかを明確にしたい場合は，音のスタート，終わり部分に十分な「ため」とレベルコントロールをおこなってからジョイスティックで移動を開始すれば印象的である。

3　水平面内回転効果（HORIZONTAL ROTATING）

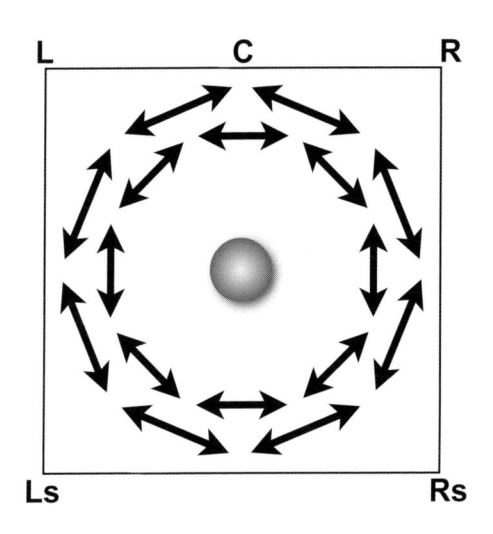

【図 4-3】水平面内回転効果

これは螺旋状の渦巻き音が観客を取り巻きあたかもその場が揺れ動く状況を作り出すデザインである。360 度の回転音場を作り出すには，いくつかのサウンド要素を階層的に組み合わせ，これらをそれぞれ個別に回転移動させていかなくてはならないため使用する素材チャンネル数は必然的に多くなる。

近年はこうした回転をサラウンド定位させたまま任意に回転できるといったポストプロダクション用プラグインも出るようになったのでこれまでより比較的容易に回転音場を作り出すことができる。また同様に多くのプリ MIX 素材を少ないチャンネル数で構成可能なステムを作り上げるプラグインなども登場してきたので効率的な組み上げが出来るようになった。このデザインは，自然音効果だけでなく心理効果の表現や緊張感の強調，次元のタイムシフトなどを

表現する場合に有効である。

4　先行予告・残像効果（PROCEEDING SOUND/AFTER IMAGE）

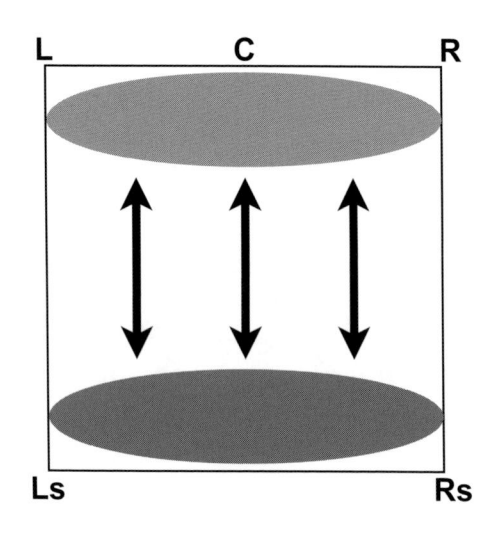

【図4-4】先行予告，残像効果

1で述べたアンビエンス効果は，今現在進行している映像の臨場感を高め観客とも一体感を表現するために使用されるが，先行効果とは現在進行している場面の次の進展を先行して予感したり，残像効果では，逆に前のシーンの印象を次のシーンでも継続させるために使用するサウンドデザインである。サウンドが次元を越えたストーリー展開をつなぎ合わせるという意味で高度なサウンドデザインの手法である。例えば，戦場のシーンが展開されている中で狙撃兵がうった一発の弾丸の余韻が次のOFFICEシーンへこぼれている・・・といったことで観客は，前の悲惨な戦いの印象を次の場面にも継続するといった効果があるためあたかも視覚の残像に似ているといえよう。これと逆のデザインを行うと，例えばOFFICEで一冊のファイルを読んでいた人物のショットに次に展開するアフリカのある国での民族闘争の群衆や戦闘音が先行してくるといった使い方で次のシーンを先行予測させることができる。これらの音は，サラウンドチャンネルへ定位させフロントで進行している時系列とは異なる点を強調することがポイントとなる。

5 頭上からの降り注ぎ効果（SOUND SHOWER FROM TOP）

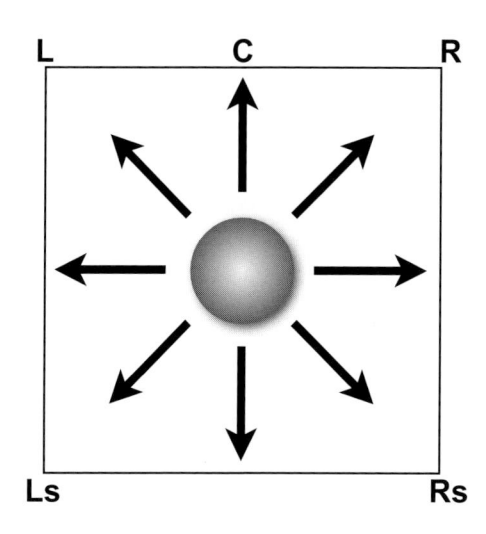

【図 4-5】降り注ぎ効果

このデザインは，観客の頭上から音が降り注ぐイメージの表現に使用でき神の啓示，エアポートや機内，艦船内のページング（呼び出し音）といった場面で使うことが出来るデザインである。理論的には，現在の水平スピーカ配置で上下の関係を再現する事は不可能だが，映画の場合サラウンド用スピーカが観客席よりも高いところに設置してある物理的な配置のメリットを利用した表現である。

筆者の経験でいえば，音源が横方向だけでなく全方向にある森や林といった素材をサラウンド収録して，スタジオなどで再生すると，波やせせらぎといった横方向しか音源がない素材に比べて圧倒的な高さ感を体験することが出来る。天井からの降り注ぎという効果は，こうした経験も応用して降り注ぎのメインとなる音源はパンポットで全チャンネルの真ん中へ配置し，それ以外の前後左右の平面にそのメイン音のエフェクト成分を定位させるといった手法で疑似的な降り注ぎ感を作ることができる。現在 SMPTE 等でデジタルシネマ用サラウンドレイアウトに高さ情報を再現する方式が検討されている。ヨーロッパでは Auro-3D，アメリカではドルビーアトモス（Atmos），日本では NHK S-HV の高さ方向のチャンネルといった具体的な動きも出始めている。こうした方式が定着してくれば高さの表現はより有効となる。

6　音像の巨大化（BIG SOUND FEEL MORE CLOSE）

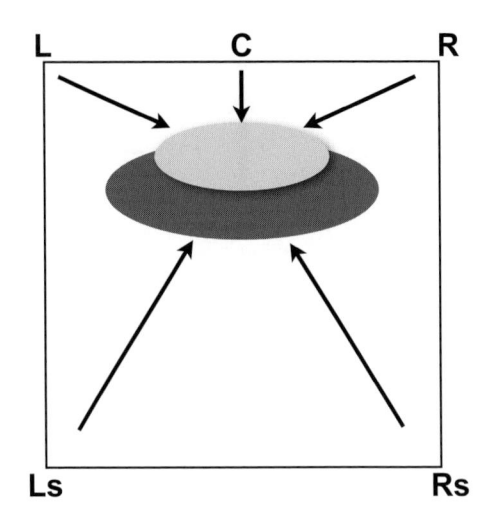

【図 4-6】音像の巨大化効果

　チャンネル数が多いメリットをいかして特定音源の大きさを強調するためのデザインである。これは頭上からではなく水平方向を中心に，メインの成分は前方 C チャンネルを中心に定位しその補助成分を L-R/Ls-Rs チャンネルと LFE チャンネルに配置するデザインである。このことにより特定の台詞やモノローグといった人の声からガンショットや爆発といった音響効果をイメージ以上に強調できる。このメリットは，単独のチャンネルから再生した以上にサウンド自体を巨大化することができまた複数チャンネルを使用することで単一チャンネル表現レベルに比べピークマージンを確保しながら迫力を高める事が出来る。例えば，密室に閉じこめられた主人公の目の前に鎖の束がガシャンと置かれたとする。この場合に，ガシャという効果音の音像を巨大化することで主人公の恐怖の表れを表現することもできるし，ガシャという効果音を加工して他のチャンネルに加えるのではなくピアノの不協和音コードやウッドベースとスネアのロールといった別音源との組み合わせで，同様の効果を出すことも出来る。

　特に映画音響の場合，LFE チャンネルと呼ぶ低域専用のチャンネルは，まさにこうしたときのために設置したチャンネルなので有効に使う事が出来る。

4-2. 音楽におけるサラウンドデザインの基本型

1　ステージレイアウト（臨場感サラウンドデザイン）

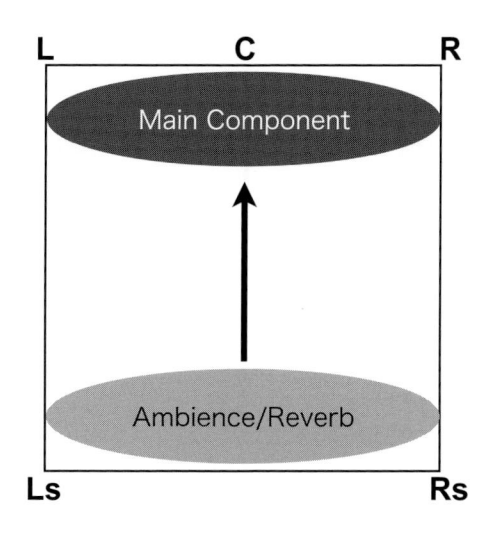

【図 4-7】臨場感サラウンド

クラシック音楽ホール再現などに使用される基本デザインで映画・ドラマなどのアンビエンスサラウンドデザインと同様のデザインである。すなわち観客の視点をフロントにおきメインの音楽成分はフロントに配置し空間情報であるホールの残響や間接音成分が後方から再現される。映画，ドラマとの相違は，演奏されているメインステージからの音源が空間で様々反射を起こしている空間情報がサラウンドチャンネルとメインマイクとで相関関係を保ちながら再現されている点にある。こうしたサラウンド音楽をサラウンドスピーカの近くで聞いても部屋の響きの音しか出ていないので初めてサラウンド音楽を体験するようなリスナーには一見物足りないと感じられるが，リアのサラウンドチャンネルを ON/OFF して両者の音場再現能力を比較してみると明らかな相違を感じることができよう。

2　ディスクリート レイアウト（創造型サラウンドデザイン）

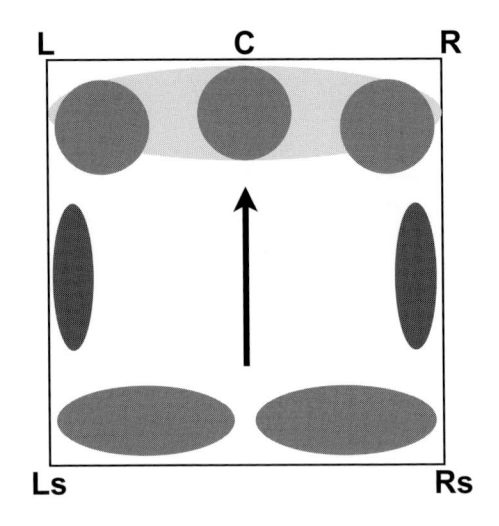

【図4-8】創造型サラウンド

　この例は実際の演奏会場を自然に再現するというよりはスタジオなどでマルチチャンネル録音した多数の音源をより積極的に使用して現実にはない音楽表現を行う場合に適している。リスナーの視点はあくまで正面を想定しているが表現できる音は自由にその周りにレイアウトする事が出来る。主にポップス系の音楽で使用される。

3　全周囲レイアウト

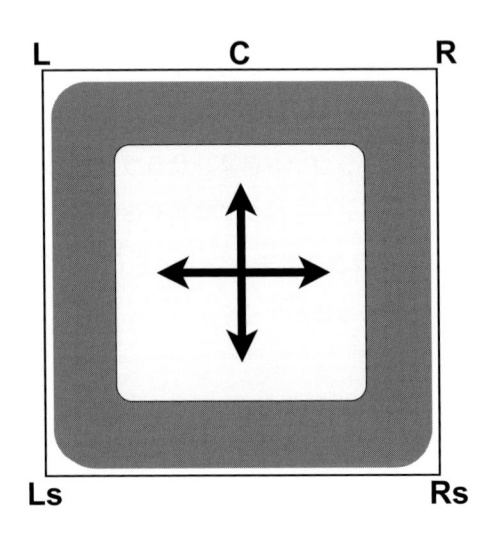

【図4-9】全周囲サラウンド

この例はリスナーの正面軸をどことは特に設定せず，全周囲どこを向いて聴いても全体で音空間となっている表現方法である。日本の冨田勲やイギリスのアラン・パーソンといった音楽クリエータはこうした全周囲音響空間をフルに利用したいわば音の壁(サウンドウォール)を創造している。

4-3. 音楽サラウンドデザイン（MIX）のチェックポイント

サラウンドのサウンドデザインの中でもクラシックの臨場感サラウンドデザインを除いたデザインアプローチ（POPS音楽など）で音楽を構成する（MIXする）場合のチェックポイントを以下に述べる。

1　安定した音場（STABLE SOUND）を作る。

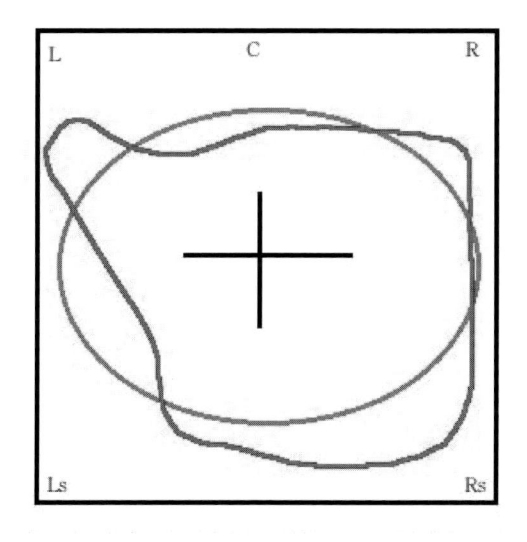

【図4-10】安定した音場を作る

音楽のサラウンドデザインでは，その曲全体を通してサラウンド音場が前後左右に揺れない（ギミック性を表現したパートは除く）ことがリスナーにとって安心感となる。このためMIXした全体の構成をきいて船酔い状態になっていないかをチェックすることをお薦めする。この目安として楽器毎のデザイン配置コンテを書いてみて，対称性やバランスの良いコンテが描かれていれば安定した音場を作りやすい。

2　そのための楽器の役割を考えてデザインする

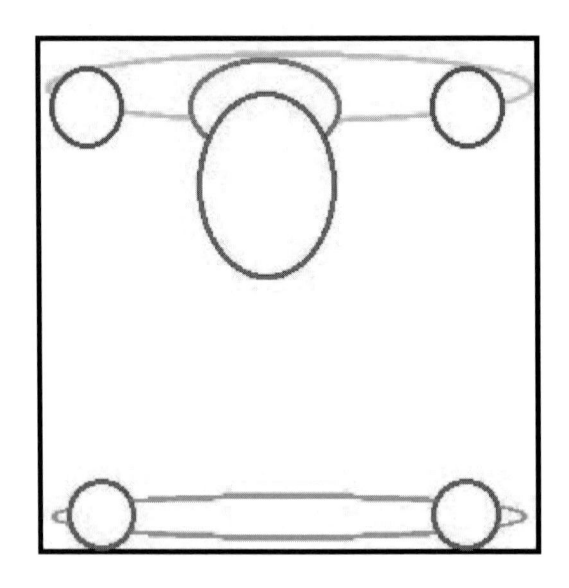

【図 4-11】基本楽器は固定定位

◎　曲の中で STAY する楽器はなにか？
音楽を構成している楽器の役割を考え，基本となる楽器や土台を作る楽器，リズムをキープする楽器などの基本パートは，安定した音場（STAY した音場）配置としておくのが良い。

◎　曲のなかでギミック効果（音の移動）を出す楽器はなにか？
逆に音楽の中で移動効果をだすと効果的なパートについては，先に述べたデザインを応用してギミック性を表現することが出来る。こうした場合に有効なパートとしては，イントロ，リフフレーズの強調，サビ，アウトロなどを目安にする。

3 移動の方法

移動の方法の中でも音楽で有効な移動表現として以下のようなアプローチが有効である。各詳細は，本章 4-1 を参照。

- ◎ サークル水平面回転
- ◎ FLY-OVER　縦移動
- ◎ 点移動と面移動の使い方

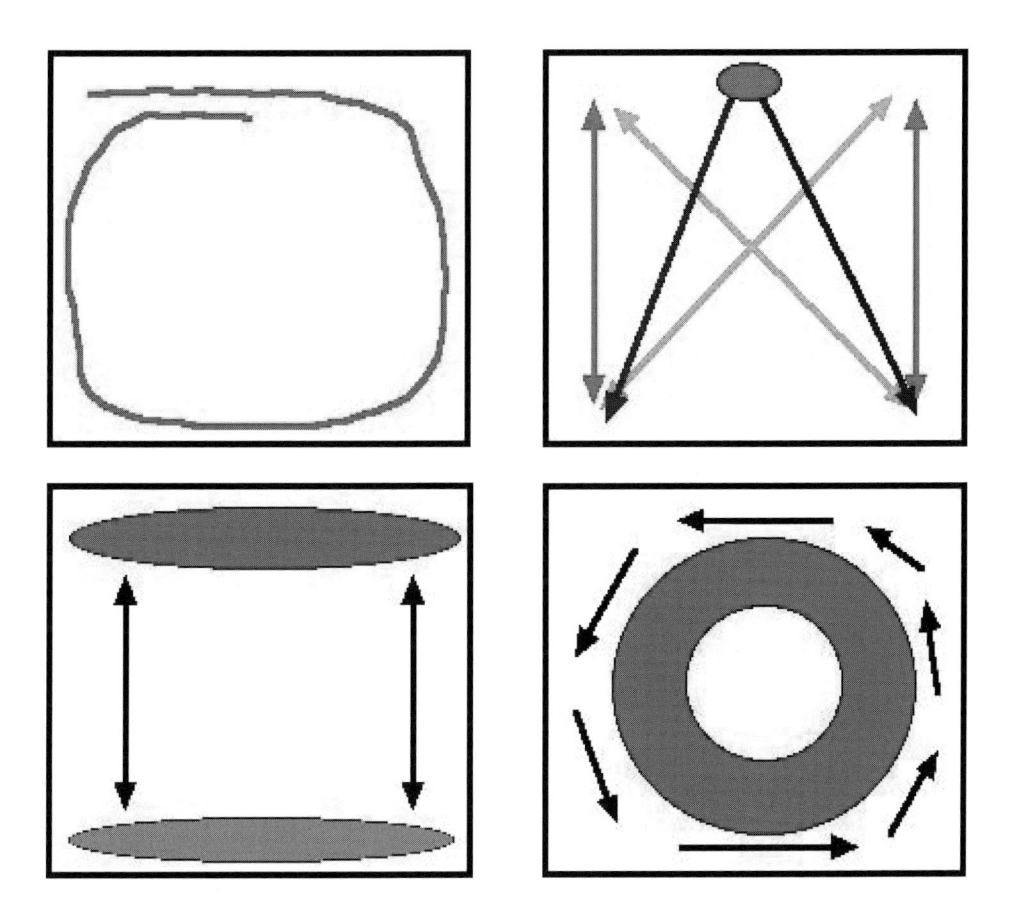

【図 4-12】音楽における移動効果例

4 音場に素を作らない

これも，安定した音場を構築すると言う点から大切である。楽曲によってはあるパートで単音源楽器しかないといった構成も考えられよう。そうした場合でもメインの楽器が配置された部分以外の空間を素にするのではなく，リバーブやディレイ，ピッチ変化成分などなんらかの関

係性を持った音を配置して安定性を維持する。この例については，本章4-6「ポストプロダクション MIXING 〜空間の作り方」を参照。

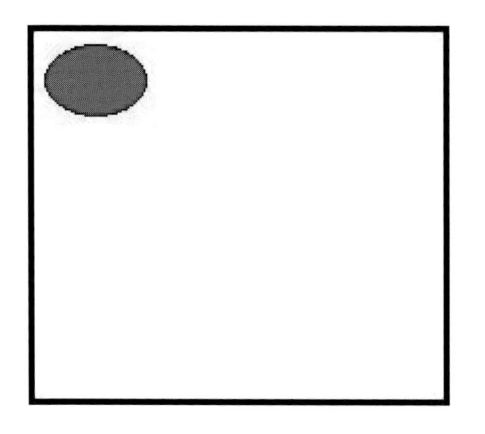

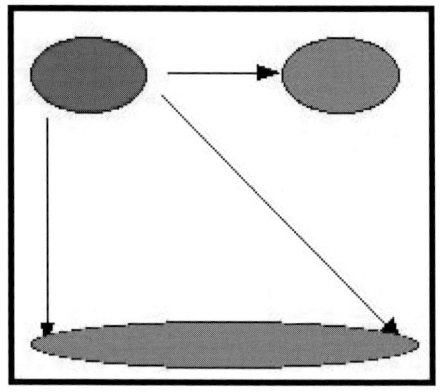

【図 4-13】音場に素を作らないデザイン例

5　ハードセンターに入れすぎない。

ハードセンターチャンネルは，モノーラル MIX と同じ感覚になるので，リズム楽器からメインボーカルまでセンター配置音源を詰め込むとレベルオーバーになりやすい。このためセンター成分の使い分けを適切に行ってバランスをとることで対応する。これは映画やドラマ，スポーツ制作などでも行っている台詞やナレーションの使い分けと同様なアプローチで

- ◎　ハードセンター
- ◎　ファンタムセンター
- ◎　両者の組み合わせ

を考えて配置分散を行う。同じセンター成分といってもこれらの再生音は異なるので音楽の構成や重要度に応じて配置を工夫すると効果的である。

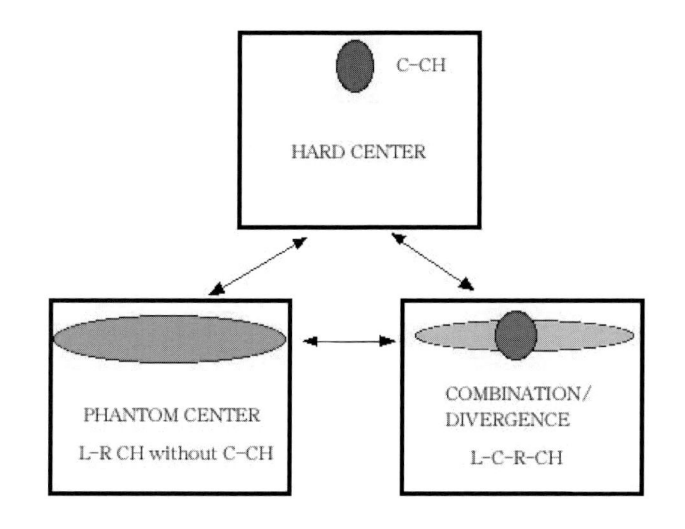

【図4-14】センター成分の使い分け

6　LFEは遅れを補正

音楽の場合は，映画などと異なりLFE成分を新たに作って付加するというよりは，ベースやキックドラム，ティンパニーなど低音楽器の成分を分岐してLFEへ送る場合が一般的となる（相関関係がある音源と呼ぶ）。この場合LFEのチャンネルやバスにLPFをデジタルフィルターでいれて高域をカットするといった使い方になるがデジタルフィルターの特性により遅延を生じる。この2つの音源が最終的にMIXされると位相キャンセルを生じ低域が逆に落ちてしまう場合があるので注意されたい。チェック方法は，LFEへ送って作った音源とメインのトラックにある音源を比較して遅れが生じていないかをチェックし，場合によってはLFE音源のタイミングを編集画面上で合わせる必要がある。

7　サラウンドスコープでチェック

サラウンドMIXができるDAWやコンソールではステレオスコープと同様にサラウンドスコープでモニターすることが行われている。このスコープ波形を見て糸巻き型あるいはやや円周に近い波形がでていれば前述したように安定した音場ができていると考えてよい。

メインch KICK

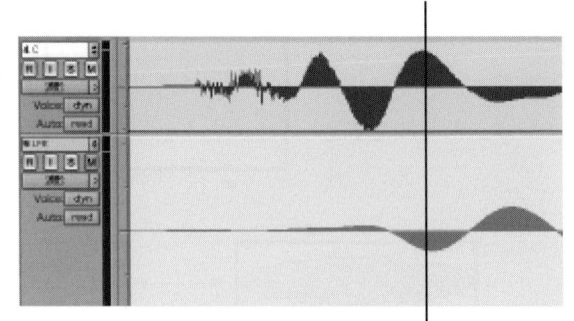

LFEch KICK

LFEch に LPF を挿入した場合に生じる
遅延の影響でメインチャンネルとキャンセルが
生じる例

デジタルフィルター LPF で生じる遅延と Fc は
0.8msec 12.4msec の範囲で生じる

【図 4-15】同一音源のメインチャンネルと LFE チャンネル比較例

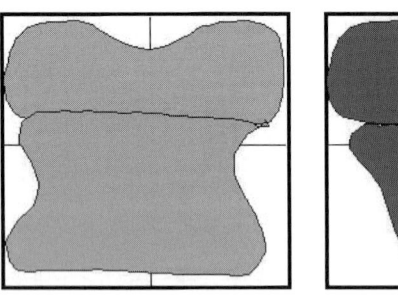

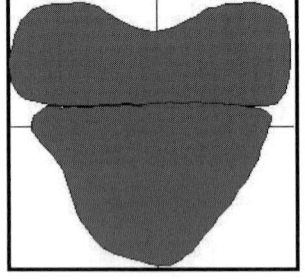

安定した音場の例　　　　フロント重視の音場例

【図 4-16】サラウンドスコープによる音場チェック例

4-4. CM におけるサラウンドデザイン

デジタル放送では，従来のアナログ放送（2 チャンネルステレオまで）と比べ 5.1 チャンネルサラウンド音声サービスが実現できる点がメリットである。これを活かして 2008 年以降国内外で CM にもサラウンドでの訴求を行い始めている。CM は，最少で 15 秒，さらに 30 秒や長くても 1 分といった，映画やドラマなどの本編に比べれば遥かに短時間のなかで CM としてのアピールをサラウンドで表現しなくてはならない。しかし，このことが逆にいえば，今までの

映画やドラマなどフロントの映像をサポートするリアチャンネルの役割から，すべてのチャンネルを短時間内で有効活用するという大胆さが必要になる。いわば，全チャンネルを同じ比重で使い切るためのデザインが求められることになり，それは今までできなかったようなより自由な音場デザインを可能とすることができるといえよう。

以下にまだ発展途上ではあるが CM におけるデザインの可能性を示す。

1　対話型デザイン

このデザインでは，フロント成分とリアのサラウンド成分が対等の扱いで山彦のように呼応するデザインである。映画などではフロント重視となるので例え同じような音源であってもリアサラウンド成分は，フロントに比べ音像が拡散または甘い音像にデザインしフロント音源重視とするがこの例は，両者が同じ音質でレベル的にも均等なフロント面とサラウンド面での構成となる。

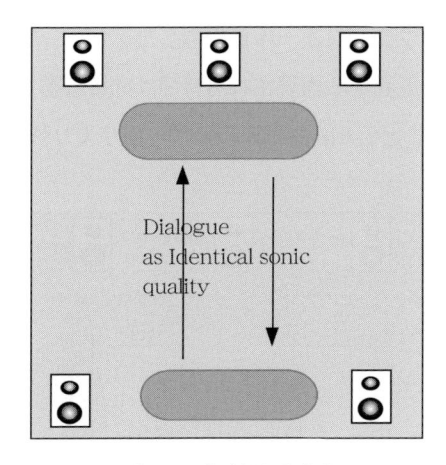

【図 4-17】対話型デザイン

2　独立存在型のデザイン

このデザインは，音楽デザインで述べたディスクリート型に相似しているデザインである。CM の場合それぞれが何らかの関係を持つ必要はなく，独立した音源であっても成り立つという意味で音楽でのディスクリートデザインにくらべ一層自由度が高い。

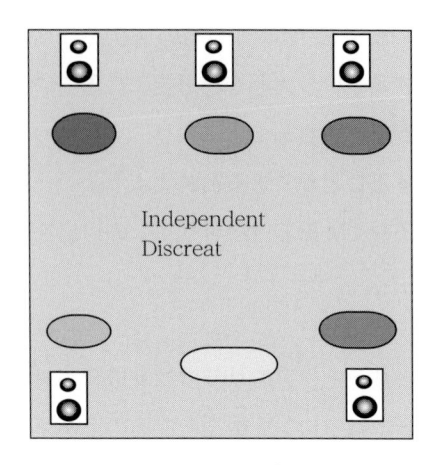

【図 4-18】独立存在型デザイン

3　強調型アンビエンスデザイン

このデザインも音楽の場合のサウンドウオールと相似したデザインである。しかし強調型ハードアンビエンスと呼ぶように全周囲から再現される音源は間接音重視でなくナレーションのような直接音で構成できる。このことでCMとしてのアピールがより強調できるメリットがある。

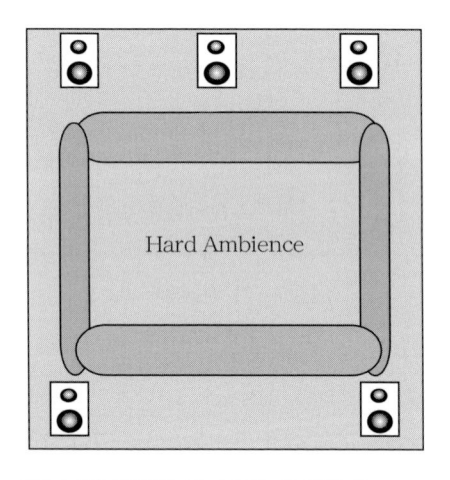

【図 4-19】強調型アンビエンスデザイン

4　LFE 優先型デザイン

従来の LFE チャンネルの使い方は，メインチャンネルの低域補強という役割である。このデザインは，補強ではなく LFE チャンネルにある 120Hz 以下の低域成分をメインの音として活用するという主客逆転のデザインである。こうした大胆なデザインが可能となるのも短時間のなかでいかに効果を表現するかが重視される CM 独特の特質であるといえよう。

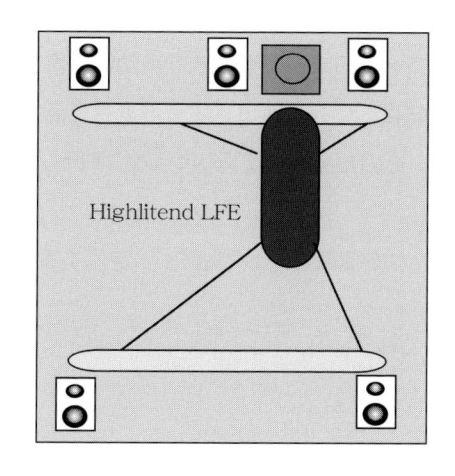

【図 4-20】LFE 優先型デザイン

4-5. サラウンドデザインの構成要素

1　モノーラル音源は使えないのか？

ここまで様々なサラウンド音響表現基本型をのべてきたが，そのための音の要素としてどんな素材が活用できるのであろうか？サラウンド空間ではモノーラル音源は使えないのか？答えは「否」である。サラウンド空間を同次元でとらえるクラシックのコンサートや LIVE 音源を除けば，映画やドラマ，ドキュメンタリーのジャンルでは，いわゆる各楽器の構成と同様に「音素材の構築」によるサラウンド空間が形成される。このための音源としてモノーラル音源も十分活用出来る。例えばある講演会があったとしてこれを最終的にはサラウンドソフトに仕上げたいと考えたとき，講演者の話はモノーラル音源として録音しておき，その他に会場の雰囲気を収録した 4 チャンネル録音あるいはステレオアンビエンスがあればそれらをポストプロダクションで合成することで十分なサラウンドソフトが成立する。この場合講演者の音源はモノーラルである。ドキュメンタリーや映画，ドラマなどでは，重要な「台詞やコメント」はモノーラルで録音されセンターチャンネルへ配置されることで，それ以外の音源と融合して全体がサラウンド空間として認識されているわけである。効果音も同様で，Foley と呼ばれる足音や衣擦れなどは，サラウンドで録音されているわけではなく，大部分は，モノーラル録音でセンターチャンネルへ台詞と同様に定位される。このように素材がモノーラルであっても使う目的によって十分活用されているのでモノーラル音源は使えないといった先入観は必要ない。

2 ステレオ音源の有効活用

2チャンネルのステレオ音源についても同様の考え方で有効に使用することができる。特にアンビエンス空間を形成する場合には、既存のステレオ音声素材を活用してバーチャルなサラウンド空間を形成することができ、その方法は、以下のようなプロセスを行うことで実現できる。

A　同一録音源の異なるタイミングを使用してL-R/Ls-Rsへ定位することで空間を疑似シミュレート

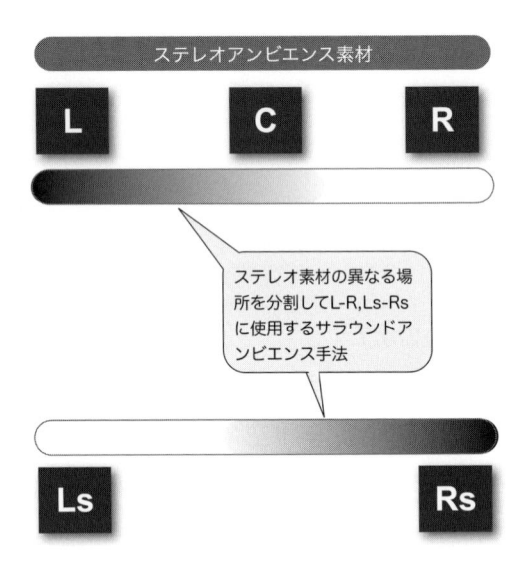

【図4-21】同一素材からの空間作成例

B 同一音源しかない場合

　フロントにたいして 30 ～ 60msec 遅れた音源をサラウンドチャンネルへ定位させる。

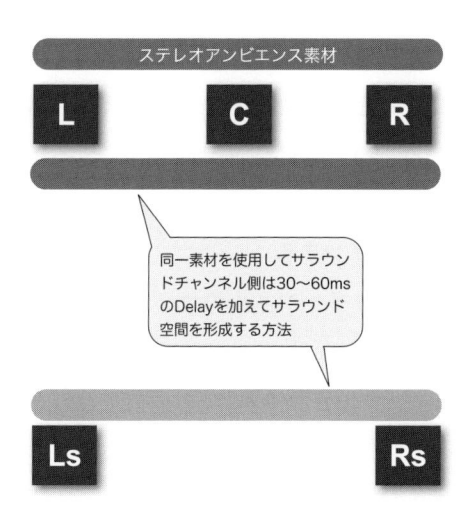

【図 4-22】ディレイによる空間作成例

C 同一音源をフロント，ピッチをほんの少し上下させたオリジナル音源をサラウンドチャンネルへ定位

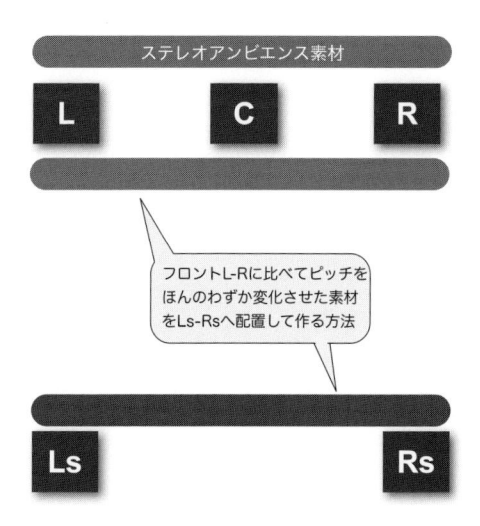

【図 4-23】ピッチ変化による空間作成例

こうすることで擬似的に水平面内のサラウンド空間をシミュレートすることが可能である。サラウンドロケーション音源などがなく2チャンネル音源でサラウンド素材を制作しなくてはならない場合有効な方法である。

またステレオで収録した音源はL-R面，Ls-Rs面そしてL-LsやR-Rsといった面を形成することが出来るので擬似的な全方位空間を作る場合にも十分活用できる音素材である。

3　サラウンド空間をトータルでデザインする

理想的には使用する音源が最低でも4チャンネルのサラウンドで収録されていれば上記のような疑似空間に比べて自然な前後のつながり（エンベロープ）と定位がえられる。こうしたサラウンド音源を土台に上記のモノーラル音源やステレオ音源を組み合わせていくことで，逆に創造的な，デザイナが意図するサラウンド空間を作り出すことができる。その典型は映画音響である。これらの音響を要素別に分解してみると，モノーラル音源の台詞，Foleyと呼ばれる効果音，そしてアンビエンス，ベースノイズと呼ばれるステレオ効果音がくみあわされている。加えてSFXと呼ばれる各種サラウンド効果を意図した効果音と迫力を補強するLFE（120Hz以下の重低音補強チャンネル）の創成。そして音楽がサラウンドで制作される。これらを有機的に組み合わせた結果聞き手にはトータルとしてのサラウンド音響が楽しめるわけである。以下には，トータルのサラウンド音場とそれらを台詞・音楽・効果音という代表的なステムで分割した場合の音場デザイン例を示す。

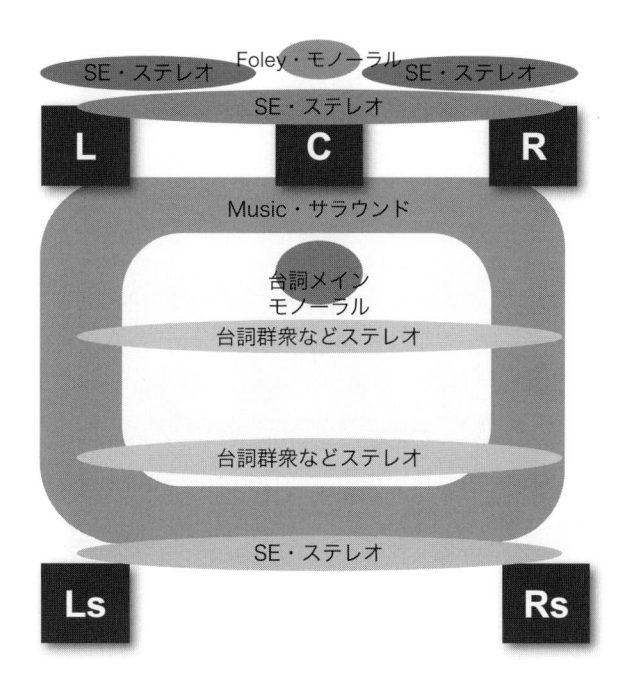

【図4-24】トータルデザイン配置

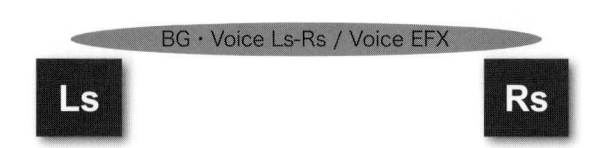

【図4-25】台詞パートのみの配置

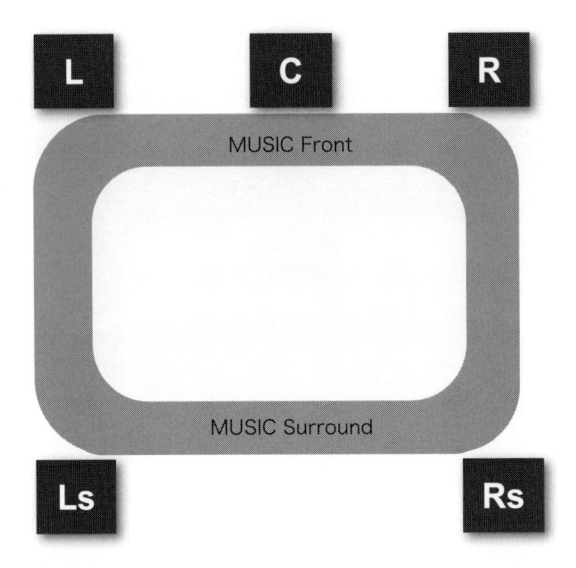

【図 4-26】音楽パートのみの配置

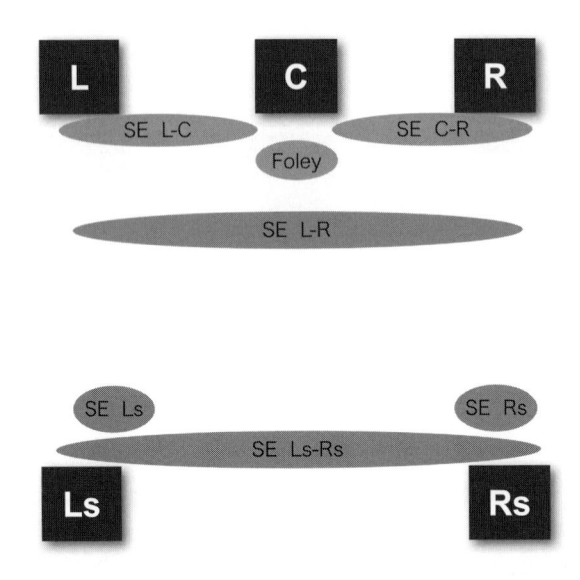

【図 4-27】効果音パートのみの配置

以上述べたようにサウンドデザインの考え方をまとめてみると 2 つのアプローチがあることがわかる。

◎ クラシックや LIVE 音楽スポーツのように全てが同時進行している場合の同時系列サウンド（全ての音が相関関係にあると呼ぶ）。
◎ 映画・ドラマ・ドキュメンタリー・アニメーション・ゲームのように同時時系列で制作する必要のないポストプロダクションで完成するサウンド（全ての音は相関関係にない―無相関にあるという）。

4-6. ポストプロダクション MIXING ～空間の作り方

ここでは，サウンド録音を行った以降のポストプロダクション段階，いわば仕上げの段階でのサウンド音場の作り方やミキシングの実際について述べる。

1　リバーブとサラウンド空間―ステレオリバーブとサラウンドリバーブ

アンビエンス空間を表現するツールとして最も代表的なツールはアナログ・デジタルを問わずリバーブ機器がその代表といえる。2 チャンネル ステレオのリバーブは左右の奥行きを付加するために使用されその音色もホール系，プレート系，ルーム系と大別され，リバーブの定位は L-R と言うのが一般的である。ポストプロダクションで扱う素材音は全てがサラウンド録音された素材ではないし，それが絶対条件でもない。いわば素材音源をどう組み合わせてアンビエンス空間をトータルで作り出すか？がポイントとなる。ここではクラシックのホール録音をサラウンドで行ったミキシングなどと大きく異なるポストプロダクションでのクリエイティブなアイディアが求められる。

サラウンドのアンビエンスを作り出すためには，どのようなリバーブの設定を行えば有効なのか？高価なサラウンド対応リバーブがないとサラウンド空間が出来ないのか？といえば，必ずしもそうではない。
全体が気持ちの良い「包まれ感」となるためには，ポストプロダクションで使う個々の素材をどのような組み合わせで空間処理するかがポイントとなる。このためには以下に述べるような空間と単体素材を組み合わせていくことで全体が融合したアンビエンス空間を作ることができる。このために使用するリバーブ機器は 2 チャンネル対応で十分である。

以下に効果音など単体音源と 2 チャンネルリバーブを使用した空間基本構成例を示す。

A　センターにオリジナル音源：リバーブは Ls-Rs という組み合わせ

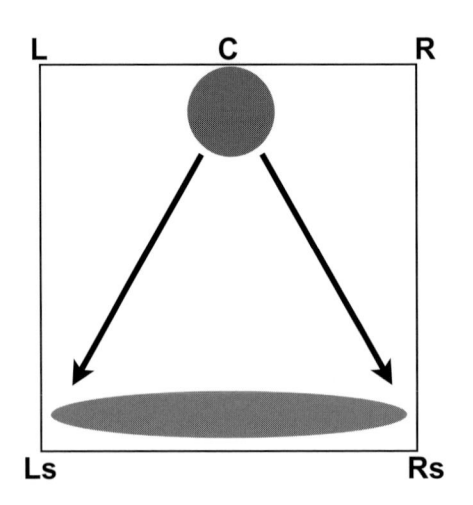

【図 4-28】センター対 Ls-Rs の組み合わせ

センターにドアが勢いよく開けられる音があったとしよう。このシーン設定は，広いリビングルームや，地下室へおりる階段の入り口といったシーンを設定したとする。この場合にドア音は，響きのないドライなままでセンターチャンネルに定位され，広さに応じたリバーブのリターンチャンネルはリアの Ls-Rs に定位させる。リバーブの PRE-DELAY 時間をその空間の広さに応じて，またはそれ以外に使う素材との融合具合に応じて調整。トライアングル空間の一つをこれで形成する。

B　L にオリジナル音源：リバーブは Ls-Rs という組み合わせ

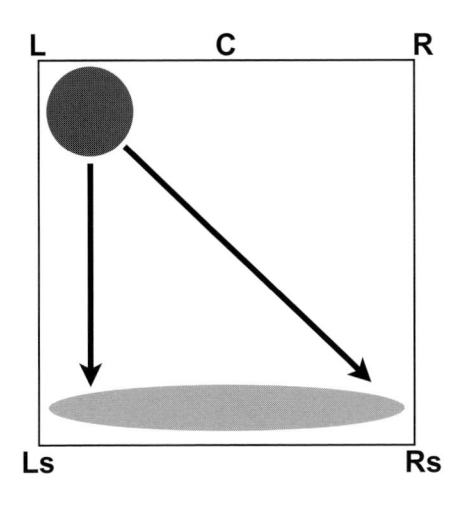

【図 4-29】L 対 Ls-Rs の組み合わせ

同様にドア音がフロント L にあった場合の例としては，リバーブリターンを斜めトライアングルのイメージで Ls-Rs へ定位させる。この場合 Ls-Rs の空間をどういったトライアングルにするかによって Ls-Rs のリターンレベルを調整する。

C　R にオリジナル音源：リバーブは Ls-Rs という組み合わせ

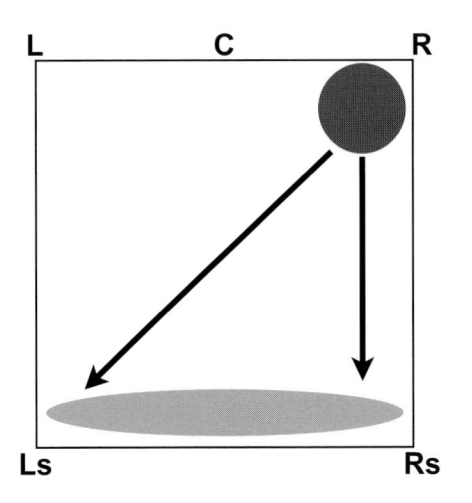

【図 4-30】R 対 Ls-Rs の組み合わせ

同様にドア音がRに定位したとしてその空間成分をLs-Rsに定位させる。この場合も1-2同様にどういったトライアングル空間にするかによってLs-Rsのリターンレベルを調整する。

D　LsにオリジナルŁ音源：リバーブはL-Rという組み合わせ

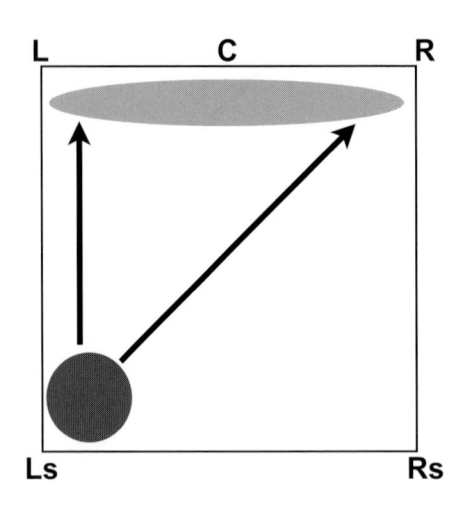

【図4-31】Ls対L-Rの組み合わせ

リアチャンネルからの明確な音源の再生は，我々日常体験からいっても不安や驚きを表す場合にのみ有効であるが，ここでは雷鳴を例にする。雷鳴がLsに鳴ったとしてそのリバーブ成分をフロントL-Rへ定位させることでアンビエンス空間を表すことができる。

E　Rs にオリジナル音源；リバーブは L-R という組み合わせ

同様に Rs から雷鳴が鳴ったとしてその空間成分をフロント L-R へ定位させる。

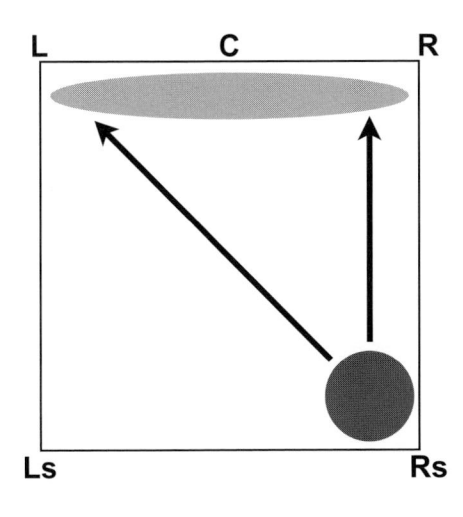

【図 4-32】Rs 対 L-R の組み合わせ

F　L-R にステレオでオリジナル音源：リバーブは Ls-Rs という組み合わせ

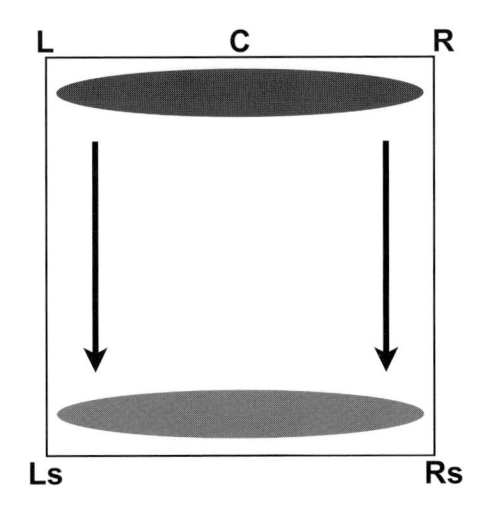

【図 4-33】L-R 対 Ls-Rs の組み合わせ

前記 2 項目は，全体的なアンビエンス空間をリバーブで形成する場合の例である。ここでは

雨の素材を使用してそのシーンが秋雨の降る中で進行している場合のサラウンドアンビエンスをオリジナルステレオ音源から作るとする。

こうした音源の場合は，リバーブといっても残響時間の長いパラメータを使うと融合感が出ないので，0.5 sec 以下の短いパラメータでリバーブの音色は使用する素材音に近似したプログラムを選定する。出来上がった段階でフロントとリアで分離して聞こえるような場合は，ミキシングコンソールにあるダイバージェンス機能を使用してフロント成分あるいは，リア成分を少し反対チャンネルへこぼすことで真ん中付近の落ち込みをカバーできる。丁寧に作る場合はこの成分を L-Ls/R-Rs で補っても良い。

G　Ls-Rs にステレオでオリジナル音源：リバーブは L-R という組み合わせ

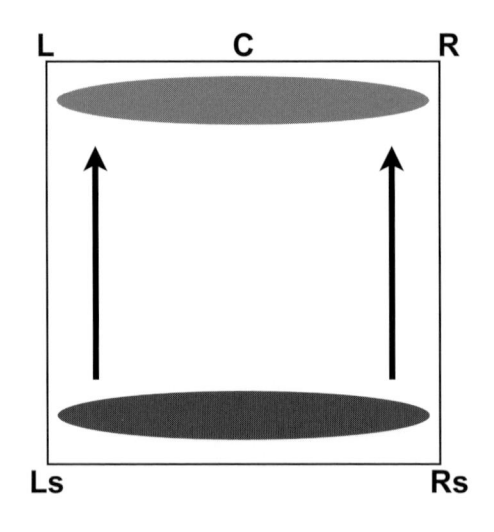

【図 4-34】Ls-Rs 対 L-R の組み合わせ

先に述べたことの逆配置を行えばよいのだが，前者との相違点は，オリジナル音源がリアに来た場合，我々の耳は前方重視の感覚が経験知として身に付いているのでリア側が目立ったり，バランス的に重たくならないような音色と前後レベルバランスに注意しておけばよい。こうした場合の正確なバランスを得るためにもサラウンドミキシング時のモニタースピーカのレベル調整は，毎回正確に調整しておかなくては，再生場所が異なったときにアンバランスをおこすのでくどいようだがモニタースピーカのレベル調整は，正確を期しておかなくてはならない。

H　Lにオリジナル，リバーブはR-Rs

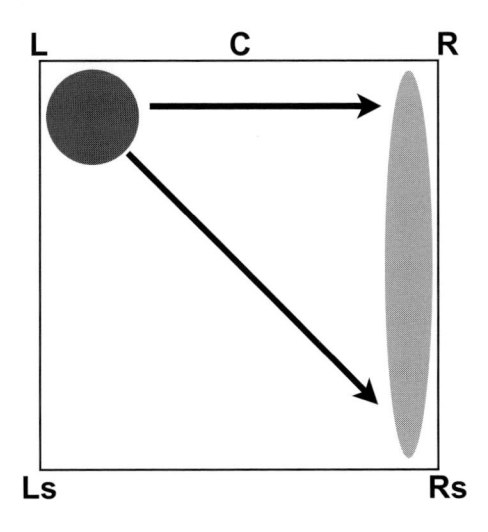

【図4-35】L 対 R-Rs の組み合わせ

このような横方向トライアングル空間配置は，サラウンドミキシングがディスクリートで記録出来るようになったことで可能となった。マトリックスサラウンドでは，例えこうした定位を行っても正確に再現する保証がなかったのである。また我々の聴覚は横方向のファンタム空間認知能力が弱いため最近まであまり使われなかった定位例である。しかし，ディスクリートサラウンド記録再生が可能となり，緻密な空間構成が対効果としてもメリットあると考えられるようになり最近使用され始めている。

I Rにオリジナル，リバーブはL-Ls

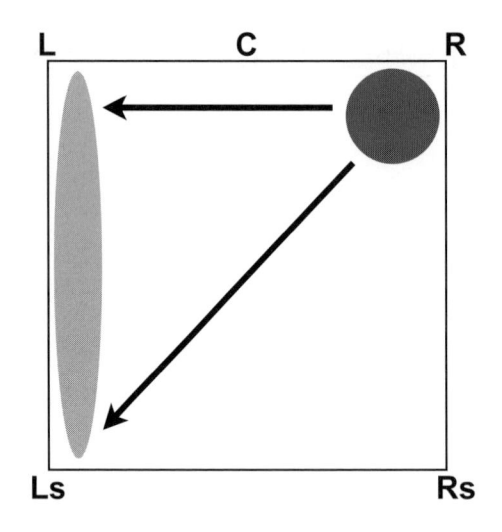

【図4-36】R対L-Lsの組み合わせ

これも前の逆配置である。

J サラウンド対応リバーブとの組み合わせ
現在サラウンド対応のリバーブが，市場に出ているしDAWなどプラグインソフトでは多くのプログラムが入手できる。これらの最大の特徴はどのような素材（モノーラル，ステレオ，サラウンド）でもそこからサラウンド空間を作ることが出来る点にある。これらのリバーブは，1項で述べたような単体音源を各種組み合わせて空間を作り上げていく手法ではなく全体的なサラウンド空間を作るための最終味付けの役目を持っている。音質的にも機能的にも充実している分価格も高価となるのはいたしかたない。しかし前述したようにサラウンド空間をつくるのに必ずこうしたリバーブが必要かと言えば，既存のステレオリバーブをフロント用，リア用，あるいはセンター用と使うことでもポストプロダクションミキシングは可能である。

【図 4-37】サラウンド対応リバーブ例

K　ディレイ・ピッチ可変との組み合わせ

1項では単体音源に空間成分を付加して組み合わせることでサラウンド音場を作る方法について述べたが，ディレイやピッチ可変についても1項と同様な様々な組み合わせでオリジナル音源と組み合わせることが出来る。リバーブとの相違点は，響きというよりも初期反射音的な音の壁を作る場合に使用する。ドラマやドキュメンタリーでの使用よりPOPS音楽での使用が多く見られる。

2　ステレオ音源のサラウンド化（Up-MIX）

上記に述べた様々な空間の作り方は，主に効果音を主体に述べたが，一方でステレオ音源しかない音楽楽曲をサラウンド化して使いたいといった要望もある。本来であれば音楽楽曲もサラウンド制作するのが基本であるが，現状サラウンドで表現してみようという意欲のある作曲家やアーティストはまだ少ない（コマーシャル音楽などがデジタル放送の普及とともに増加してくれば状況は変化するかもしれないと筆者らは期待しているが）。ではどうするか？現状は以下のような方法を採用している。

A　マトリックス サラウンド デコーダの活用

これは古くて新しいサラウンドデコーダの復活といえる知恵である。マトリックスサラウンドは，3-1 サラウンド（フロント 3 チャンネル，リア 1 チャンネル方式サラウンド）マスタをエンコーダ経由で 2 チャンネルの Lt/Rt という 2 チャンネル信号にエンコードし，デコーダはその逆に 2 チャンネル Lt/Rt 信号から L-C-R-S という信号を復元する働きをしている。このデコーダの機能を再活用して 2 チャンネルステレオ信号成分から何となく L-C-R とモノーラル S 成分を取り出そうという訳である。POPS などでドライな音源ばかりだとあまり有効ではないが，ストリングスや響きの多い楽曲ではそれなりに L-C-R を取り出すことができる。モノーラルの S 成分はここでは無視してサラウンドチャンネルにはリバーブやわずかのアンビエンスをフロント成分から付加するといった対応である。このメリットは，バランスが崩れずに違和感のないフロントを取り出せる点にある。

B　オリジナル音源から空間成分を抽出してサラウンド化

各種プラグインを用いてサラウンド化（UP-MIX）を行った場合の課題は、オリジナル音源との統一感をいかに作るかにある。ここで紹介するプラグイン（NML RevCon-RS Humanizing Surround Software）は、UP-MIX にオリジナル音源が持っている残響空間成分を抽出して、サラウンド化する方法である。本ソフトウエアーは、素材に含まれている残響成分を分離し、分離された直接音と反響音（残響成分）の 2 種類のオーディオ成分をコントロールしている。特徴は、オリジナルの素材に含まれている残響成分をそのまま用いてサラウンド音場を作り上げるという手法をとっているため、収録した場所での音場とほぼ同じ音場を再現することが出来、ダウンミックスした場合でも音質の変化が無い点である。

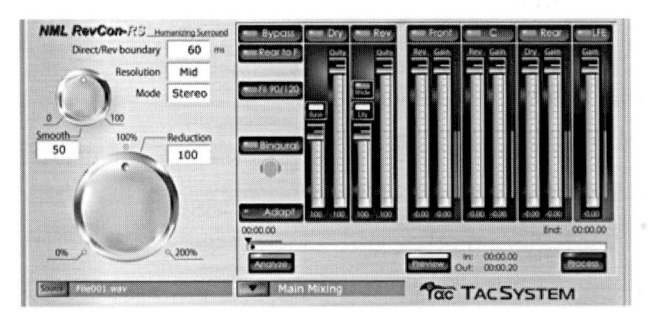

【図 4-38】NML RevCon-RS Humanizing Surround Software

C　サラウンドリバーブプログラムの活用

サラウンドリバーブのプログラムの中にモノーラルやステレオ音源のサラウンド化プログラム

が内蔵されているのでこれを利用したサラウンド化である。
この場合，音源によって違和感のないレベル設定や全体のバランスがくずれないパラメータの追い込みをしなければならない。

3　ステム MIX の作り方とファイナル MIX・各種マスター制作

ここでは，サラウンドのファイナル MIX をスムースに行うための「ステム MIX」の考え方などについてのべる。また現在サラウンド MIX されたマスター音声は使われるメディアに応じてさまざまにエンコード処理されているのでその注意点についても述べる。

A　PRE-MIX とステム構造によるファイナル MIX までの手順

5.1 チャンネルサラウンドの完成音に至るまでには，それぞれの音素材がどういった定位とチャンネル数で構成していけばよいかを十分検討しておくことが効率的なトラック配分とスムースなファイナル MIX のうえで重要である。

このため以下のような定位に応じた素材のトラック分けを行い使用目的別にサラウンドグループ分けすることが行われる。これは音楽 2 チャンネルステレオの MIX ダウンで行うリズム・ブラス・キーボード・ストリングス・バックコーラス・メインボーカルなどといった楽器別グループ分けを 5.1 チャンネルサラウンドでのグループ分けに拡大したものと考えれば良い。特に効果音は様々な素材を組み合わせ，加工合成しながら作り上げていくので途中段階での合成素材（PRE-MIX）と目的とする完成音トラック群（ステム）の構築がポイントとなる

- ◎　ハードセンター定位素材　主に台詞や Foley 効果音など
- ◎　L-C-R フロント素材（含む L-C/C-R 素材）　主にベースとなる効果音など
- ◎　L-R，Ls-Rs 素材（含む L のみ，R のみ素材）主にリア効果音など
- ◎　5.1 チャンネル全てを使ったサラウンド素材，音楽，サラウンド SFX 効果音など
- ◎　これらを使用目的別にまとめたサラウンドステム（台詞関連ステム，効果音ベース音ステム，効果音短音ステム，効果音爆発ステム，音楽ステムなど目的別で全体の流れに沿ってまとめられたサラウンドグループ）

これらが整然とミキシングコンソール上に立ち上げられ，それぞれのグループマスターフェーダーのみがフェーダ上に立ち上がることで見かけ上のコントロールトラック数を少なくしながら機能的な最終ミキシングを実施していくことができる。

B　PRE-MIX の実例～回転，降り注ぎ，LFE 制作を例に～

サラウンドデザインの項目で以前紹介した 6 種類の基礎デザインのうちでフライオーバーという音像の移動はサラウンドパンポット内蔵（ジョイスティック）であれば比較的容易にコントロール出来る手法なのでここでは回転音場の表現，天井からの降り注ぎ，LFE を例に PRE-MIX 方法について述べる。

C　回転音場

リスナーのまわりを音が回転する表現は以下のようなシーンで効果的に使用されるデザインである。

　　◎　サスペンスなど心理的に緊張感を表現したい。
　　◎　物理的に巨大竜巻や荒れ狂う大海原，巨大渦潮，濁流，宇宙空間での小惑星群や隕石群などの映像にマッチした表現

こうした場合に音素材がひとつでそれが単純に 360 度回転するだけであれば特段時間はかからない。しかしこれが多重構造となり大きな厚みをもった回転壁をつくるとなると，要する音素材やトラック数ははるかに増えてくる。

フロントに比べてリアが広い現在の ITU-R スピーカ配置で 360 度のスムースな回転を実現しようとするとやや困難である。実際に単音素材で 360 度パンニングを同じ速度で移動してみればわかるがフロントのスムースな動きに比べてリアにいくほど音がジャンプしてしまうことに気付くであろう。このためフロントに比べて横方向，リアに行く程移動の速度に変化をもたせてスムースさを維持するようコントロールすることがポイントである。また様々な周波数成分をもつ素材を用意し複合的な構造とすることで見かけ上移動感を補い結果として全周囲感を表現するといった表現で回避しているのが現状である。

一例として大海原に渦潮がありそこへ漁船が飲み込まれようとしているシーンがあったとしよう。この場合用意するのはゆっくりと動いている大海原を表すためのベース回転音素材そして渦潮の回転の外側から内側へと渦巻きをあらわす音素材が用意される。海原のベースとなるゆっくりとした回転は低域成分を多く含んだ素材を用意してゆっくりした動きを作り出す。この素材レーヤーをまず一つつくるとこれで 5 トラック必要となる。つぎにこれらを多重構造に重ねるために別な素材で異なった動きを作るとするとこれでさらに 5 トラックの「レーヤー02」が必要となる。こうしてベースの動きを例えば 4 レーヤーで重ねて合成する。これらを

聞いて動きが弱い部分があればさらにそこを補強するレーヤーをいくつか作る。この場合全て360度にパンニングする必要はなく補強する定位部分に固定でおいておくだけでも良い。またベースとなる動きとは逆の方向で移動させても良い。低域成分は定位感が弱いという特徴をいかして全体的な土台は低域成分を多く含んだ素材を使用するのも効果的である。これらのレーヤーが例えば8つで出来上がったとすればそれら40トラックをMIXして5トラックの海原の「動き素材—01」として完成させる（これを素材PRE-MIXと呼ぶ）。ファイナルMIXでの総合的なバランス補正が予測される場合は，ひとつにまとめずに低域海原成分の5トラックと高域波頭成分の5トラックといったように分けておくこともある。以下渦潮についても同様な手順でPRE-MIX素材を用意して作り出していくことになる。ここでお分かりのように5.1チャンネルの音声制作ではそれぞれのサラウンドPRE-MIXを用意するまでに大変多くのトラックが必要となる点である。これをそのままファイナルMIXまで維持すると数百トラックの素材を扱うことになりとてもコントロールが困難なチャンネル数となるのでこれを避けるために先に述べた「ステム構造」と呼ぶ目的別グループ構成が行われる。

D　天井からの降り注ぎ音場を例に

このデザインは，心理的な効果（神の啓示や回想）と物理的な表現（空港の呼び出し，お知らせアナウンス，地下鉄のアナウンス，潜水艦内の伝声管，ヘリコプターからの呼びかけなど）を上方向から感じるための手法である。

ここでは，砂漠をさまよっていた主人公に突然神の啓示が聞こえ一命をとりとめたといったシーンを取り上げてみよう。

神の啓示となるナレーションはONでモノーラル素材とする。これを5チャンネルの真ん中へ配置する。次に時間差を感じる程度のPRE-DELAYをつけたリバーブ（サラウンド対応機でもステレオ2台でも可）リターン成分をこれもフロントとリアに定位させる。両者のバランスをそれ以外に付加されるであろうベース音を考慮して10トラックをMIXして5トラックの素材を完成させるとこれが神の啓示PRE-MIX 5トラックとなる。

E　LFEの作り方を例に

LFE成分を作るには，

- ◎　低域合成用のエフェクター
- ◎　既発売のLFE専用ライブラリー
- ◎　新規に録音した音素材から合成

といった方法がある。ここでは，爆発の風速感を例にしてみよう。

爆発音はアクション系ソフトでは定番であるが，同じようなサウンドの羅列とならないようサウンドデザイナは様々なニュアンスに挑戦している。この差別化のためにも様々な素材音を新規に録音してそれらを加工合成することでオリジナリティを表現している。爆発の余韻を実際の爆発音で録音する場合マイクロフォンを近接，中距離，ロングなど様々なポイントに設置し目的別の素材が録音出来るようにしておく。例えば余韻が最大限必要であれば爆発の最初のレベルは歪みを無視して余韻部分が最大限録音出来るレベル設定を行いその部分だけを使用する。マイクの吹かれ音やマイクをポリ袋で被い吹かれ音を発生させるなど低域成分をどうやって録音するかに様々なアナログ的発想が見いだされている。では素材を用意してみよう。まず爆発の核となる音，爆発の広がり，そして爆発の余韻といった素材が用意されたとしよう。核となる音はハードセンターへ広がりは L-R と Ls-Rs へそして余韻部分が LFE へそれぞれ配置されたとするとこれらを合成して「一連の爆発—01」が PRE-MIX され完成する。こうした爆発音を時間軸にそってまとめるとこれが爆発ステムの 5.1 トラックとなるわけである。

4　ファイナル MIX と各種マスター制作

現在ファイナル MIX を行うにはミキシングの記録再現が容易でかつ最終修正（映像の編集変更やプロデューサーのダメだしなど変更要素は多々考えられる！）にも機動的なトータルデジタルコンソールや DAW でのバーチャルミキシングが一般的である。ここでは先ほど述べた目的別のステムトラックのグループチャンネルのみをコントロールすることで見かけ上のコントロールフェーダー数を軽減している。これであればたとえば大規模な MIX でも数十トラックが表面パネルに現れているのみなので，容易なコントロールが行える。さらに一つのステムの中でバランスを微調整したい場合は，その階層下のレーヤーを呼び出して微調整すればよい。「マウス MIX と物理フェーダー MIX」という相違について感じていることを述べてみたい。どちらも音をコントロールすることに違いはないのであるが，出来上がった音をきくとマウスでコントロールした音には客観性を感じ物理フェーダーで MIX した音には人間性が感じられるのである。やはり「手の感覚 手仕事」という感覚はデジタル時代でも重要だと言うことがこうした場面でも再確認される。

さて完成したマスター音(5.1 トラックリニア音声)は，次に使用するメディアに応じてエンコードというプロセスが行われる。現状では Dolby デジタル，dts が映像系パッケージで，純音声では mp-3 に始まる高圧縮エンコードから AAC，SRS，Dolby-PL2，SA-CD，DVD-A。さらにこれからはブルーレイディスク用の低圧縮可逆エンコードなど記録伝送の容量に応じた最適化

が行われることになる。こうしたエンコードプロセスでは，最適化のための各種パラメータ設定があるため必ずデフォルト設定だけに頼るのでなくデコードした音をモニターしながら音質や意図した表現が極力損なわれないように音声のオーサリングという段階でパラメータを最適化することをお薦めする。

5　ファイナルMIXのチェックポイント～メリハリとはなにか？

優れたサウンドデザインやMIXには何が必要なのか？これは，純粋な技術面だけでなく，作り手の思いや，経験則，そして人生観や個人の妙味といった様々な要素が作品のなかで融合し，トータルのサウンド表現に現れた結果なので特効薬のように「こうすれば優れたサウンドデザインやMIXができます」とは言えない。しかし技術面から「メリハリのあるサウンドデザイン」という観点を分析していくと以下のような要素があげられる。

A　レベルのダイナミックスを十分使い切ったか？

これは，表現しようとしているメディアで必要な最少レベルから最大レベルまでを有効に使っているか？という要素である。メディアによって平均的な聞こえ方（基準レベル，平均レベル）が定まった場合にそこからどれくらい小さい音が使えたか，あるいは大きな音が使えたのかによって常に一定の聞こえ方を維持するだけではないダイナミックスを与えることができる。これは，一定の聞こえ方を重視するトークやインタビュー，情報といったジャンルには適応できないが，映画やドラマ，アニメーション，ゲーム，音楽などエンターテイメント性が重視されるジャンルでは大切な要素である。アクション映画の例でいえば，大爆発シーンがあったとしてその次のシーンでは，聞こえるか聞こえないかのかすかな風音や爆発の余韻だけが残って，その両者のレベルのコントラストが表現されると言ったデザイン例で見られる。

B　周波数のダイナミックスを十分使い切ったか？

これは，レベルでなく作品全体で使用した音源が持つ周波数成分が，表現しようとしているメディアの持つ再現特性（周波数特性）の最低周波数から最高周波数まで使い切っているかという要素である。これは，常にこうした音源が登場する必要はなく，全体のなかで例え一瞬であってもそうした限界値の周波数を含んだ音源が登場することでリスナーは，低域から高域までのダイナミックスを感じることができる。

C　空間のダイナミックスを十分使い切ったか？

我々が空間的な印象を持つか持たないかは，使われた音源がリスナーからみてどのくらい近接した音か，逆に遠くにあるかによって決まる。クローズアップの音は，響きも無く（ONの音）

ディテールもはっきりし，音の焦点が明確な音である。一方の空間印象が遠くにあると感じる音源は，音の輪郭があいまいで焦点がぼけた（OFFの音）広がった印象の音となる。このため空間的なダイナミックスを得るためには，作品全体のなかで最も近接したクローズアップの音と最も遠くに配置できる音の空間再現にコントラストをもたせることでダイナミックスが得られる。

D　音場のデザインを十分使い切ったか？
先ほど述べたような音場のデザインアプローチは，さまざまに表現できる。これも作品全体を考えて，いつも同じようなデザイン構成にならないよう，作品検討段階で十分な音のコンテ，イメージをデザインし，様々なデザイン構成を配置することで変化，すなわちデザインとしてのダイナミックスを得ることが出来る。

5 サラウンドの収音手法

Chapter5　Surround Recording and Microphone Techniques　　　亀川 徹

5-1. マイクロホンの特性

マイクロホンを用いて録音する場合，そこで用いられる音源の特性，マイクロホンの特性，そして録音をおこなう空間の特性を理解しておくことが重要である。音とは空気の密度の変化であるが，音の高さによってその振る舞いは異なる。低音は波長が長く，遮蔽物があっても回折効果によって伝搬することができるが，周波数が高くなるにしたがって波長が短くなり，直進する性質を持つようになる。

マイクロホンとは，空気の密度の変化である音を電気信号に変換する仕組みといえるが，マイクロホンを用いて録音をおこなう場合に気をつけなければならないのは，マイクロホンの指向性である。マイクロホンの指向性はその構造によって決まる。振動板の背面がすべて密閉された状態にすると，振動板はすべての方向からの音圧の変化を検知する。この状態を全指向性マイクロホンと呼んでいる。一方振動板の背面を開放すると，空気の粒子の運動の大きさ（粒子速度）に応じて振動板が反応するため，正面と背面の感度が高くなり側面の感度は最小となる。これを双指向性マイクロホンと呼ぶ。この全指向性と双指向性の2種類のマイクロホンの仕組みを足し合わせることで，正面の感度が最大で背面の感度が最小となる単一指向性マイクロホンとなる（【図 5-1】）。実際にはマイクロホンの背面に適度な開口部を開ける事で単一指向性になるように設計されているが，開口部の効果をすべての周波数にわたって得る事は難しいため，低音では全指向性，高音になるに従って双指向性に近づいて行く。

【図 5-2】に単一指向性マイクの周波数特性ごとの感度を示す。図のように正面方向では全周波数帯域で平坦な特性であるが，正面からはずれるに従ってその特性が平坦ではなくなる。軸方向以外から入ってくる音，いわゆる「かぶり」が，どのような周波数特性になるかがそのマイクロホンのキャラクタの大きな要素となっている。

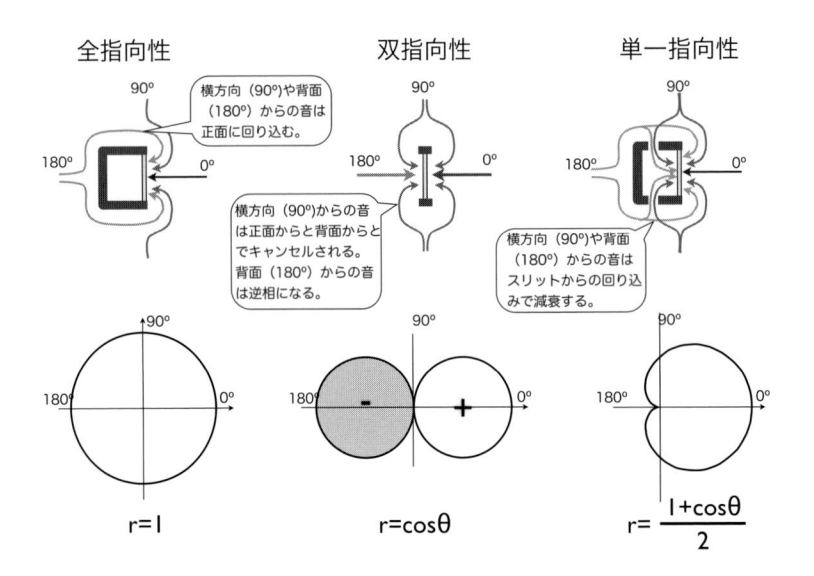

【図 5-1】単一指向性マイクロホンの指向性
音の到来方向 θ に対する感度を原点からの距離 r で表すと以下のように表される
［左］全指向性マイク：r=1（全方向一定）
［中］双指向性マイク：r=cos θ（正面と背面で最大，真横で最小）
［右］単一指向性マイク：r=(cos θ +1)/2（正面が最大，背面が最小）

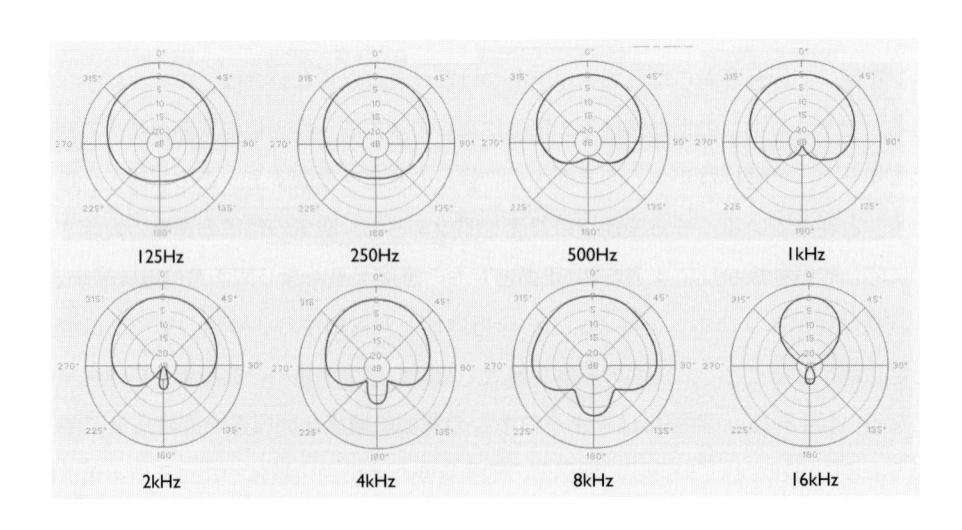

【図 5-2】単一指向性マイクロホンの周波数ごとの指向性
（出典：ノイマン U87Ai の特性図　http://www.neumann.com/）

実際の録音現場では，このようなマイクロホンの特性を理解した上で，部屋の響きや音源の指向性なども考慮にいれてセッティングをおこなう。

5-2. ステレオ収音の基本

人間は左右の耳に入る音の大きさと時間差，音色の違いなどを検知する事で，音の到来方向や広がり感等の空間の印象を得る事ができる。2チャンネルステレオ再生の場合，左右2つのスピーカから再生された音を聞く事で，脳の中で空間のイメージをつくりあげることができる。例えば左右のスピーカから等距離の場所で，全く同じ音量，到来時間の音を聞くと，センターから音が出ているように感じる。これをファンタムセンターと呼んでいる。また左右の音の大きさと時間差を変える事で，左右の任意の位置に音像が定位しているように感じさせる事ができる。つまり2本のマイクで収録する場合に，音源に対する左右のマイクの位置によって入ってくる音量や時間差が変る。これをスピーカから再生することで，聴取者の左右の耳に録音時の空間情報として伝える事で，収録される音のイメージを伝える事ができるのである。

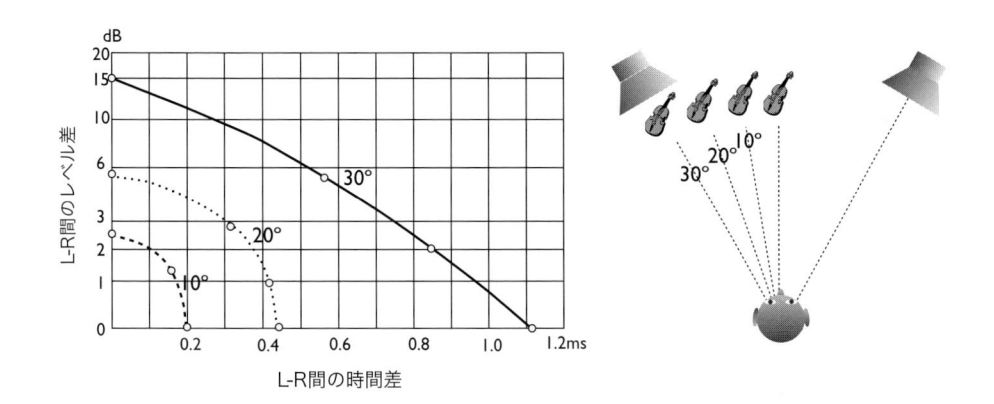

【図5-3】開き角±30度の2つのスピーカから再生した場合の，LとRのレベル差と時間差によるファンタム音像が定位する角度
例えばRがLより3dB小さくかつ0.3ms遅れていると，センタから左へ20度の位置に定位する。
（Simonsen (1984) の実験より）

5-3. ステレオ収録のマイクロホンテクニック

前述のように2本のマイクロホンで収音した音を左右のチャンネルから再生すると，マイクロホンの配置によって様々な音像が得られる。1950年代におこなわれたステレオの収音手法の研究によって，様々な方式が提案されているようになった。それらは大きく以下の方式に分けられる。

(1) レベル差方式　　同軸方式
(2) 時間差（位相差）方式　　AB方式
(3) レベル差，時間差併用方式　　準同軸方式

これらの代表的なものを以下に上げる。

5-3-1. 同軸方式

左右のマイクロホンの間隔を0（同じ位置）とし，指向性マイクロホンを用いて，その角度の違いによって左右のレベル差を持たせる事で音像イメージをつくる。用いる指向性によって次のような方法がある。

(a) MS方式

単一指向性マイクを正面方向に，双指向性マイクを横方向（正方向を左側）に向ける（【図5-4】）。下記の式によって左右の信号が得られる。

　L=M+S
　R=M-S

ここでのマイナスとは位相が反転していることを意味している。この方式の利点は上記の式でのMとSのバランスを変化させることで音像をモノ（Mのみ）からSの逆相まで広がりをコントロールすることができることである。

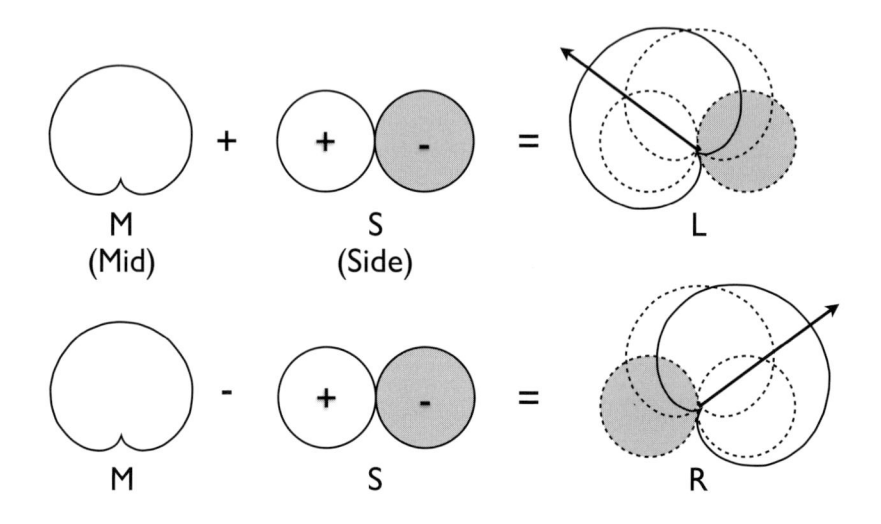

【図5-4】MS方式

(b) XY方式

単一指向性マイクを2本，間隔は0で角度を左右に向けて収音する。
マイクの開き角は90°～120°が用いられる（【図5-5】）。

(c) Blumlein方式

イギリスの発明家ブルムラインが考案した方式で，双指向性マイク2本を間隔0，開き角90°にセットする。入射角θに対する出力が$\cos\theta$になるという双指向性の特性によって，L-R間の定位が非常にスムーズに再現される。

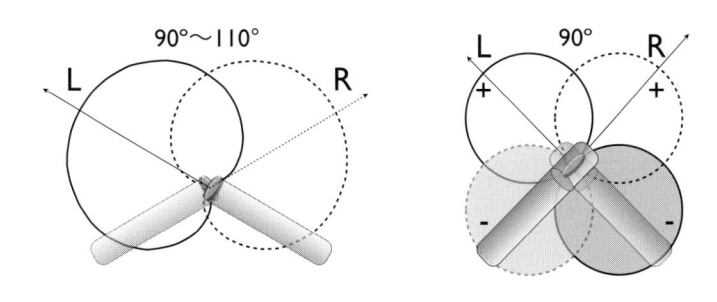

【図5-5】XY方式（左）とBlumlein方式（右）

5-3-2. AB方式

マイクロホン2本をある程度の距離離してセットする方式で，全指向性マイクを用いることが多い。マイク間隔は40cm～120cmで用いられている。

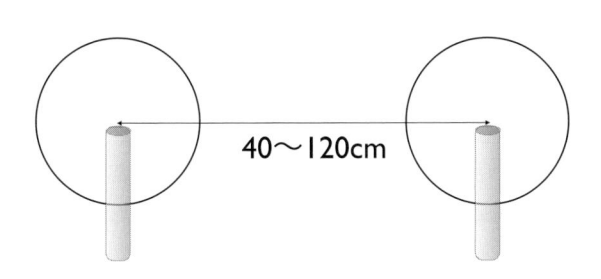

【図5-6】AB方式

5-3-3. 準同軸方式

単一指向性マイク 2 本を少し間隔をあけてセットする。マイクの開き角と間隔とによって様々な音像が得られる。代表的なセッティングとして以下の 3 方式を上げる。

(a) NOS (Nederlandache Omroep Stiting) 方式
オランダ放送局で考案された方式で，マイク間隔 30cm，開き角 90°にセットする。

(b) ORTF (Office de Radiodiffusion-Television Francaise) 方式
フランス放送協会で考案された方式。マイク間隔 17cm，開き角 110°にセットする。広がり感と定位のバランスが良いとされる。

(c) 牧田方式
NHK 技術研究所の牧田康夫によって考案された方式。マイク間隔 18cm，開き角 90°にセットする。18cm は両耳間の間隔に相当し，人間の聴覚にあった自然な広がりが得られるといわれている。

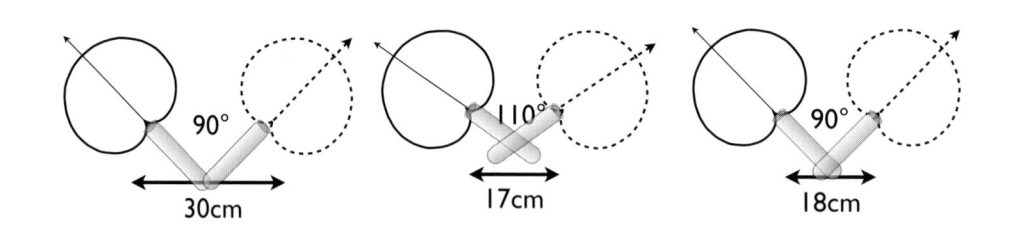

【図 5-7】準同軸方式
NOS 方式（左），ORTF 方式（中），牧田方式（右）

5-4. レコーディングアングル

ウィリアムス（M.Williams）は，前述のマイクロホンのレベル差，時間差の違いによるステレオ音像の違いに着目し，2 チャンネルの信号のレベル差，時間差による音像定位を，2 チャンネルステレオのスピーカ間の音像定位として，それらの位置におけるレベル差，時間差と 2 本のマイクロホンの間隔，開き角を変えた場合との関係をグラフ化した（【図 5-8】）。

図の曲線は，収音された左右の音の広がりが再現できる角度で，これをレコーディングアングルと名付けた。レコーディングアングルとは，言い換えると 2 本のマイクロホンがステレオ

音像としてカバーできる角度を意味し，この角度を超える範囲は左右それぞれのスピーカに固定されたように聞こえる。

図より，前述の各方式のレコーディングアングルは，NOS 方式が± 40°，ORTF 方式が± 50°，牧田方式が± 52°となる。

レコーディングアングルが狭い方が，再生時の音像の幅は広く感じられる。上記の 3 つの方式を同じ位置に置いた場合，NOS 方式が最も音像幅が広がって聞こえる（【図 5-9】）。

また，同じレコーディングアングルでも，マイクロホン間隔が狭い方が定位がはっきりし，間隔が広いと広がり感が増す。

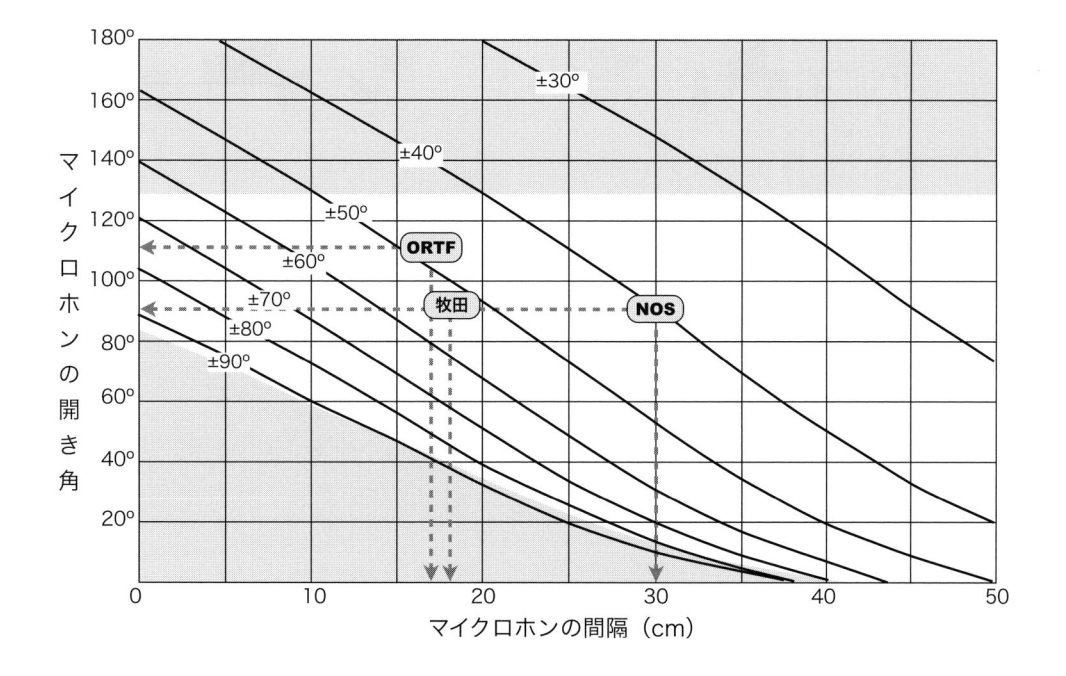

【図 5-8】Williams カーブ（AES 82nd Convention 1987 Preprint 2466 より）
図の斜めの曲線がレコーディングアングルを示す。
グレーの部分は音像が正確に再現されない。

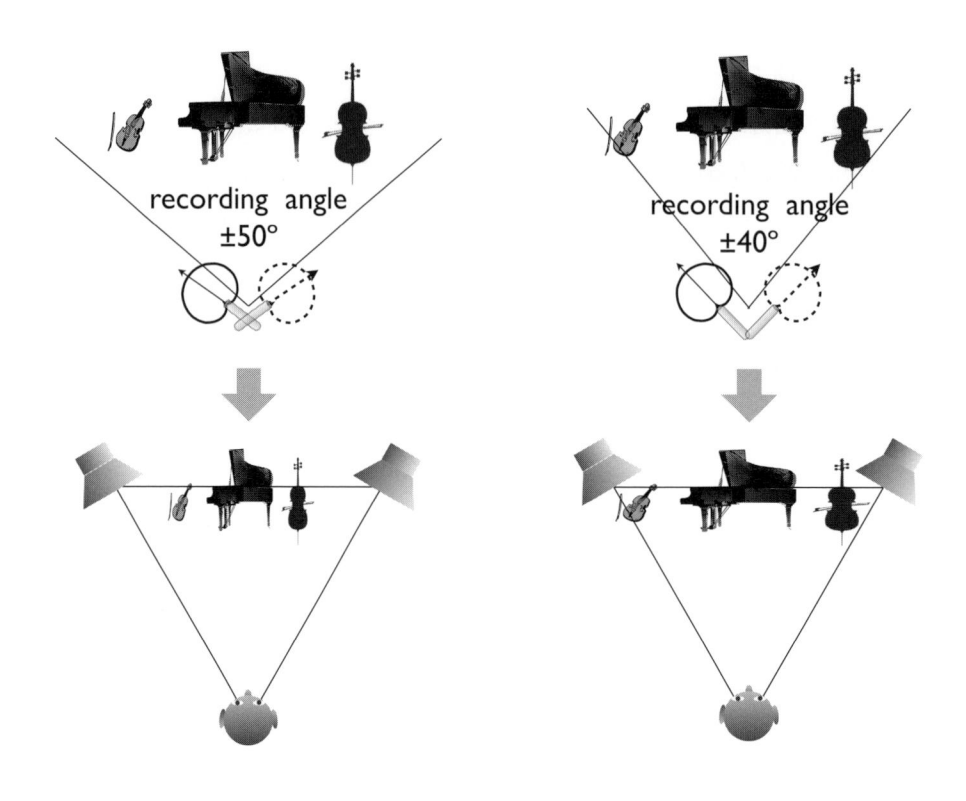

【図 5-9】レコーディングアングルによる音像の広さの違い
±50°（左）と±40°（右）とでは右の方が音像が広く感じる。

5-5. サラウンド収録のマイクロホンテクニック

音楽の収音，特にオーケストラ録音の場合，メインマイクと呼ばれるその場の響き全体を捉えるマイクが重要な役割を果たす。通常のステレオでは長年の研究によって様々な手法が確立されているが，それらをそのまま 5.1 サラウンドに適用することはできない。5 つのスピーカで再生して最も効果的な収音方法については，現在も世界中で様々な手法が検討されている。ここでは，いくつかの代表的なマイクアレンジを紹介する。

5-5-1. DECCA Tree

英国のレコード会社デッカが 1950 年代にステレオ録音を始めた頃からオーケストラの録音に

用いられた方法で，メインとなるノイマン社のM50を3本L, C, Rに配置し，その両側に全指向性マイクを2本用いる（【図5-10】）。ハリウッドの映画音楽の録音でも用いられている代表的な録音手法である。ノイマンのM50は，振動板の周りに直径4cmの球が組込まれており，低音は全指向性だが，球の回折効果によって2kHz付近から上の周波数は指向性を持つのが特徴である。

両側の全指向性マイクは，オーケストラの拡がりを捉えるためにL, Rに定位させる。サラウンド収録時には，7〜8m後方に立てた全指向性マイクや後述のHamasaki Squareなどが用いられる。

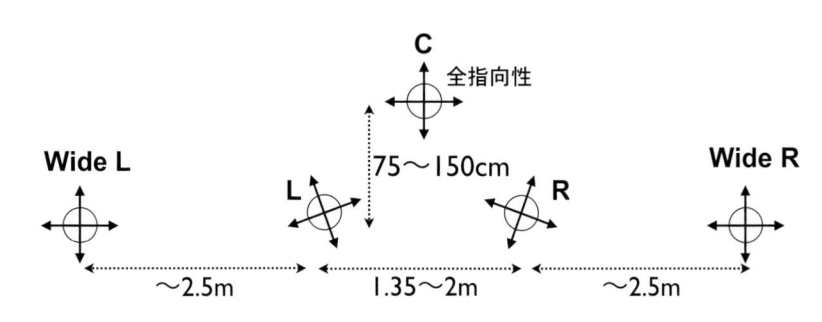

【図5-10】DECCA Tree
各マイクロホンの間隔は，オーケストラの大きさによって調整する。

5-5-2. FUKADA Tree

サラウンド収音の代表的な手法としてNHKの深田晃によって考案された手法で，1997年のAESニューヨークで発表され，その後カナダMcGill大学を始め世界各国でのサラウンド収録の実験で取入れられている。

【図5-11】のように，5本の単一指向性のマイクを用いて各チャンネルの分離を良くするとともに，両サイド2本の無指向性のマイクで前後の音のつながりをスムーズにする。ステージ上の音源から出された音は，離れるにしたがって音源そのものからの音（直接音）減衰し，ホールの響き（間接音）が増えてくるが，この直接音と間接音のエネルギーが同じなる距離をCritical Distance（臨界距離）と呼んでいる。FUKADA Treeの前後のマイクはこのCritical Distanceを挟むように設定することが推奨されている。

オリジナルのFUKADA TreeはL, C, Rに単一指向性マイクを用いていたが，ホールの響きによっては前方3チャンネルは全指向性マイクを用いる事もある。【図5-12】に2006年のAESサラ

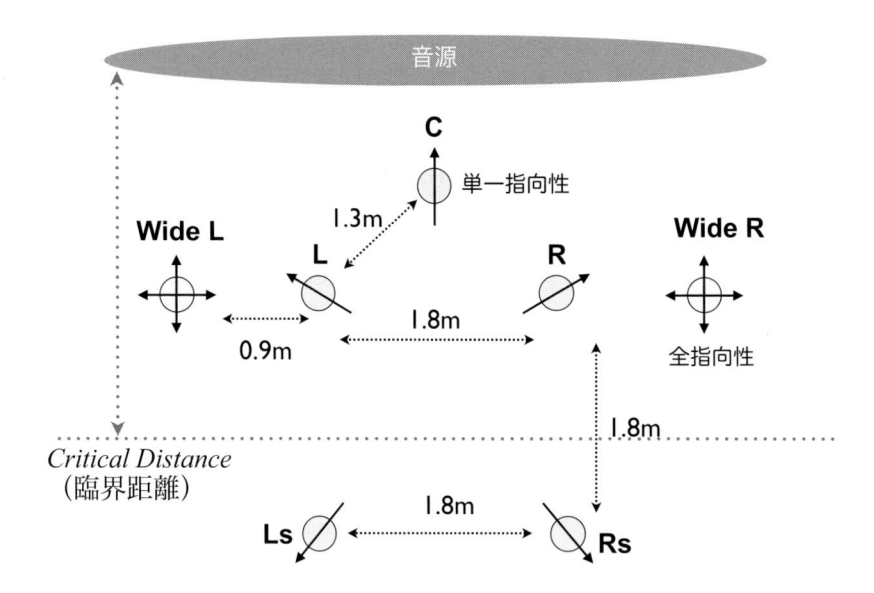

ウンド実験で深田自身が用いたセッティングを示す。

【図 5-11】FUKADA Tree(1997)
L,C,R に単一指向性マイクを使用

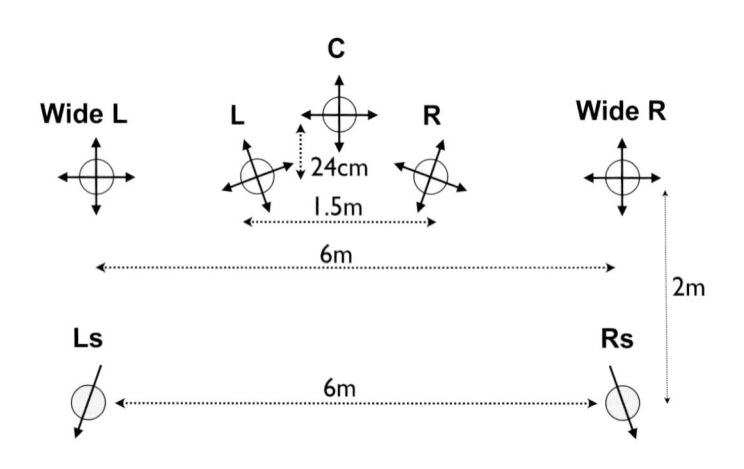

【図 5-12】FUKADA Tree(2006)
L,C,R に全指向性マイクを使用

5-5-3. INA5

M.ウィリアムスが2チャンネルステレオのレコーディングアングルの考え方を発展させてL, C, Rに単一指向性マイクを用いるINA3方式を提案した(【図5-13】)。これを元にサラウンド用に単一指向性マイクを2本追加したのがINA5である(【図5-14】)。ITU-Rのスピーカ配置で全方向がカバーできるように5本のマイクの位置関係を計算で求める事ができる。
INAとはオランダ語で「理想的な単一指向性のアレイ」という意味の頭文字。

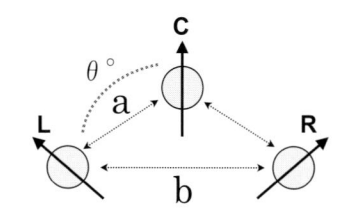

Recording Angle	a	b	θ
100°(±50°)	69cm	126cm	50°
120°(±60°)	53cm	92cm	60°
140°(±70°)	41cm	68cm	70°
160°(±80°)	32cm	49cm	80°
180°(±90°)	25cm	35cm	90°

【図5-13】INA3

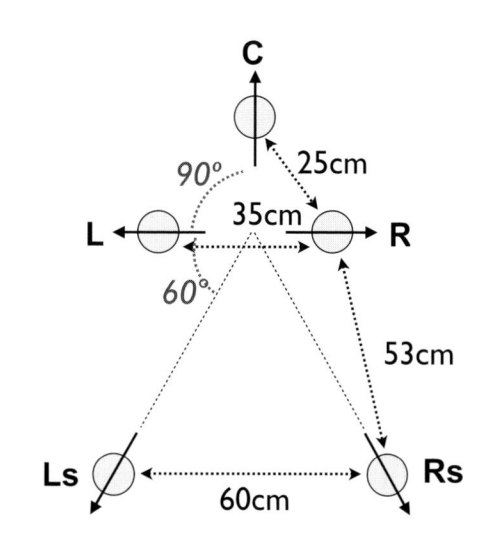

【図5-14】INA5
(図の配置は前方のレコーディグアングルが180°の場合)

5-5-4. OCT (Optimum Cardioid Triangle)

ドイツの放送研究所 IRT のタイレ（G.Theile）が考案した手法。L, C, R それぞれ隣接するチャンネル以外でのファンタム音像の影響をなくすように，L, R にはスーパーカーディオイドが用いられる。スーパーカーディオイドは低音が不足ぎみになるため，同じ位置に全指向性マイクを用いて 100Hz 以下を補っている。後方に単一指向性マイクを用いてサラウンド収音する方式も提案されている（【図 5-15】）。

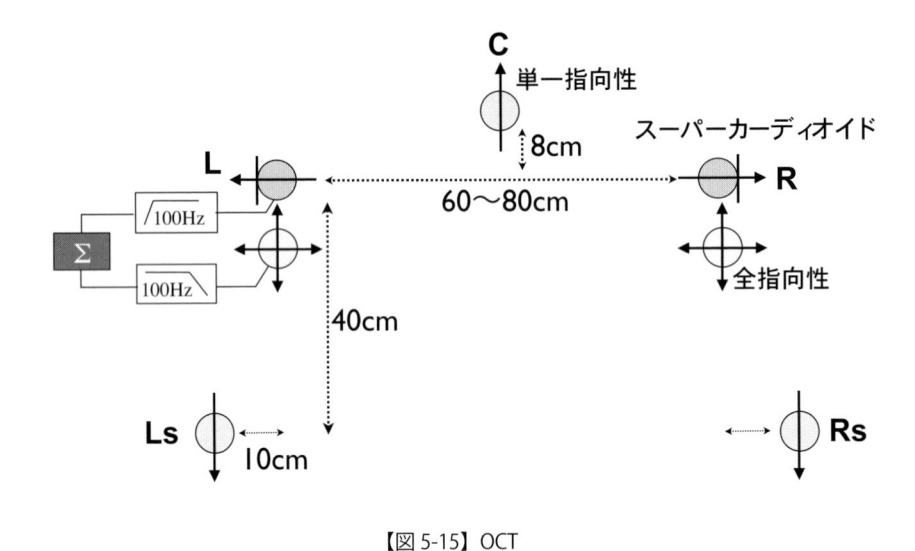

【図 5-15】OCT

5-5-5. Omni+8 Surround

5 本のマイクのみでサラウンド収音をおこなうために筆者が考案した方式で，前方は 2 本の全指向性マイクを左右に，センターに双指向性マイクを用いる（【図 5-16】）。全指向性マイクによる広がり感と低音の豊かさを生かしつつ，センターに双指向性マイクを用いる事で定位を安定させることができる。サラウンドマイクはフロントから 4 〜 6m 離した位置に全指向性マイク 2 本を 2m 間隔にセットする。ホールの響きが少なくサラウンドマイクに入ってくる前方からの直接音が大きい場合は，双指向性マイクを正方向の指向軸を横向きにセットする。

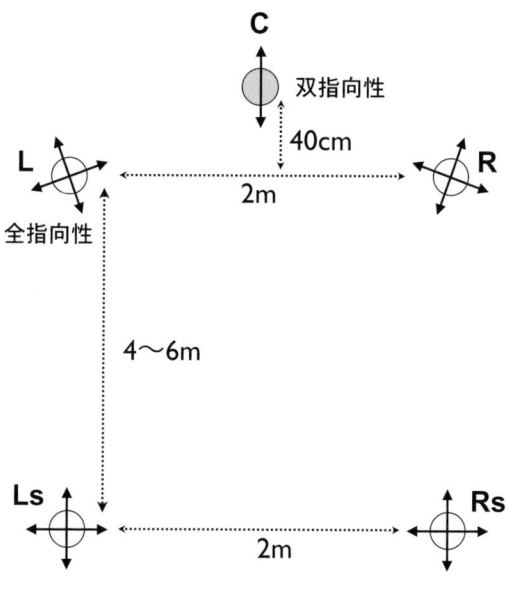

【図 5-16】Omni+8
サラウンドに全指向性マイクを用いた例

5-5-6. ダブル MS

前後に向けた単一指向性マイク（Mf, Mb）と横方向に向けた双指向性マイク（S）1本の計3本で収録する方法で，以下の式によってセンターチャンネルなしの4チャンネルを得る事ができる。（【図 5-17】）。

　　　L=Mf+S, R=Mf-S
　　　Ls=Mb+S, Rs=Mb-S

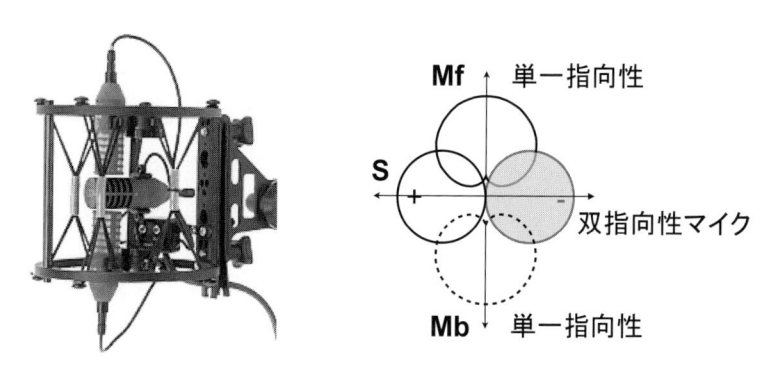

【図 5-17】ダブル MS
左は実際のマイクアレンジの例（ショップス社の CCM シリーズ）
（出典：http://www.schoeps.de/en/products/categories/doublems）

5-5-7. IRT-Cross

IRTのタイレ（Theile）が考案した方法で【図5-18】のように，単一指向性マイク4本を25cm間隔で正方形に配置する方法で，センターなしの4チャンネルで収音する。コンパクトなため，4チャンネル録音のできる録音機と組合せてフィールド録音で用いられる。また，ホールでの録音の際のアンビエンスマイクとしても有効である。

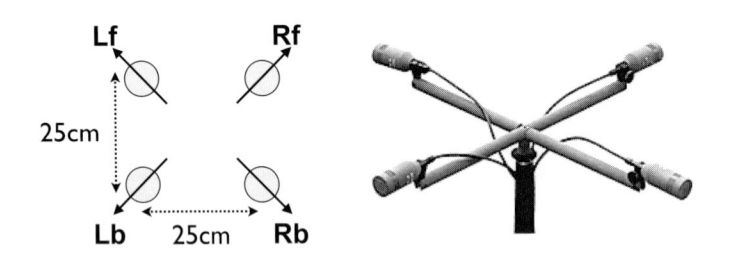

【図5-18】IRT-Cross
右は実際のマイクアレンジの例（ショップス社のCCMシリーズ）
（出典：http://www.schoeps.de/en/products/categories/irt-cross）

5-5-8. アンビソニックBフォーマット

英国の音響研究の第一人者であるガーゾン（M. Garzon）が提案した方法で，全指向性マイク1本と双指向性マイク3本を前後，左右，上下の3方向に配置する（【図5-19】）。それぞれの出力はコンピュータ処理によって，任意のスピーカ配置に適合した出力が得られる。この方式をユニットしたものがサウンドフィールドマイクとして製品化されている。

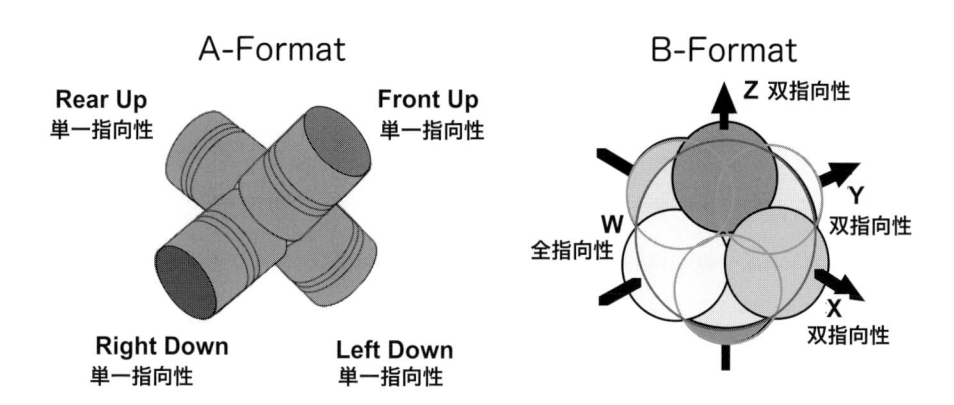

【図 5-19】アンビソニック Ambisonic A-format（左）と B-format（右）

5-5-9. HAMASAKI Square

NHK の濱崎公男によって考案された方式で，横方向に向けた双指向性マイク4本を正方形に配置することで，前方の直接音を避けてホールの響きを4チャンネルで収録できる（【図5-20】）。DECCA Tree や OCT 方式と組み合わせて直接音と間接音をコントロールしてサラウンド音場をつくることができる。4本のマイクは，前方2本をフロントのL，Rチャンネルに，後方2本を Ls，Rs にアサインする。

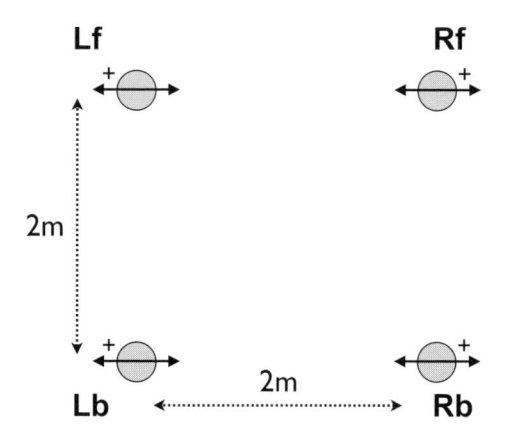

【図 5-20】Hamasaki Square

5-5-10. Omni Square

HAMASAKI Square と同様に 4 本の全指向性マイクを 2m 間隔の正方形に配置し，DECCA Tree などと組み合わせて用いる。後方に全指向性マイクを用いるため，響きの少ないホールでは後方のマイクが前方の定位に影響を与えないよう，ステージからの直接音が届かないぐらいの距離に設置することが望ましい（【図 5-21】）。

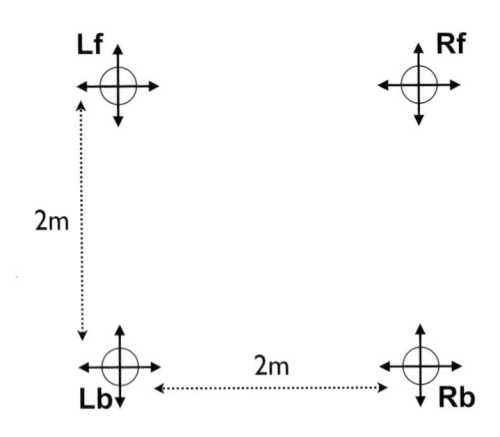

【図 5-21】Omni Square

5-6. 実際の収録例

前項では，サラウンド収音の基本的な手法をいくつか紹介した。実際の収録時には，収録する空間の音響条件や，収録する対象によってこれらを組み合わせて臨機応変に対応している。本稿では，音楽収録を中心に実際の収録例を紹介する。

5-6-1. コンサートホールでの収録例

この本の執筆時現在（2010 年 2 月）において，実用化されている収録フォーマットの中で最もビットレートの高い方式である DXD フォーマット（サンプリング周波数 352.8kHz，量子化ビット 24bit による PCM 方式）を用いて収録しているノルウェーの 2L レーベルの例を紹介する。2L はモートン・リンドバーグ（M.Lindberg）によって設立されたレーベルで，DXD によって 5.1 チャンネル収録したものを 192kHz/24bit のブルーレイと DSD に変換した SA-CD を同

じパッケージにしてリリースしている。これらはインターネット配信もおこなっており、ポストCD時代の音楽ビジネスの先駆者として注目を浴びている。

【図5-22】,【図5-23】に彼の収録例をあげる。図のようにメインマイクとなる5本のDPA4041を取り囲むようにオーケストラを配置し、各楽器のバランスは演奏者間のバランスで調整するという方法をとっており、音楽的にも非常に自然な音場を実現している。

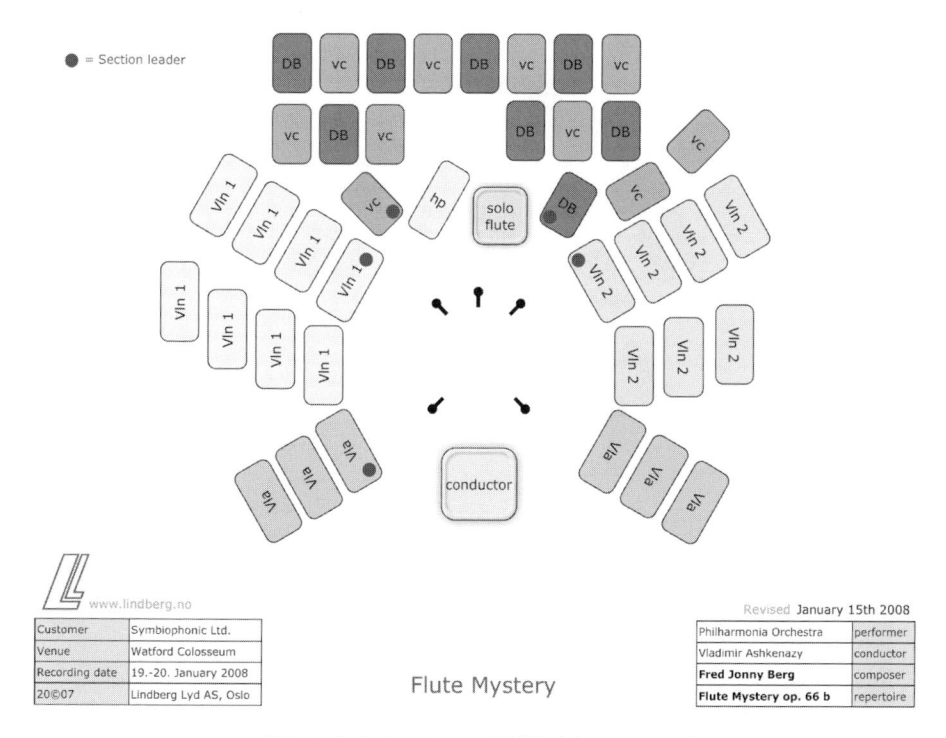

【図5-22】2Lレーベルの収録例（Flute Mystery）

【図5-23】2Lレーベルで使用されている5本のマイク

5-6-2. スタジオでの収録例

筆者が東京藝術大学千住キャンパスのスタジオ A で収録したマリンバアンサンブル quint の例をあげる（【図 5-24】,【図 5-25】）。Omni+8 方式による 5 本のメインマイクを取り囲むようにマリンバ 5 台を配置した。各楽器に立てたスポットマイクは，音像定位を明確にする程度のバランスでミックスしている。

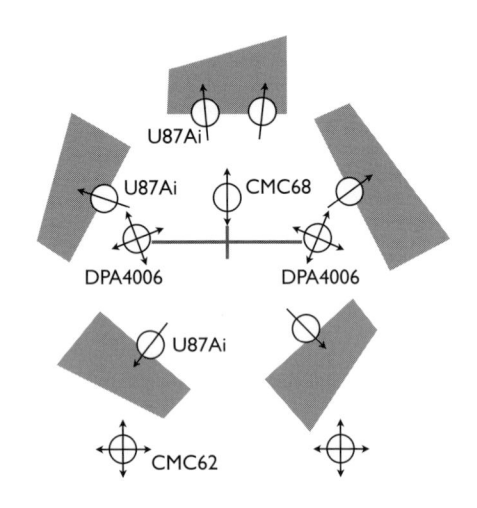

【図 5-24】マリンバアンサンブル quint のマイクロホン配置図

【図 5-25】マリンバアンサンブル quint の収録風景

5-6-3. 放送用の音楽の収録例

放送でのサラウンドの取り組みは 1987 〜 88 年にさかのぼる。当初は映画で採用されたドルビーステレオ方式を用いてライブコンサート，スポーツ，ドラマなどが制作された。NHK では 1990 年のハイビジョン試験放送開始時から 3-1 サラウンド方式に取組み，その後は 2000 年のデジタル放送の開始によって 5.1 サラウンドが可能になり，ますます数多くの番組が制作されている。その中でも中心的役割を果たしている深田晃による録音例をあげる（【図 5-26】，【図 5-27】）。これは NHK 放送センターの CR-509 スタジオでのドラマのための音楽の収録で，メインマイクに DECCA Tree を用いている。

通常のオーケストラの録音では，メインマイクが中心となり，これほどのスポットマイクを用いることは少ないが，ドラマの音楽の場合には，音楽の種類やドラマの中での使われ方によって，よりクリアな音が求められる事や，弱音楽器を補強する必要がある。そういった場合に対応できるよう，主要なパートにスポットマイクが用いられている。

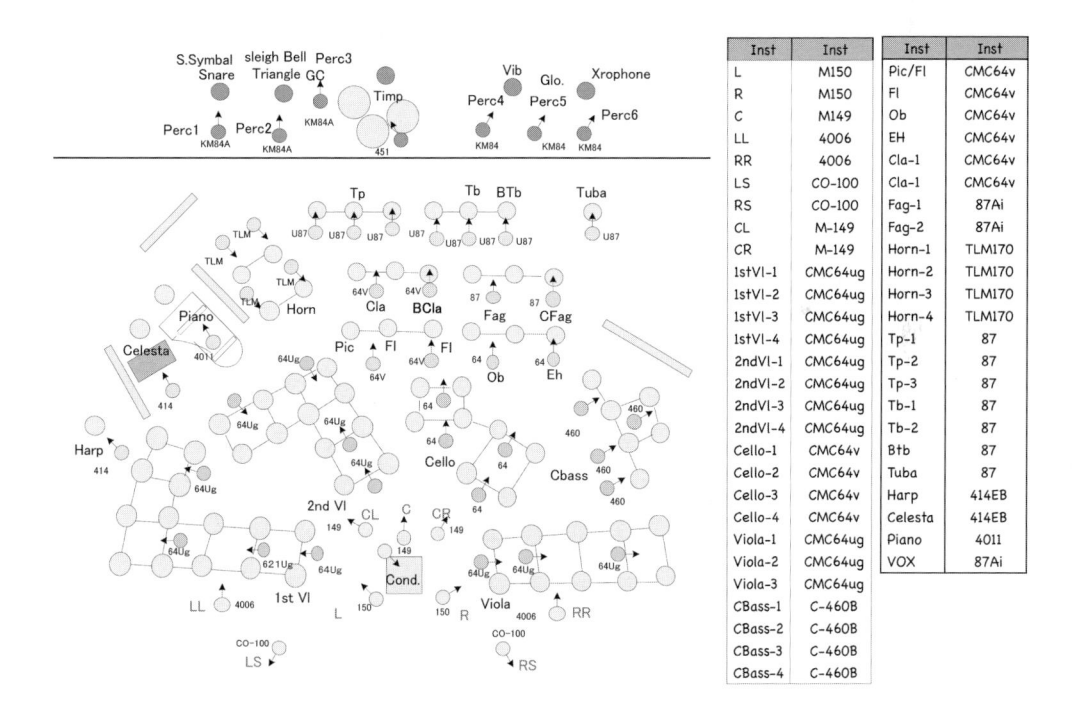

Inst	Inst	Inst	Inst
L	M150	Pic/Fl	CMC64v
R	M150	Fl	CMC64v
C	M149	Ob	CMC64v
LL	4006	EH	CMC64v
RR	4006	Cla-1	CMC64v
LS	CO-100	Cla-1	CMC64v
RS	CO-100	Fag-1	87Ai
CL	M-149	Fag-2	87Ai
CR	M-149	Horn-1	TLM170
1stVl-1	CMC64ug	Horn-2	TLM170
1stVl-2	CMC64ug	Horn-3	TLM170
1stVl-3	CMC64ug	Horn-4	TLM170
1stVl-4	CMC64ug	Tp-1	87
2ndVl-1	CMC64ug	Tp-2	87
2ndVl-2	CMC64ug	Tp-3	87
2ndVl-3	CMC64ug	Tb-1	87
2ndVl-4	CMC64ug	Tb-2	87
Cello-1	CMC64v	Btb	87
Cello-2	CMC64v	Tuba	87
Cello-3	CMC64v	Harp	414EB
Cello-4	CMC64v	Celesta	414EB
Viola-1	CMC64ug	Piano	4011
Viola-2	CMC64ug	VOX	87Ai
Viola-3	CMC64ug		
CBass-1	C-460B		
CBass-2	C-460B		
CBass-3	C-460B		
CBass-4	C-460B		

【図 5-26】NHK ドラマのための音楽録音のセッティング図（左）とマイクロホンリスト（右）
（資料提供：深田晃氏）

【図 5-27】NHK ドラマのための音楽録音のセッティング風景
（資料提供：深田晃氏）

5-6-4. 映画音楽の収録例

映画音楽は古くからサラウンド収録がおこなわれているが，主に DECCA Tree が使われている。ハリウッドのスコアリングステージ（映画音楽用の録音スタジオ）で長年活躍しているデニス・サンズ（Dennis S. Sands）のマイクアレンジの例をあげる（【図 5-28】）。
ノイマンの M50 を用いた DECCA Tree を基本に，各セクションに立てたスポットマイクを組み合わせてミキシングしている。ここでも収録時に最も重要なことはスタジオ内でのバランスであり，楽器配置の段階で仕上げのサラウンド効果を考慮して金管や打楽器，ハープなどの楽器配置を決めている。そうやったスタジオ内で適切なバランスを作った上で，メインマイクでそれをとらえるという考え方である。
映画音楽と通常の音楽の違いは，映画音楽は最終的にセリフや効果音，そして映像と一体となって聞かれるという点であろう。そのため最終的な音楽の聞こえ方をどうすれば良いのか，録音に入る前に作曲家や監督と十分に話あって共通した認識を持っておく事が重要である。

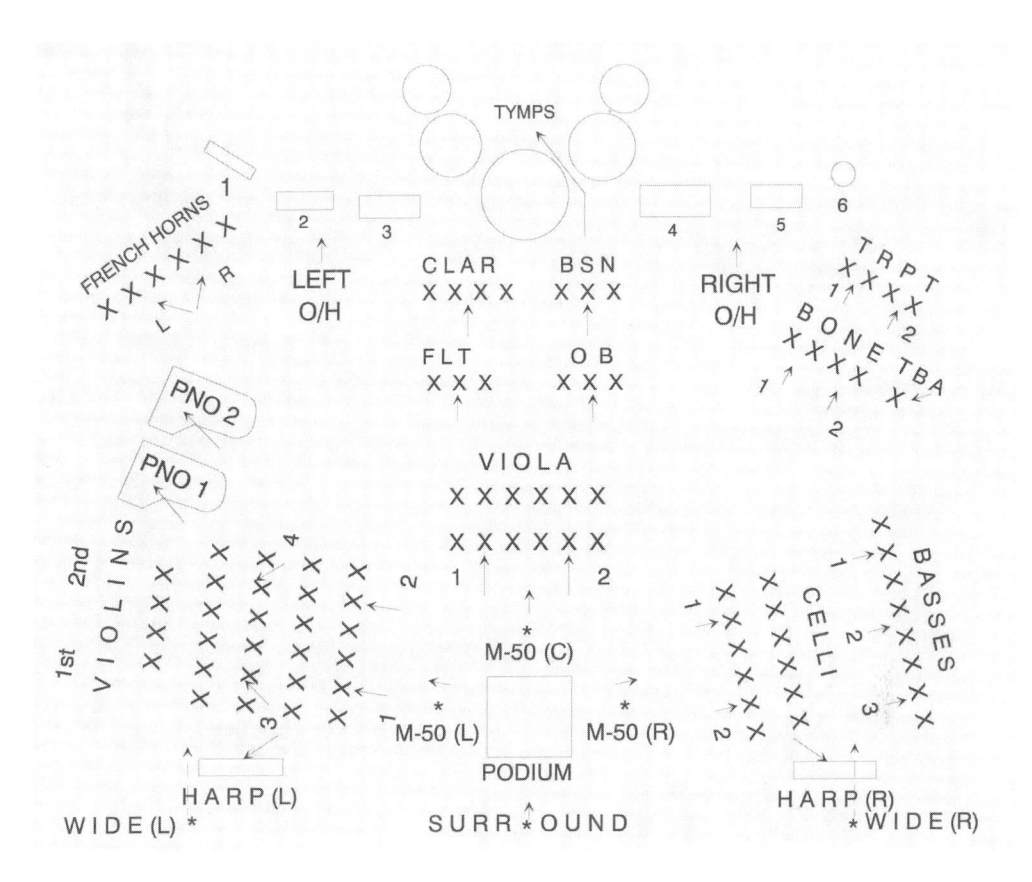

【図 5-28】映画音楽のマイクロホンアレンジの例（資料提供：デニス・サンズ氏）

5-6-5. サラウンドメインマイク設置の考え方

サラウンドメインマイクを設置する場合，どこに置けば良いのであろうか？
前述のレコーディングアングルや臨界距離（Critical Distance）は，そのひとつの目安となる。コンサートホールなどでの収録の場合「音源の定位が明確であること」と「ホールの豊かな響き」の両方を兼ね備えた録音が求められる。定位を明確にするためには音源からの直接音を，ホールの豊かな響きをとらえるには反射音や残響などの間接音をとらえる必要がある。臨界距離はこの直接音と間接音のバランスが丁度良い位置をみつける参考になる。臨界距離は部屋の大きさ（表面積），響きの量（吸音率），音源の指向性から求めることができる。ここでは詳細な求め方は省略するが，残響時間が2秒程度のコンサートホールの場合，音源が無指向性とすると臨界距離は約4mとなる。ただしこれは響きが均一な理想的な「拡散音場」での値であり，スタジオなどの響きの少ない場所では当てはまらない。

マイクの位置を決める場合のもうひとつの要素は，音源の指向特性である。楽器はその音域によって音の出る方向が違っている。そのため，マイクを近づけすぎると，音域によってムラが出てしまう。ある程度音源からマイクの距離を離す事で，様々な方向に放射された音がバランス良く収音できる。

一般にメインマイクはある程度の高さに置かれる事が多い。これは床からの反射の影響を減らすことと，前述の楽器の指向特性のバランスをとるという両面から有効である。一般的に約3〜4mの高さに設置される。ただしこれも天井が低い場合は，天井からの反射の影響を受けないような位置にする必要がある。いずれにしても最終的には「その都度音を聴いて適切な場所を探す」ことが最も重要である。

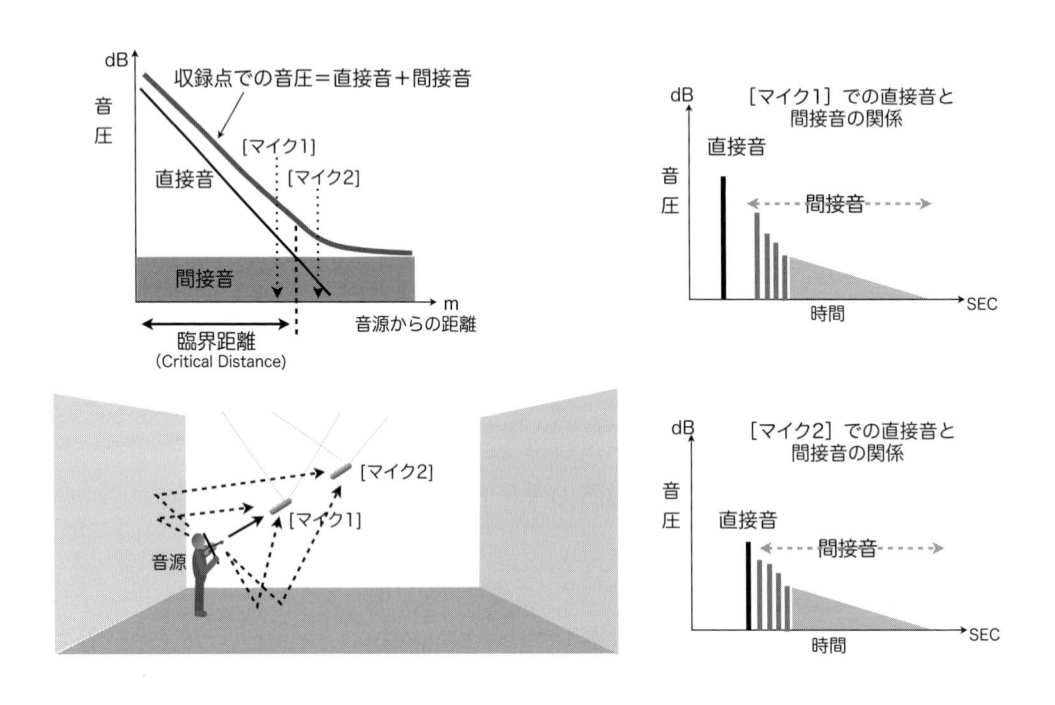

【図5-29】臨界距離と，マイク位置の違いによる直接音と間接音のバランスのイメージ

5-7. 空間音響の表現

サラウンド録音で最終的に目指すものは何であろうか？コンサートホールでの録音であれば，会場で聞いているのと同じような音響を再現することだ，という考え方は，クラシック音楽の場合よく言われる事である。いわゆるハイファイ（Hi-Fi ＝ High Fidelity：高忠実度）という言葉で言われるように，演奏会場で聞いているかのような音場を再現する事を目標とする考え方である。一方で，演奏会場では体験できないような，録音ならではの音作りを目指す，という考え方もある。いずれにしても作り手の持っている音のイメージを，どのように録音された音として具体化するのかというのが，録音エンジニアの目指すところであろう。そのためには音色やダイナミックレンジと共に，空間の表現が重要なポイントとなる。サラウンドとステレオとの最も大きな違いは，この空間の表現手法についてである。空間の表現には以下のような語句が用いられる。

　定位がはっきりしている（Localization）
　音像の幅の広がり（Auditory Source Width: ASW）
　奥行き感（Depth）
　音に包まれている（LEV: Listener Envelopment）
　臨場感がある（Presence）

広がり感は，個々の音の広がり（Individual Width）とグループ全体の広がり（Ensemble Width）の2種類が区別される。同様に奥行き感についても個々の奥行き感（Individual Depth）とグループの奥行き（Ensemble Depth）とに分けられる（【図5-30】）。
またこれらの評価語のうち，定位や音像の広がりについてはその量の違いをある程度記述することができるが，「臨場感」や「自然さ」，また「好み」などといった評価には個人差があらわれる。空間音響の評価は日常生活で一般の人々が意識することは少なく，音を聞いて前述のような様々な評価語を明確に区別して評価することは難しい。実際の現場でもサラウンドの印象について作曲者や演奏者とで意見交換をおこなう場合には，お互いの音楽に関するバックグランドや音の聴取体験の違いに十分配慮してコミュニケーションをとる事が重要である。そうした繰り返しの中で，よりよいサラウンド録音の方向性が見つかっていくのではないだろうか。

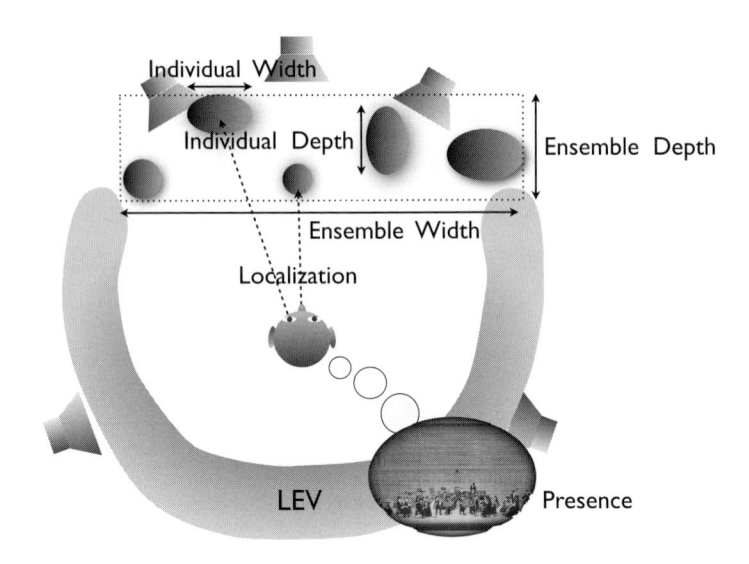

【図 5-30】音響空間の評価語の例

[参考資料]

[1] "*An anthology of reprinted articles on stereophonic techniques*", J. Eargle edit, Audio Engineering Society (1986)

[2] "*Spatial Hearing*" J. Blauert , MIT Press (Revised edition) ,(1997)

[3] "*Spatial Audio*", Francis Rumsey , focal press (2001)

[4] "*Unified theory of microphone systems for stereophonic sound recording*" ,M. Williams, 82nd AES Convention London Preprint 2466 ,(1987)

[5] "*The New Stereo Sound book*", Ron Stericher & F. Alton Everest, Audio Engineering Associates (1998)

[6] "*レコーディング技法入門*", 若林俊介，オーム社（1977）

[7] "*サラウンド制作ハンドブック*"，沢口真生，兼六館（2001）

6 将来の研究動向

Chapter6　Future of Surround Sound　　　　　　　　　亀川 徹

6-1. 様々なマルチチャンネルステレオ方式の提案

5.1 サラウンドは，ITU-R BS.775 によって世界的に統一された規格として，スタジオなどの制作現場でも標準的なフォーマットとして用いられるようになった。一方で 5.1 サラウンドでは十分に表現できない側方や後方，また高さ方向の表現を補完するために様々な方式が登場してきている。本章では 5.1 サラウンド以外の様々な方式について紹介する。

6-1-1. IMAX

カナダの IMAX 社によって開発された 70mm フィルムを水平方向に走らせて大画面を実現した方式。通常の 70mm フィルムの 3 倍，35mm フィムルの約 10 倍の解像度を持つ。画面はほぼ正方形で，音声は L, R, C, Ls, Rs に加えて画面の上部にもスピーカを配置する 6 チャンネルとなっている（【図 6-1】）。映像をプラネタリウムのように球面上に投影するオムニマックス（OmniMax）や，偏光眼鏡を用いた 3D 方式も実用化されている。また 3D 眼鏡にオープンエアタイプのヘッドホンを取り付けて，劇場内のスピーカと組み合わせて再生する IMAX PSE（Personal Sound Environment）という方式も開発されたが，あまり普及しなかった。

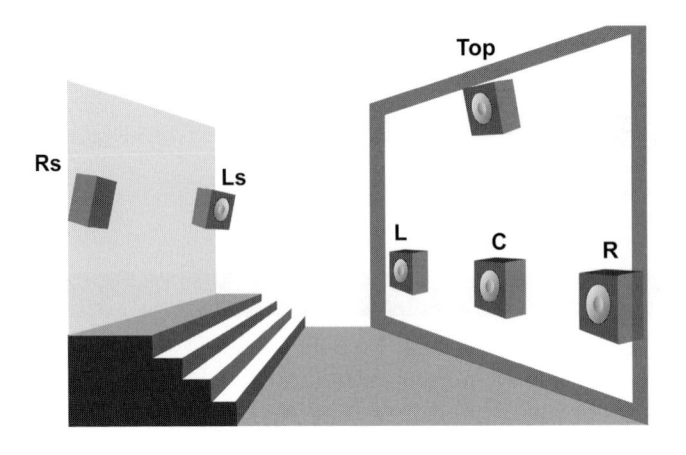

【図 6-1】I-MAX のスピーカ配置

6-1-2.　2+2+2

ニューヨークで活動しているエンジニア／ディレクタのチェスキー（David Chesky）が提案した方式で，従来のステレオ 2 チャンネルの上方に高さ方向のチャンネルを 2 つと後方の 2 チャンネルの計 6 チャンネルのシステム（【図 6-2】）。5.1 サラウンドの記録方式と互換性を持たせて，6 チャンネルの記録再生ができるような規格となっている。

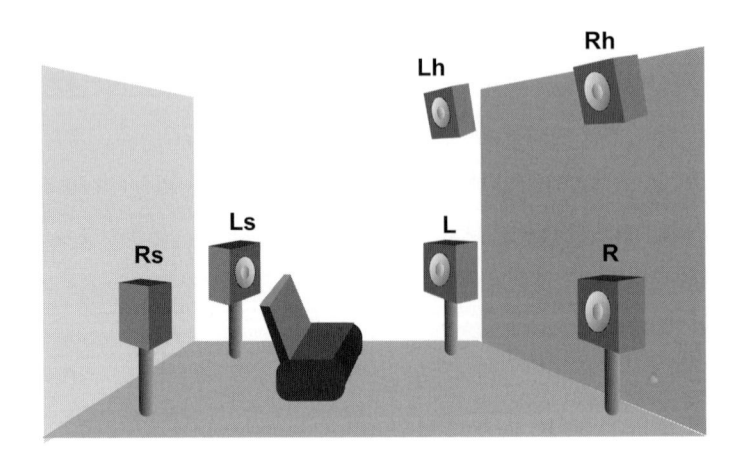

【図 6-2】2+2+2 のスピーカ配置

6-1-3.　6.1サラウンド

5.1サラウンドに真後ろのチャンネルを追加した方式。マトリックスで通常の5.1サラウンドに変換し，再生時に6.1チャンネルに変換する方式として用いられている（【図6-3】）。

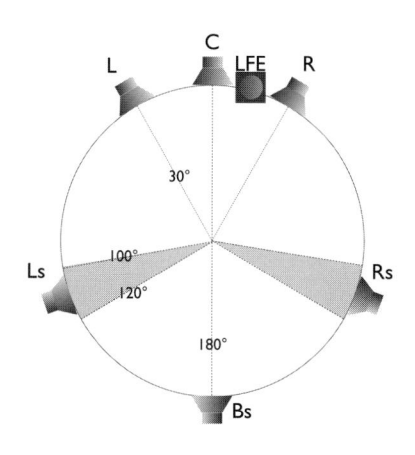

【図6-3】6.1サラウンドのスピーカ配置

6-1-3.　7.1サラウンド

5.1サラウンドに加えて中央からの開き角±150°に後方チャンネルを2つ付加した方式。後方の広がり感や包まれ感が向上する。また後方の移動もよりスムーズにおこなえる（【図6-4】）。

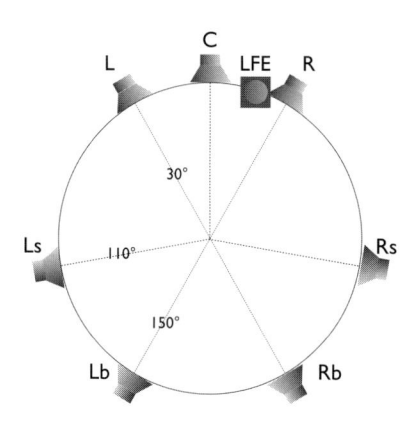

【図6-4】7.1サラウンドのスピーカ配置

6-1-4. Auro-3D

5.1 サラウンドの標準配置である ITU-R BS775 の L, R, Ls, Rs の 4 チャンネルの上方向にスピーカを付加する Auro-3D 9.1（【図 6-5】）と，センターを加えた 5 チャンネルを配置する Auro-3D 10.1，さらに真上に 1 チャンネルを加えた Auro-3D 11.1，水平 7.1ch に天井 6 ch を加えた Auro-3D13.1 が提案されている。

また記録・再生には、既存の 5.1 チャンネルのデジタル音声信号の未使用の領域にデータを重畳することで，従来の 5.1 チャンネルのデータとの互換性を保てるようにしている。

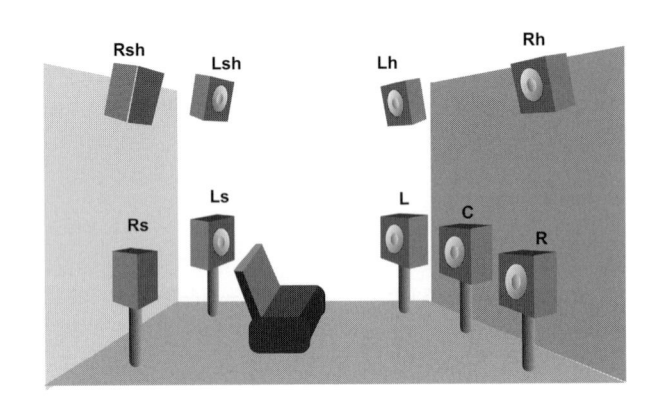

【図 6-5】Auro-3D 9.1 のスピーカ配置

6-1-5. Dolby Atmos（ドルビーアトモス）

デジタルシネマの新しい音響システムとして Dolby 社が開発したシステムで、映画館のスピーカ配置に依存せずに、映画の制作スタジオでつくられた音場を劇場で再現できるようにする事を目指している。従来の 5.1ch に横方向を加えた 7.1ch に，さらに天井の 2 チャンネルを加えた 7.1.2 ch（水平 7ch. LFE 1ch. 天井 2ch）から再生する「ベッズ（Beds）」と呼ばれる基本的な音場に加えて，「オブジェクト（Object）」と呼ばれる音素材を，制作スタジオでの位置情報をデータとして記録しておき（最大 118 個まで），劇場のスピーカ配置に合わせて最適化して再生することができる（【図 6-6】）。高さ方向も含めて最大 64 チャンネルのスピーカに対応でき、劇場内の音響特性も含めたイコライジングなどによって、映画制作スタジオでの音と劇場の音の違いを補正することができる。また家庭用の AV アンプにも Dolby Atmos Home という方式を搭載することで、家庭でも最大 7.1.4 ch の 3D オーディオの映画が楽しめる時代となった。

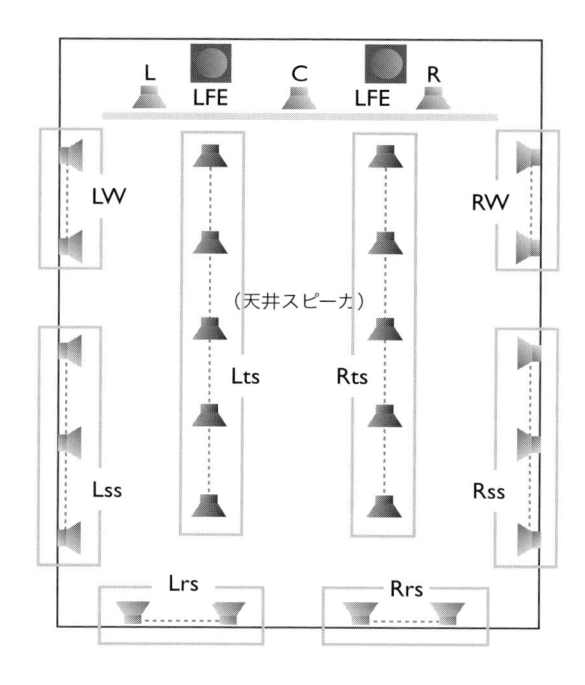

【図 6-6】Dolby Atmos のスピーカ配置

6-1-6. 22.2 マルチチャンネル音響

NHK 放送技術研究所が開発した走査線が 4,000 本以上あるスーパーハイビジョンにふさわしい音声式として提案された。水平方向に 10 チャンネル，高さ方向に 8 チャンネル，画面の下に 3 チャンネル，そして真上に 1 チャンネル，そして低音専用に 2 チャンネルの計 22.2 チャンネルを用いる（【図 6-7】）。

22.2 サラウンドを推進している濱崎がおこなった試聴実験では，高さ方向の情報は臨場感に大きく寄与することが報告されており，今後家庭への導入に向けて，高さ方向の情報を生かした収音方式や，5.1 サラウンドなどの従来方式へのダウンミックスについての研究がおこなわれている。

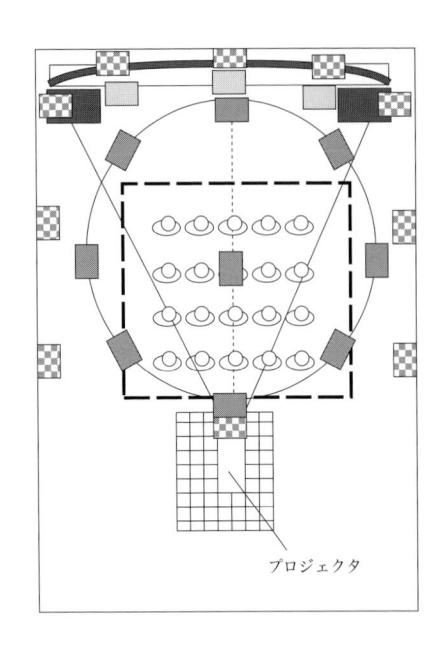

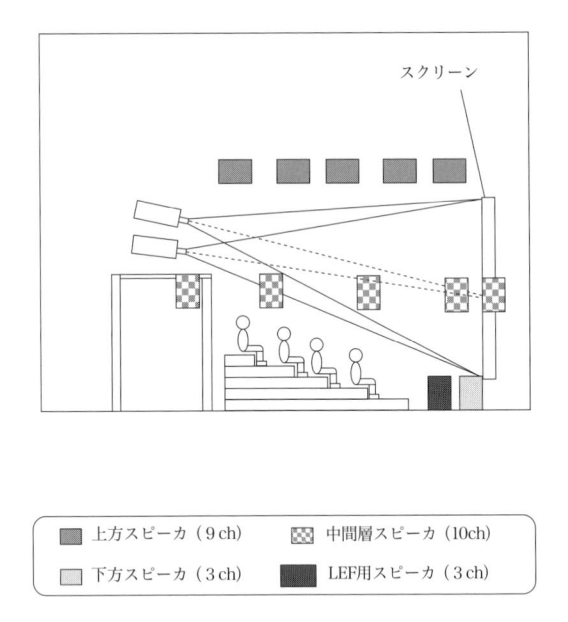

【図 6-7】 22.2 マルチチャンネル音響のスピーカー配置

6-2. 音場再生技術とその応用例

6-2-1. Ambisonic (アンビソニック) による音場再生

アンビソニックとは，英国の数学者のガーゾン（M. Garzon）が 1970 年代に提案した録音再生方式で，前後左右の 2 次元あるいは上下方向も含めた 3 次元空間の音を再現することができる。2 次元（水平面）では最小 3 本のマイクで収録し，4 つ以上のスピーカでの再生となる。上下方向も含めた 3 次元空間では，4 本以上のマイクロホンで 6 台以上のスピーカを必要とする。スピーカの配置は特に決まっておらず，聴取者との位置関係でレベルや時間差を調整することで，最適になるようにすることができる。3 次元の収音方法としては，単一指向性のマイクを下左，下右，上前，上後ろ，の 4 本に配置する A フォーマットと，全指向性マイク 1 本と双指向性マイク 3 本を前後，左右，上下の 3 方向に配置する B フォーマットの 2 種類が考案されている（【図 6-8】）。それぞれの出力はコンピュータ処理によって，任意のスピーカ配置に適合した出力を得ることができる。この方式をユニットしたものがサウンドフィールドマイクとして製品化されている。

発表当初はこの理論を実現するための信号処理技術がまだ十分でなかったが、1990 年代になってコンピュータ技術の進歩に伴い、様々な方向から到来する音の正確な再現ができるような処理をおこなう HOA (High Oder Ambisonic) と呼ばれる手法が提案されている。

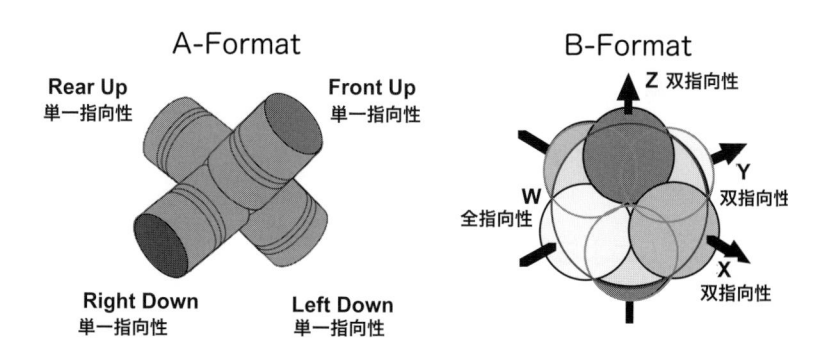

【図6-8】アンビソニック Ambisonic　A-format（左）と B-format（右）

6-2-2. WFS（ウェーブフィールドシンセシス）による音場再生

従来のスピーカによる音場再生とは別に，小型のスピーカユニットを平面に多数配置し，それらのレベル差と時間差をコントロールすることで，波面を合成することで音場を再現しようという研究は古くからおこなわれていた。これは波面合成 WFS（Wave Field Synthesis）と呼ばれ，聴取者をとりまく物理的な音の状態を観測し，それを再現するように波面を合成するという考え方である（【図6-9】）。

従来のスピーカによる音場再生では，試聴位置によって再生される音場は異なり，最適な聴取位置はスィートスポットと呼ばれる限られた範囲になるが，波面合成では実際の音場のように

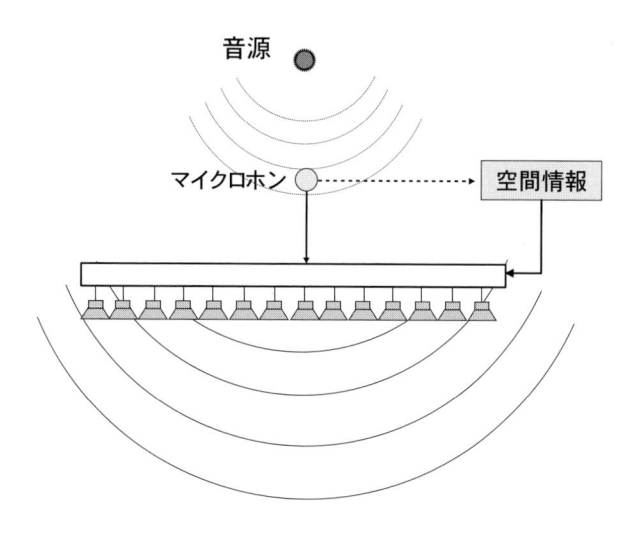

【図6-9】WFS の再生イメージ

聞く位置それぞれが実際の音場と同じ状態を再現できる。しかしスピーカ間の間隔を狭めなければ波面の再現性が悪くなるが，一方で小型スピーカを用いることで低域の周波数特性に限界がある。そこでWFSと従来のスピーカやアンビソニックを組み合わせた方法も検討されている。最近では欧米を中心に実用化にむけて歩みだした。

6-2-3. BoSCシステムによる音場再生

1993年に東京電機大学の伊勢史郎氏（当時京都大学）が、閉じられた空間における音場の境界条件を収音、再現するBoSC(The boundary surface control)技術を提案した（【図6-10】）。再生音場におけるスピーカなどの伝達関数を求めることで、その逆特性から原音場の音響特性を再現するというこの理論を元につくられたBoSCシステムは、80チャンネルマイクロホンで収音した音場を、96個のスピーカを備えた「音響樽」で再現する事ができる（【図6-11】）。遠隔地を結んだ音楽演奏といった、遠隔環境において3次元音場を共有することによって生まれる新しい創作活動といった分野への活用が期待されている。

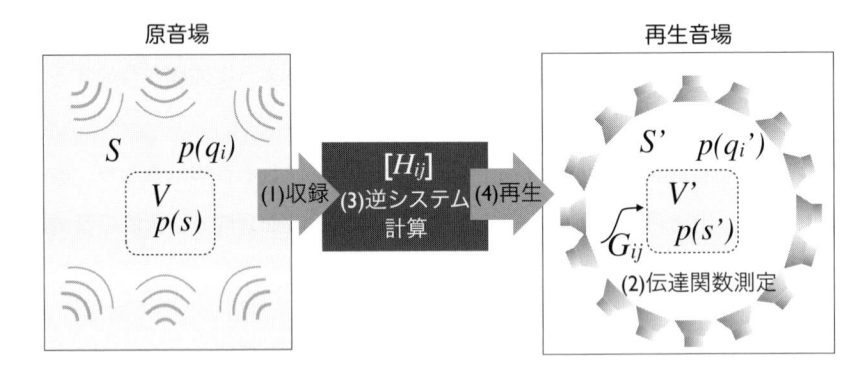

【図6-10】BoSCシステムの原理

6-3. 今後の動向

蓄音機に始まった録音再生技術は，誕生から1世紀以上経過し，電気音響技術，デジタル信号処理，コンピュータ技術などの技術革新と共に大きく進化してきた。より自然な，臨場感のある音を求めて，音質の改善と共に，音場の再現方法についてもステレオからサラウンドへと進化をとげ，さらに新しい技術の研究がおこなわれている。

一方で高品質映像のための音響としてサラウンドは今後ますます注目を集めるであろう。サラウンドのような空間を再現して音楽,音を楽しむという文化が成熟していくことを期待したい。

【図 6-11】BoSC システム用の 80ch 収音マイクロホン（左）と音響樽（右）

[参考資料]

[1]　"*Surround Sound Up and Running 2nd edition*", Tomlinson Holman , Focul Press (2008)

[2]　"*The 22.2 Multichannel Sound System and Its Application*", Hamasaki, Kimio; Hiyama, Koichiro; Okumura, Reiko, AES Convention preprint 6406, (2005)

[3]　"*サラウンド音響の今後*", 沢口真生, ビデオα (2007)

[4]　"*Wave Field Synthesis*", IOSONO Inc Website, http://www.iosono-sound.com/technology/wave-field-synthesis/ (2010)

[5]　"*ドルビーアトモス*", http://www.dolby.com/jp/ja/technologies/dolby-atmos.html,（参照 2016.2.14）

[6]　"*Sound field reproduction and sharing system based on the boundary surface control principle*",A.Omoto, et al. Acoust. Sci. & Tech, 36 ,1 (2015)

付録1　制作の実際

Mick Sawaguchi

1. スポーツ競技

スポーツ競技は，生放送というメリットを活かして家庭と競技場をリアルタイムに結んで臨場感と競技の迫力が味わえる制作ジャンルといえる。現在までにサラウンド制作された競技は，野球が最も多く，それ以外にはサッカー，ラグビー，アイススケート，ゴルフ，マラソン，柔道，テニス，バレーボール，バドミントンそしてビッグイベントとしてのオリンピックなど，屋外・屋内を問わず多様なスポーツが制作されてきた。こうした競技の臨場感をサラウンドで収音する基本は以下のような点にある。

1-1. スポーツ用のサラウンド収録マイキングはどうして決めるのか？

スポーツ競技のサラウンドマイクはどこに設置すればいいのか？といった読者の疑問に答えるために一例としてクラシックオーケストラのサラウンド録音の考え方を引用する。両者の基本的なアプローチが大変近似しているからである。

A　オーケストラの演奏会場と編成を見てどこにサラウンド・メインマイクを設置すればいいかを決める。これは通常指揮者の近傍で高さや角度を調整してベストポジションを決める。

B　メインマイクが決まれば，次に各オーケストラのパートを見て演奏上弱い楽器やソロパートがあるような楽器に補助マイク（スポットマイク）を設置する。

C　サラウンド・メインマイクと楽器群に設置したスポットマイクとのバランスをとり，最適サラウンド空間を作り上げる。

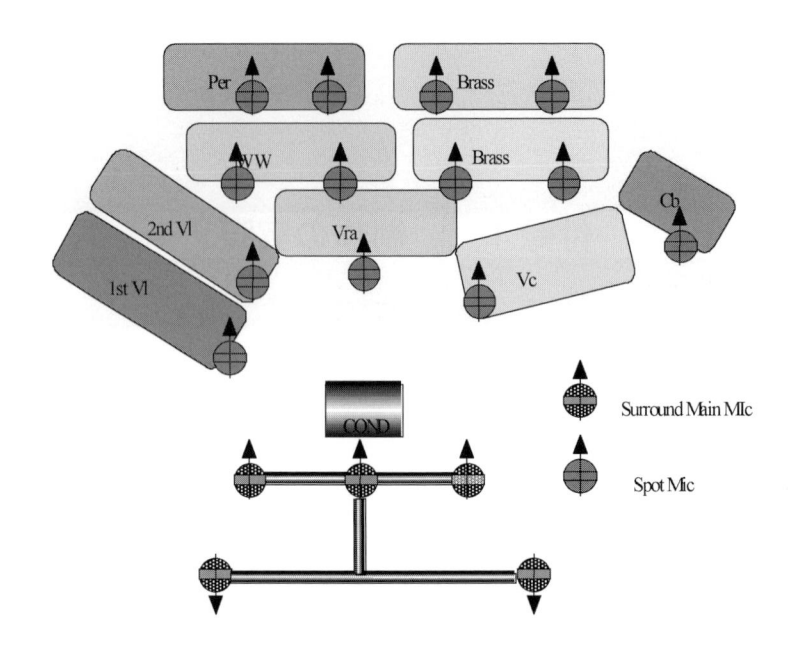

【図1】 クラシックオーケストラのサラウンド収録例

これと同様の考え方をスポーツ競技においても適用すればよい。

D　競技会場をオーケストラと考え，その競技場で映像的にももっともマスターショットとなるべき場所を選択し，そこにサラウンド・メインマイクを設置する。この場合，指揮者にあたるのがマスターショットを撮影するカメラ位置であると考えればよい。

E　この近傍で高さや角度を調整して，最も競技場の全体の雰囲気が収音できるポジションを選択する。

F　次に「スポットマイクで収音すべき競技音がどこから発せられているのか？」を検討し，必要な場所に設置する。例えば野球であれば，打者が立つホームベースでのキャッチャーや打球音が第一候補となる。さらに競技場には1塁側応援団と3塁側応援団がそれぞれのチームを応援しているのでこれをねらう。
　選手と監督のやりとりも重要な場合は，左右の両ベンチ近傍へスポットマイクを設置する。またスタンド正面観客席はもっともベストな場所で様々な応援や歓声もとびかうので，ここにも設置する。さらに大事な1塁ベース付近を強調するために，1塁ベースをねらったスポットマイクを設置するといった考え方である。

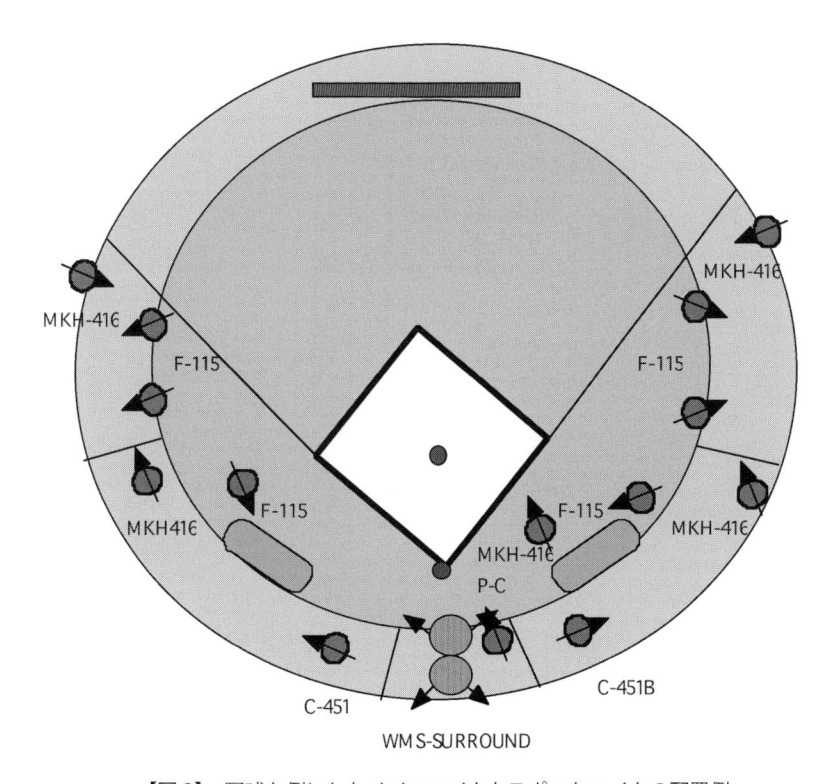

【図2】 野球を例にしたメインマイクとスポットマイクの配置例

こうして設置したスポットマイクとメインのサラウンドマイクで競技場の雰囲気と的確な競技音がピックアップされればよい。スポーツでのサラウンドマイクは，第5章で述べた各種メインマイク方式を採用するか，あるいは競技場によっては，リアの音場が十分なレベルを収録できない場合は，メインマイク方式にとらわれず4～5本の個別マイクを180度くらいの範囲でフロント重視で配置して，それぞれをLs-L-C-R-Rsと定位することでサラウンド音場を形成するといった実際的な方法もある。また，ペアマイク4組程度で競技場を囲むといった手法もオリンピックでは使用されている。

「家庭の視聴者が何を基本音場として聞いているか？」すなわち「リスナーがその競技のどこにいて観戦しているのか？」をまず基本音場として設計すること。

これがあいまいなままサラウンド音場を設計すると，聞き手に混乱を生じ逆効果となる場合もある。一般的には，その競技の全体が俯瞰できる映像マスターショットあるいは，基本ベースショットの映像にマッチさせ，かつ視聴者が競技場の中のベスト席（ロイヤルシート）に座って観戦しているような音場を構成する。そのためのサラウンド・メインマイキングをどこに設置するのが良いかは，競技や競技場の形状によって様々であるが，以下のような手順でメインマイクの位置を決めていけば失敗がないであろう。

【図3】 メインマイク設置の考え方

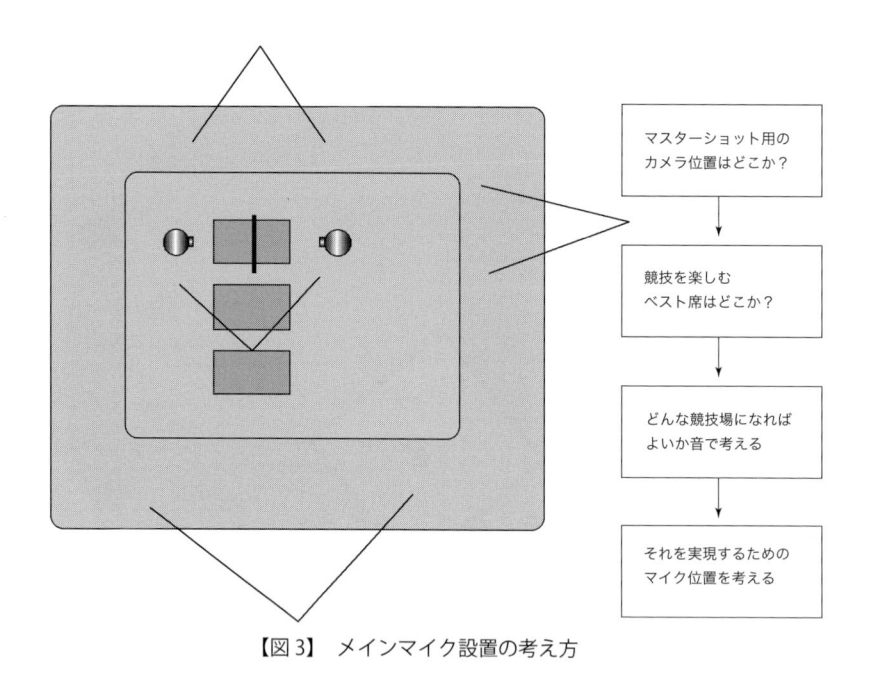

1-2. 収録マイクはどのくらい用意すればいいのか？

これは競技種目によって変化するのだが，重要なことは，1～2名のミキサーでミキシング出来る範囲で，最少のマイク設置で最大の効果をだすためのマイク設置を心がけることである。競技のディテールを捉えようとすれば，それに応じてマイクの設置箇所や回線も増えてくるのは当然である。しかし，それらを的確にコントロールするための我々の指は1人最大でも10本である！競技中に全てのマイクをONの状態でなにもしないのなら多くのチャンネルを立ち上げても構わないが，通常は競技の進行に連れて必要なマイクを適宜選択しコントロールしている。このため競技を伝えるために必要最小限のマイク設置を厳選し，コントロールしやすい範囲内にマイクの使用本数を抑えなければならない。

1-3. ダウンミックスかアップミックスか？

これは音楽の場合と同じで，メインのサラウンドマイクのレベルが決まったら，次に優先度の高いスポットマイクを足していきながら，最終的にはコメントやアナウンサーのレベルとバランスをとればよい。ほぼ一定のレベルで維持できるマイクはミキサー卓から遠くに配置しコメントやアナウンサー，そして競技の進展によってレベルコントロールが必要なマイクは，手元に近いチャンネルに接続しておけば迅速なレベルコントロールが可能となる。全体のサラウン

ドバランスが決まったら必ず「ステレオとの両立性」をチェックする意味で,「ダウンミックス」にモニターを切り替え,コメントと競技音のバランスをチェックする。

デジタル送出系を 2 システム保有している放送局などでは,メインでサラウンド音声を,副音声でダウンミックスステレオでなく,別にステレオ MIX を専用に制作して送出することも可能である。

1-4. 映像の動きと音の定位はどのくらい考慮すればいいのか？

これは TV 放送でステレオ音声制作が始まった 1970 年代にもでた疑問である。結論からいえば,一度作り上げたサラウンド音場は,カメラのショットが変化しても基本的に変える必要はない。視聴者がサラウンドで聞いていたとして,映像のカットが変わるたびに音場も変化すると,逆に違和感と混乱を生じる原因となる。

ここは映画などでカットが変われば音場も変化するといったデザインと異なる点である。サッカー競技を例にしてこの考えかたを述べてみよう。

　ゴール付近のせめぎ合いからすばらしいシュートで得点が入ったとしよう。映像はゴールのシュートボールをクレーンカメラで追い,得点！その後,観客の興奮した歓声をインサートカットでカメラが抜き,つづいて得点したチームのベンチと監督をインサートして,ゴールを決めた選手の喜びや残念そうなゴールキーパのリアクション,そしてふたたび競技場全体の進行に移ったとしよう。

　この場合ゴールのショットでは,メインのサラウンドマイクの定位は変えないが,全体のレベルは少し抑え,その分ゴールのクレーンカメラのショットでゴールに設置したスポットマイクのレベルをあげる。次の観客インサートも同様に,ゴールのスポットマイクを下げて観客席のスポットマイクをあげる。次のベンチと監督のインサートも同様で,客席スポットマイクを下げてベンチのスポットマイクや手持ちカメラに付属のカメラマイクのレベルをあげる。次に競技全体の進行に移れば,基本型のバランスに戻してメインサラウンドマイクを主体にグラウンドのスポットマイクで競技をフォローする。この間コメンテータやアナウンサーも興奮して大きなレベルで話していると思うので,そのレベルも歪まないようコントロールしなければならない。10 本の指はフル回転となる。

　この例で示したように,サラウンド音場の定位は変えないで必要なスポットマイクのレベルを変えることで,視聴者は違和感なく,かつ的確な競技音が浮かび上がることで競技を楽しむことができるのである。

1-5. 実際の家庭環境をモニターする現場での方法は？

中継現場で生放送といった場合には，実際の放送波を受信してモニターする「エアモニ」という設備が備わっているのが通常である。しかしサラウンド放送の受信と再生となると，その放送方式（AC-3，MPEG-2，AAC，dts 等）に応じた受信機とデコーダを用意しておき，放送波を受信再生してバランスチェックを行うことになる。この場合モニターするスピーカなども，市販民生用でバランスチェックできれば的確な判断材料となる。現場でのチェックが困難な場合は，番組の伝送受けサブ側でモニターしながら，その結果を現場へフィードバックする方法もある。

1-6. スポーツ競技のような長時間生放送でのミキシング注意点は？

スポーツ中継自体は長時間の番組となることが多いため視聴者が飽きないよう，全体のサラウンドレベルをコントロールすると同時に，時折オンの音・オフの音・モノラル・ステレオといったスポット的な味付けをサウンドデザインに盛り込み「飽きさせない空間を作る」こと。そのためには，競技に応じた様々な音の発生源を事前に把握して，そうしたポイントへマイクを設置し，タイミング良く使うことで効果をあげることができる。

　サラウンド MIX した音声のステレオダウン MIX もモニターしながら，解説やアナウンサーのレベルが観衆等アンビエンス音に埋もれていないかをチェックする。例えば競技場によっては専用のコメンタリーブースが用意されている場合と，同じ球技場の座席の一角をオープンな解説席としている場合があり，これらのマイクに入ってくる観衆アンビエンスレベルは大きく異なるので，アンビエンスマイクのバランスを注意しなければステレオの場合に埋もれてしまう危険性がある。またこうした解説をハードセンターのみに定位させるのか，あるいは L-R チャンネルにも少しこぼす（ダイバージェンス）のかによってもステレオ受聴時のバランスが異なるので，事前に検討しておくことをお薦めする。特に競技のインターミッションや CM といったステレオ素材がインサートされる場合は，ステレオとダウン MIX ステレオで聴感レベルが小さくなるため，その回避策として -12 ～ -9dB の範囲でセンターコメントを L-R へこぼすといった試みも行われている。日本では 2013 年から本格的にラウドネスメーターを用いたレベル管理が行われるようになる。これにより，メディアやフォーマットによらず一定の聴感レベルを維持することが期待できる。

1-7. スポーツサラウンドに適したサラウンドマイクはあるのか？

スポーツサラウンドのメインマイクとして使用するマイクは，クラシックのコンサートホールのサラウンド録音に比べて，気象条件耐性能・小型・軽量・設置の容易さという点からフィールド録音用のマイク方式を使うことができる。

◎ ダブル AB
2 チャンネルステレオで使用している A-B ペアマイク方式をフロントとリア側へ 2 ペアで設置した方式。様々なマイクを状況に応じて組み合わせる自由度がある。

◎ ダブル MS
これも 2 チャンネルステレオで使用していた MS 方式を応用し，サイドマイクに単一指向性のフロントマイクという組み合わせにリア用の単一指向性マイクを加えた計 3 本のマイクで構成。これをデコードすることで 4 チャンネル出力を得る。収録トラックが 3 トラックですみ，小型軽量が特徴である。

◎ IRT-Cross
4 つの単一指向性マイクを角度 90 度でクロス状に取り付けたマイクで構成し，均一な音場が収録できる。専用マイクは，低域特性が優れているので風防強化が必要。

◎ 小型ワンポイント サラウンドマイク
SANKEN WMS-5，ホロフォン H2-PRO，サウンドフィールド DFS-2 などワンポイントで構成されているためカメラマイクとして装着が容易，設置が簡便といった特徴をもつ。これらの詳細は，フィールドロケのマイキングを参照。

以下に最近のスポーツサラウンド・マイキング例を示す。

【図4】 野球のマイク配置例

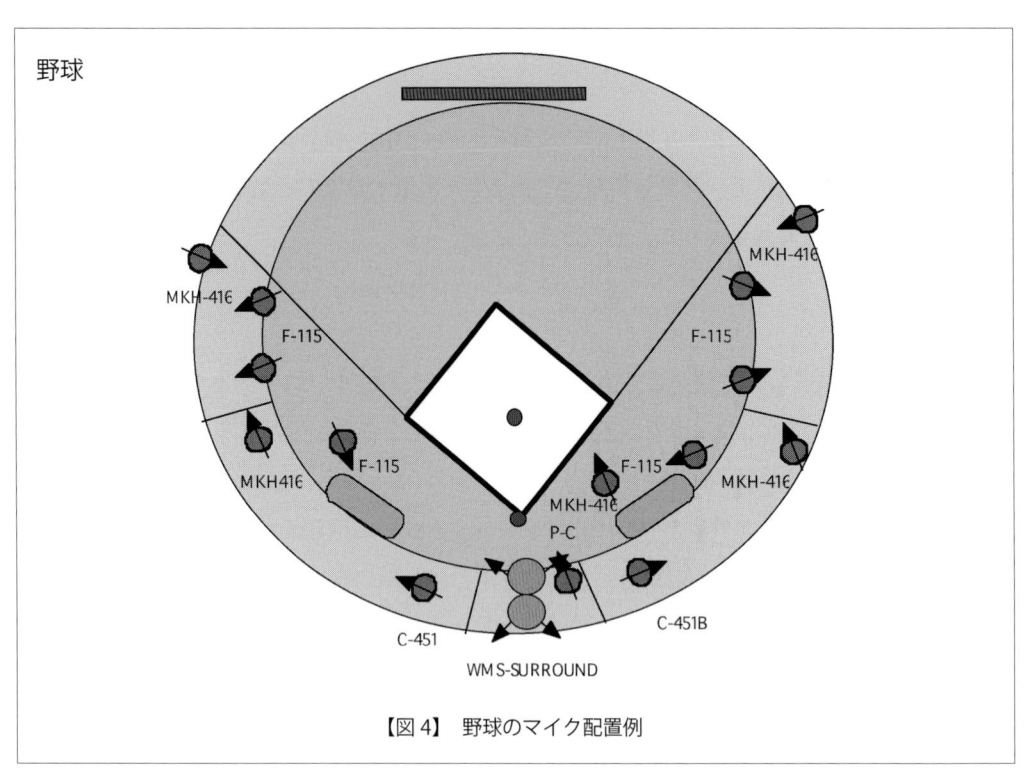

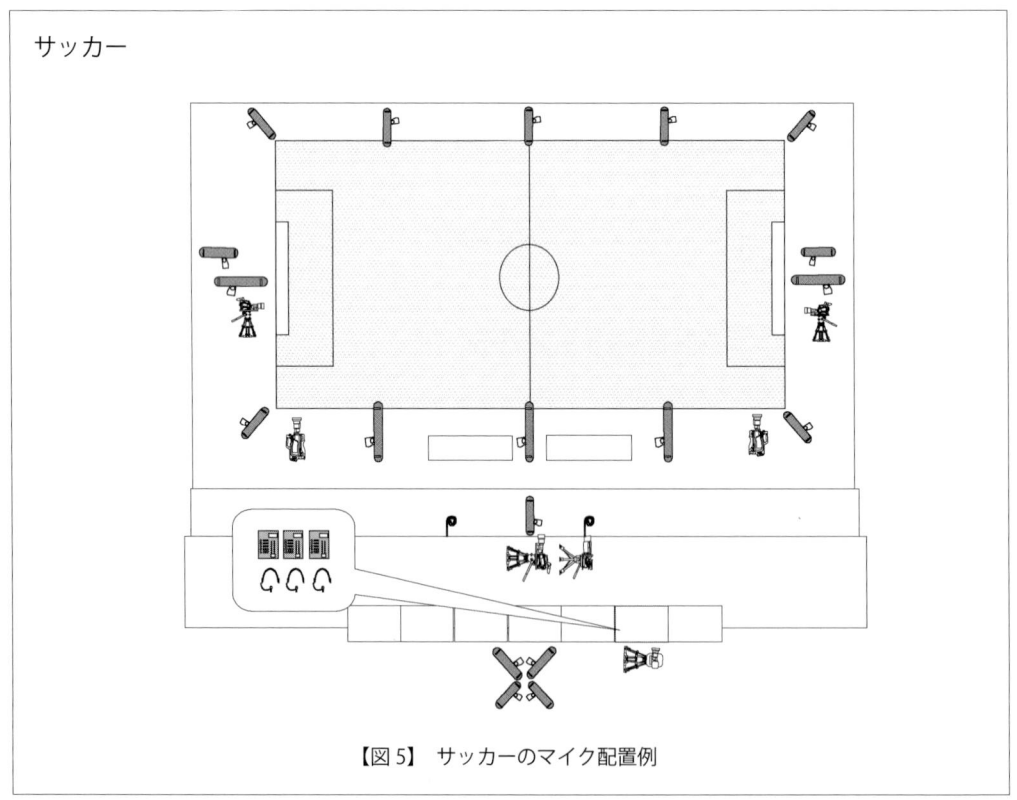

【図5】 サッカーのマイク配置例

ゴルフ

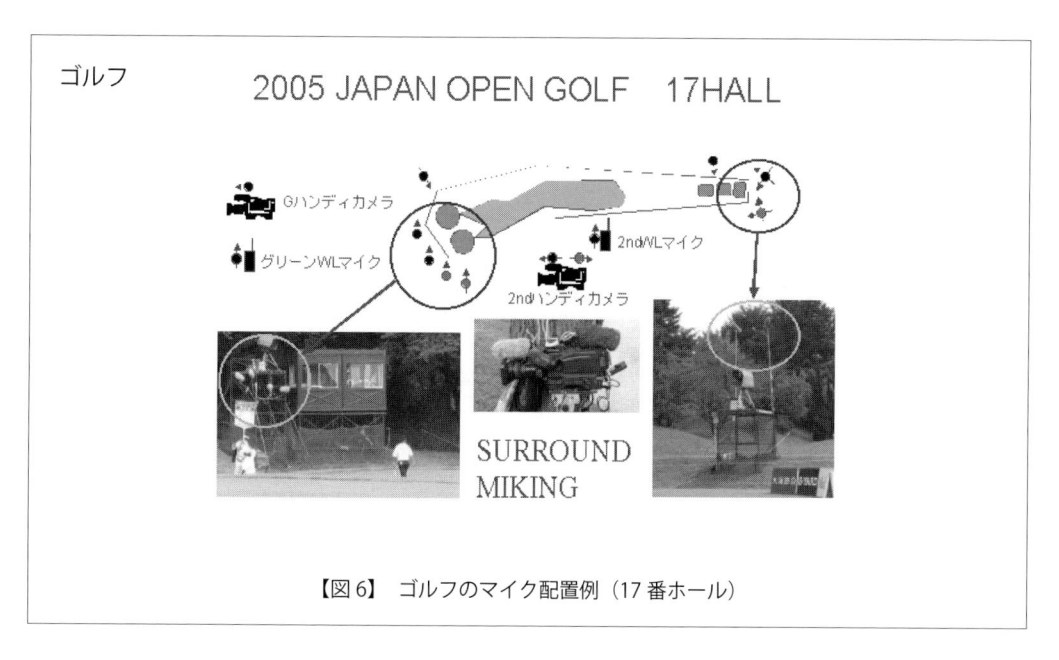

2005 JAPAN OPEN GOLF　17HALL

Gハンディカメラ
グリーンWLマイク
2ndハンディカメラ
2ndWLマイク

SURROUND MIKING

【図6】　ゴルフのマイク配置例（17番ホール）

水泳

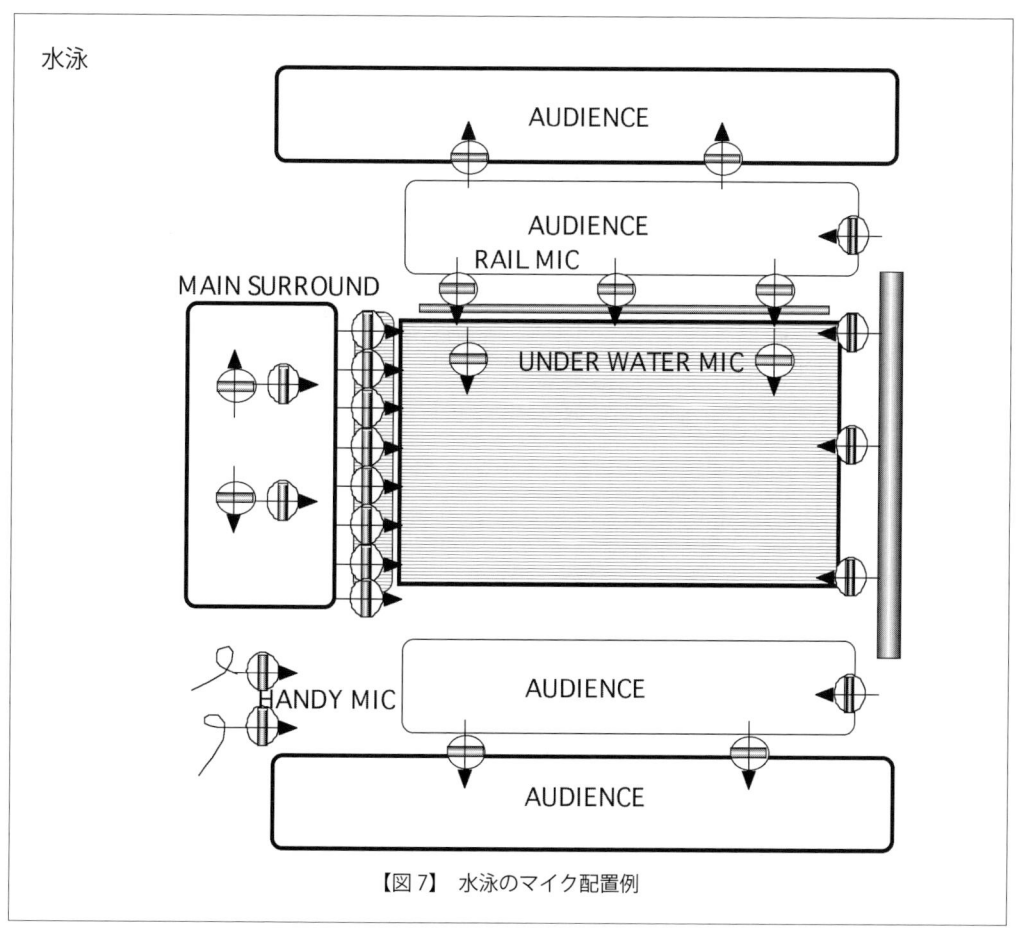

AUDIENCE

AUDIENCE
RAIL MIC

MAIN SURROUND

UNDER WATER MIC

HANDY MIC

AUDIENCE

AUDIENCE

【図7】　水泳のマイク配置例

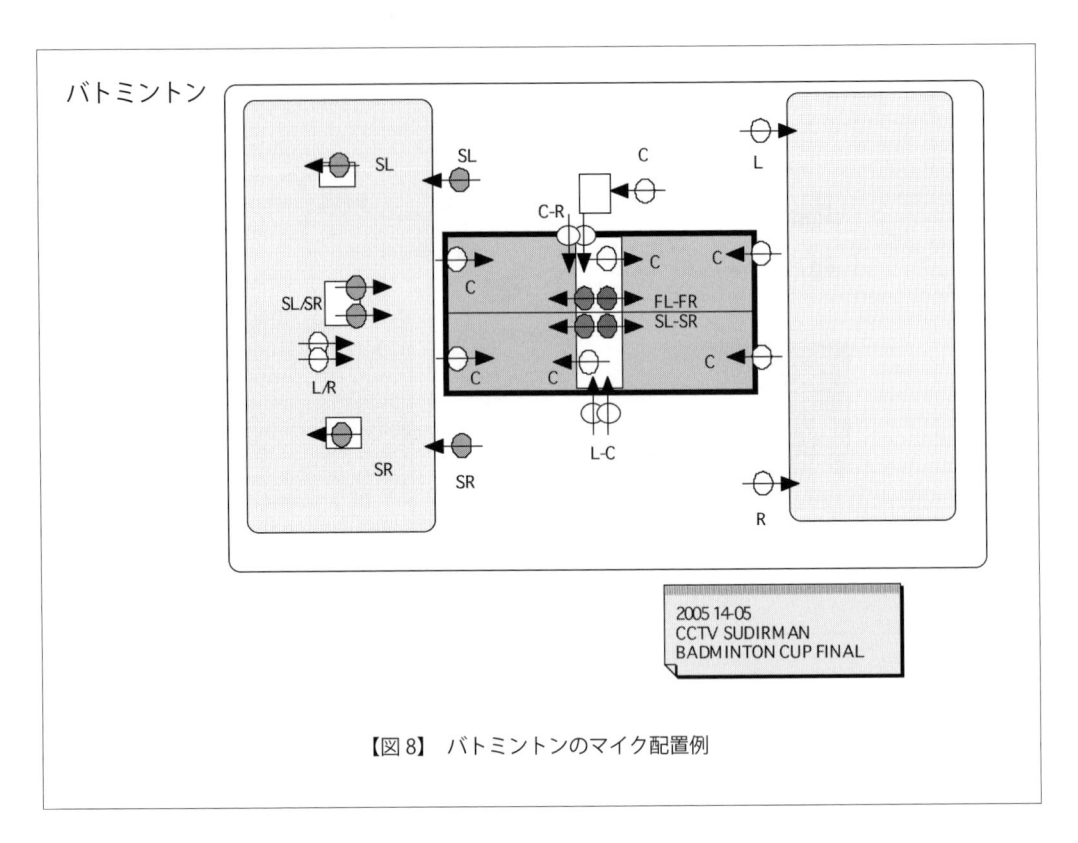

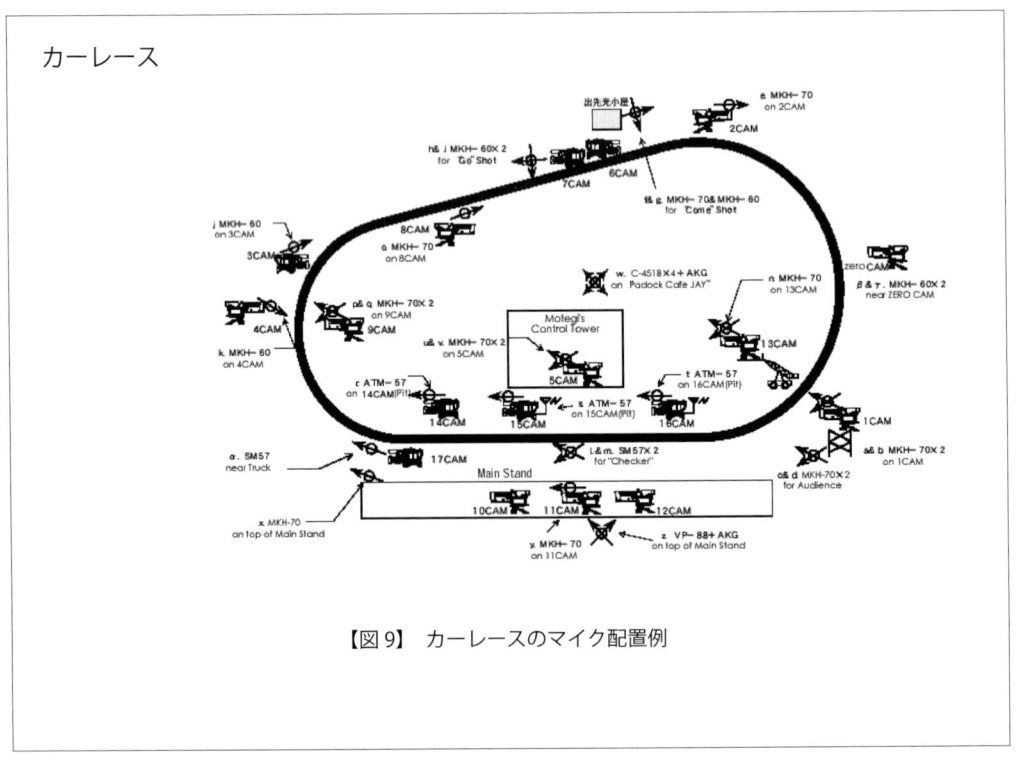

【図8】 バドミントンのマイク配置例

【図9】 カーレースのマイク配置例

【図10】 柔道のマイク配置例

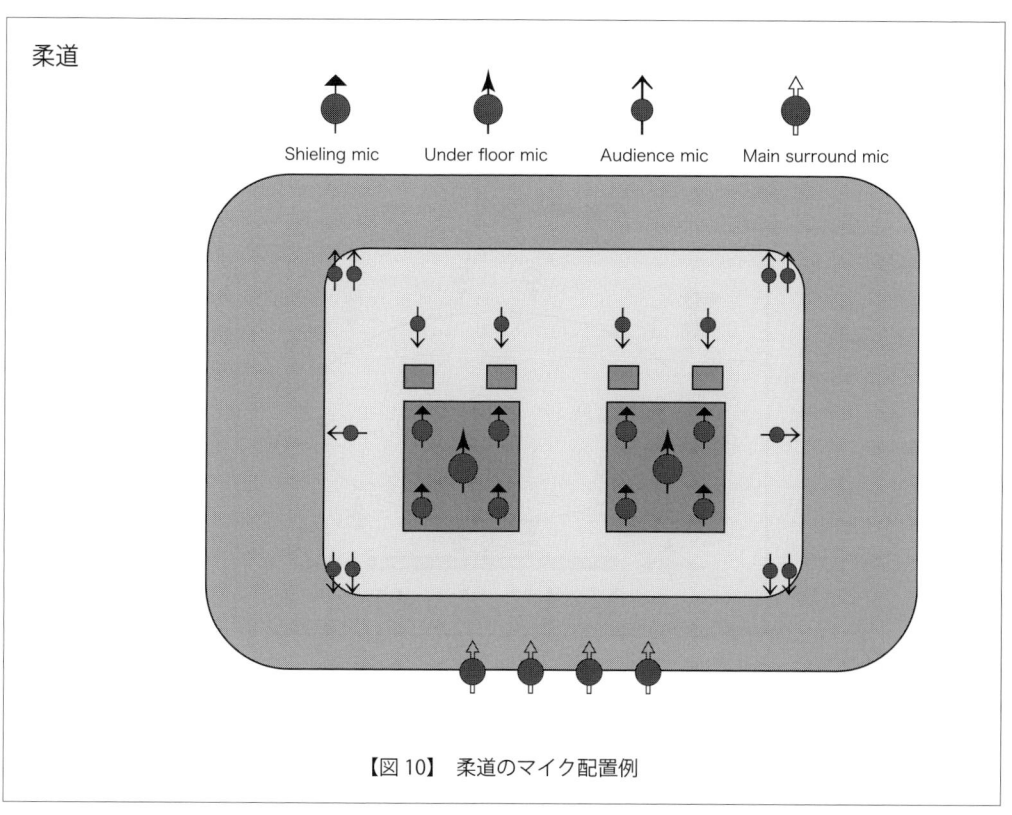

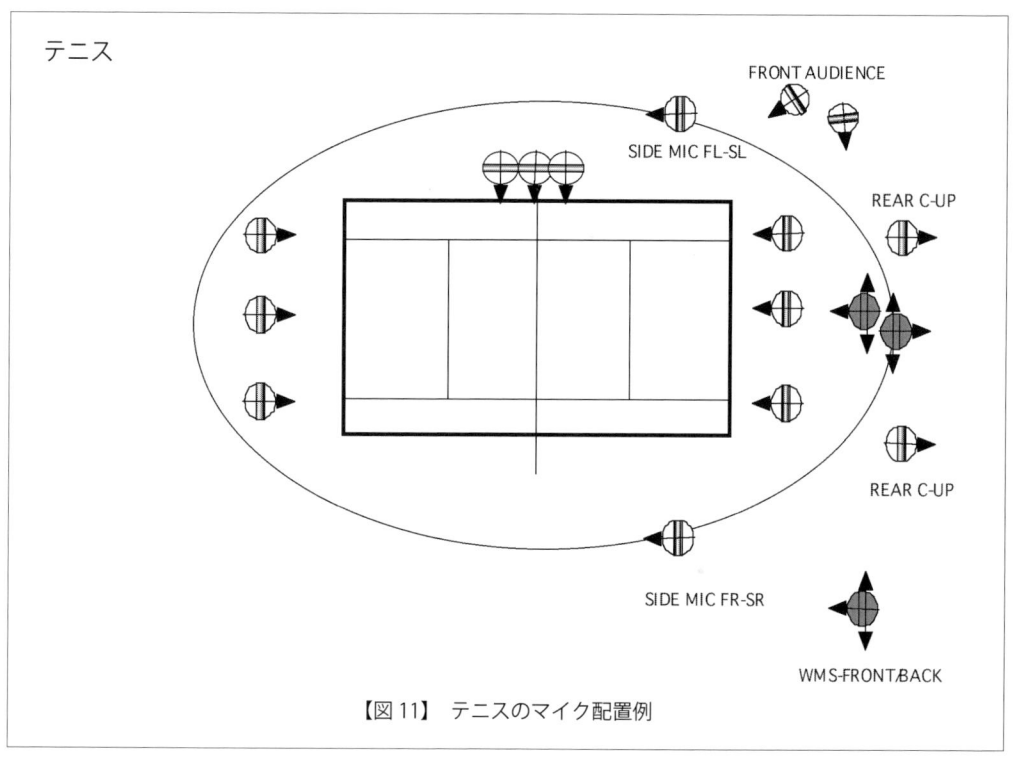

【図11】 テニスのマイク配置例

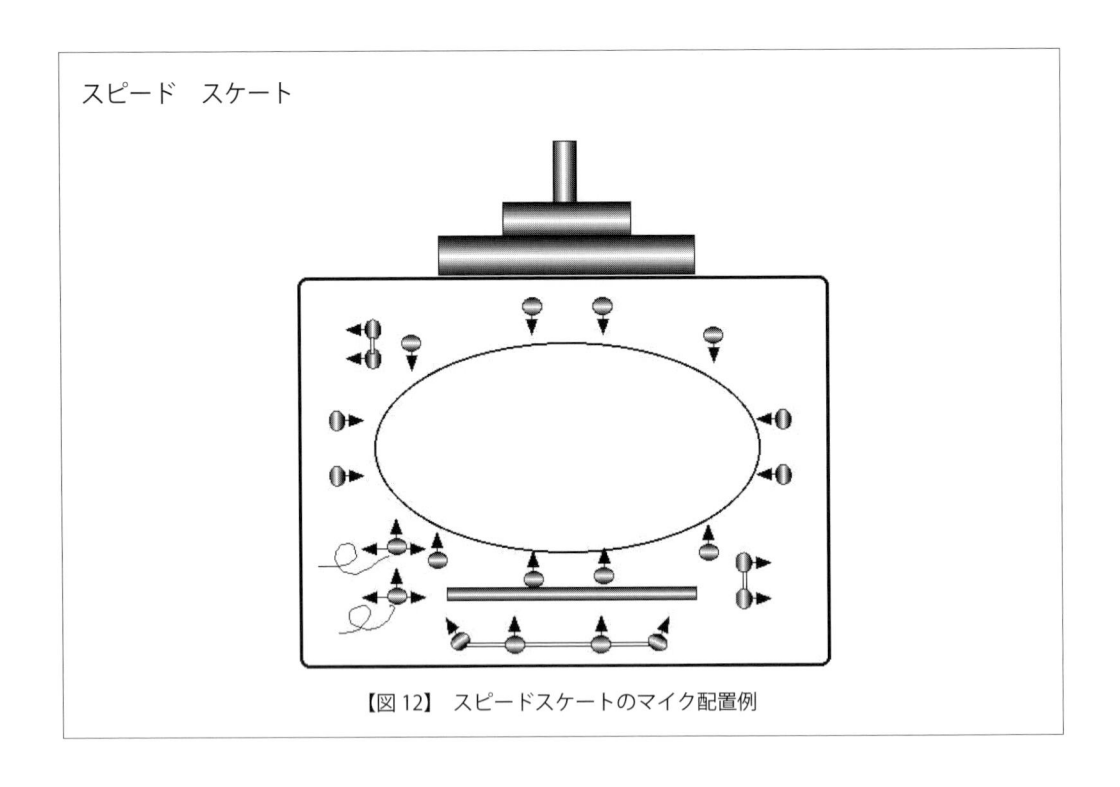

【図12】 スピードスケートのマイク配置例

2. ドラマ・ドキュメンタリー・映画・ゲーム

これらのジャンルは，今まで述べたリアルな音場をいかにサラウンド空間へ表現するかとは根本的に異なり，ほとんどの制作がポストプロダクションで構築されるジャンルとなる。このためメインマイキングやスポットマイキングといったマイキングテクニックよりも，いかに効果的な「サラウンドデザイン」を行うための適切な素材を録音できるかがキーとなる。台詞パート，音楽パート，効果音パートといった大まかな役割分担はあるが，それがどう構築されるかは，デザイナーのアプローチ次第ということになる。このため，なかなか一般論や代表的な方式といえるものが少なく入門者にとっては，わかりにくい分野でもある。扱う素材もスコアリング音楽を除けばモノーラルからステレオ，サラウンドまで利用出来るものは何でも可という自由度がある。こうした分野のサラウンド制作を行う場合は，デザインの基本パターン（第4章参照）を参考に様々な作品からヒントをみつけていくのが近道であろう。ゲーム機器の大容量高品質化が実現されてくると，ゲームサラウンドという独自のサラウンド制作手法が映画やドラマを土台として構築されていくと予想される。こうした分野のデザイナーにとっては，大きな挑戦のしがいがあり，オリジナリティを構築できる好機といえよう。こうしたノウハウは地上波デジタルでのCM制作へと応用できるノウハウではないかと期待している。

3. LIVE コンサート

会場の熱気と空間を表現するという意味では，スポーツに似た制作ができるのが各種 LIVE コンサートである。生中継といった形式で放送される場合が多く，また後日 DVD, Blu-ray などパッケージ化される場合も多い。LIVE コンサートのサラウンド表現は，ひとえに観衆の興奮をどう捉えて会場の空間を形成するかにある。このためワンポイント・サラウンドマイクでは，会場の大きさを十分カバーできないため，スポットマイクを会場内に分散配置する場合が一般的である。しかし多ければ効果的とも言えず 4 〜 8 本程度が一般的である。
こうしたコンサートでは大音量の場内 PA が出ているので，注意点はいかにメインステージの音と場内 PA された音を融合させながら場内観客（オーディエンス）の熱気を適切に拾い上げるかにある。

4. フィールドロケ

ここではドキュメンタリーや紀行といった屋外ロケーションでサラウンド制作する場合を取り上げ，どういった素材を収録しておけば，後のポストプロダクション過程で目的に沿ったサラウンド音響が完成出来るかについて述べる。

4-1. ドキュメンタリー・紀行などのフィールド録音

こうしたジャンルの制作で構成される音要素は以下のようになる。
◎ 会話や証言，解説といった言葉の要素（モノーラル録音）
　（ナレーションはポストプロダクションとなる）
◎ シーン全体の環境を表すためのベース音・アンビエンス音（サラウンド録音）
◎ 列車や滝の音，金庫を開ける音などテーマに深く関わったキーとなる現場音
　（モノーラル。ステレオ録音または内容によってサラウンド録音）

こうした中，ロケ現場でサラウンド収録をしておかなくてはならないのは，第2項のアンビエンス音である。一見地味で派手さのない現場のアンビエンス音であるが，ステレオ音声の制作に比較して，サラウンドで収録された環境音やアンビエンス音は格段に作品の質とリアリティを訴える力がある。
撮影現場では，どうしても映像に関わる収録が優先されるので，サラウンドで同録したいと考えても周囲の機材やスタッフ，また，交通事情などで希望にかなったサラウンド音声素材を録音することが困難な場合が多い。このための段取りとしては，

◎ 2チャンネルステレオでアンビエンス音を収録
　この場合は収録した素材から異なった箇所を選びフロントとサラウンドに定位させることで擬似的なアンビエンス空間を形成する。
◎ 4チャンネルのマイクと機材でアンビエンスを収録
　この場合はアンビエンス音として一番土台を形成するサラウンド空間が形成できる。通常センターチャンネルには最終的にナレーションや同録の会話など声の情報が入るので，収録素材で考えれば4チャンネルあれば十分である。
◎ 4チャンネル以上のマイクと機材で収録
　この場合は，センターチャンネルにも映像と同期した重要な音素材を録音できるし，アンビエンス音も一層安定し，充実したサラウンド空間を形成できる。

という階層になる。また撮影と同時に理想的な音素材が収録出来ない場合は，撮影終了後に音声単独でベストな音収録環境を選び専用に録音しておくことが後のポストプロダクションで有効となる。撮影クルーと別行動し，早朝や深夜といった静かな時間帯に単独でサラウンド録音するといった努力は，ポストプロダクションの段階で大きな役割を果たすことが実感できよう。

4-2. フィールドサラウンド収録機材

家庭用の小型カメラもハイビジョン対応に加えて 4 ～ 5 チャンネルでサラウンド収録できるカメラが市場に導入されてきたことは，サラウンドロケが身近になるという点で大いに歓迎できる。マルチチャンネルのポータブルレコーダも今から紹介するような業務用に加えて，コンパクトフラッシュや SD メモリーといった個体素子を使いサラウンド録音ができるポータブルレコーダも登場してきたので，手軽にサラウンド録音を実現できる環境が整いつつある。

1　フィールドサラウンド収録

フィールドでのサラウンド収録は，大別すると以下の 3 方式があり，それぞれメリット・デメリットがある。

A　2 チャンネルステレオ録音
　コスト的にも機動性の面でもストレスなく使用することができる。ステレオ録音した素材をポストプロダクションで組み合わせて使用しサラウンド空間を形成。通常のステレオ録音にくらべ，同じような音質の部分を多く使用するため，素材収録の時間は通常より倍くらい録音しておくのがポイント。

B　4 チャンネルサラウンド録音
　フィールド録音の大部分をしめるベースノイズの収音では，4 チャンネルあれば十分な雰囲気が形成できる。一方特定の音をメインに録音したい場合は，モノーラルでメインの録音を行い 4 チャンネルでその周りの雰囲気を録音してポストプロダクションで合成するといった方法がある。

C　5 チャンネル以上のサラウンド録音
　HD などを使用した 6 トラック以上の録音が可能なポータブル録音機が登場した結果，現在多くが 5 チャンネル録音可能となった。ホロフォン社 H-2 PRO に見られるようなトップ情報とリアのセンター，さらに合成出力で LFE 情報も収音できる 7.1 チャンネルに対応した機材も登場している。

2　サラウンド各種マイキング

A　IRT-Cross 方式

小型のマイクをX軸の先端に取り付けた方式でドイツのIRT研究所G.タイレが開発。この特徴は，X軸の長さと取り付けるマイクの指向性を360度でスムースにつながるよう設計してある点で録音した音は大変自然でベースノイズの録音には最適。
ポストプロダクションでこのベースの上に音楽や効果音，台詞やナレーションをMIXしてもじゃまをしない点がメリットと言えよう。

B　INA-5 方式

5チャンネルの配置をしたマイキング。ヨーロッパでは，主にクラシックコンサートのメインマイクとして使われている。ロケーション用には，これを小型軽量化したマイクハンガーでワンマンオペレート可能である。

C　ダブルMS方式

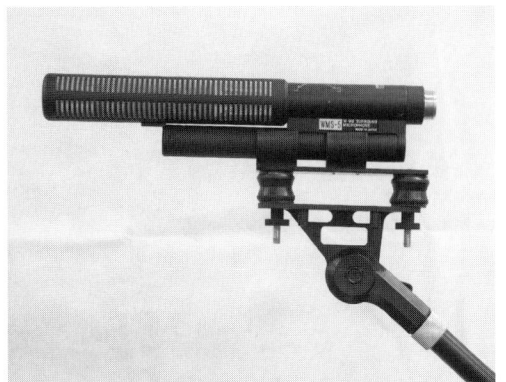

3チャンネルのマイクカプセルであるが，MS方式と呼ばれる録音方式のM（Mid）マイクをフロントとリアに拡大しS（Side）マイクは共通とした方式である。この特徴は，前後のMマイク2本と1本のSマイクの計3チャンネルで4チャンネル分の情報を録音でき，小型軽量で従来のガンマイク用かご型風防にもすっぽり収まるという機動性にある。前後の広がり感は，ポストプロダクションでM-SからL-Rに変換する段階で可変する自由度も魅力である。

また，専用のプロセッサを使うことでセンター成分を作り出すことができる。

D　サウンドフィールド ワンポイントマイク

マイク内部に四角錐形に配置した4つのカプセルで上下左右360度の収音が可能。これも機動性と4チャンネル収録後プロセッサーを経由してセンター成分も取り出し，5チャンネル化できるメリットがある。

E　HOLOPHONE H2　ワンポイントマイク

球体の内部には，7チャンネルのマイクが取り付けられており形状はサイクリング用ヘルメットのような形をしている。この特徴は，高さ成分や音響合成回路を内蔵しLFE出力も取り出せる点とオールインワンの機動性にある。

F　ダブルAB

ステレオペアマイクをフロントとリアで組み合わせ，センター用に指向性のあるマイクを組み合わせたワンポイントマイク。IRT-Crossとの相違点は，好みのマイクをペアで組み合わせられる点がメリットである。

この場合の注意点としては，ダウンMIXした際にペアマイクの指向特性によって前後で位相干渉をおこさない前後の間隔を設定する点にある。

ここで紹介したような，メーカ製のサラウンドマイクを使用しなくてはならないという前提はないので，各自で工夫したサラウンドマイクも大いに挑戦してもらいたい。例えば既成のヘルメットの周囲に小型マイクやガンマイクを前後左右に取り付けた例や，ビニール傘のカバーを取り除き，柄の先端部へ5チャンネルの小型マイクを取り付けたり，ザル籠を2つ合わせてその中に小型マイクを仕込んだりした事例もある。サラウンドフィールドレコーディングの経験をいかして独自にダブルMS+超指向性マイクを組み合わせて計6本のマイクでディテールまでを録音する方式など，知恵と工夫も重要である。

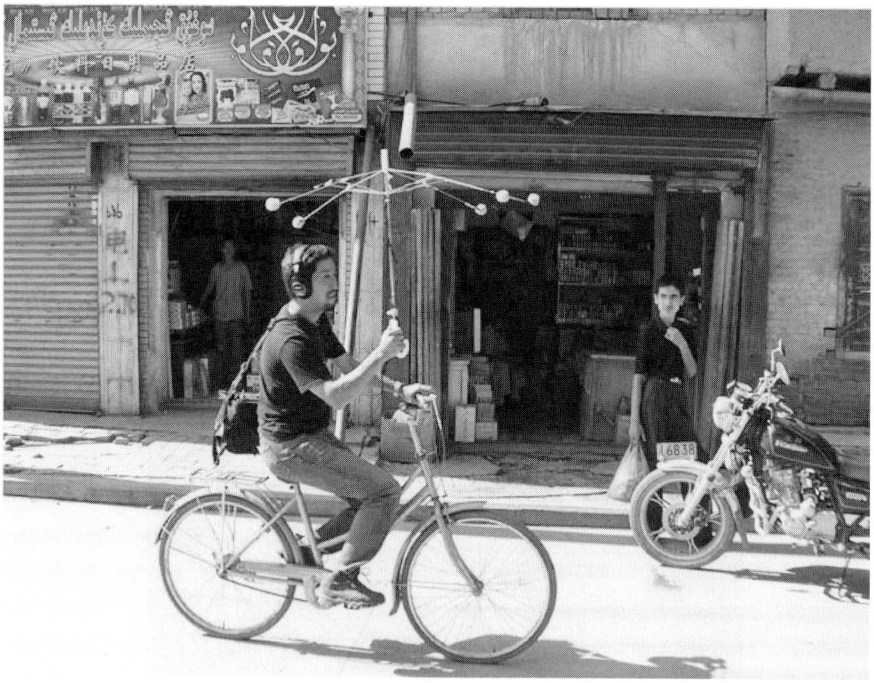

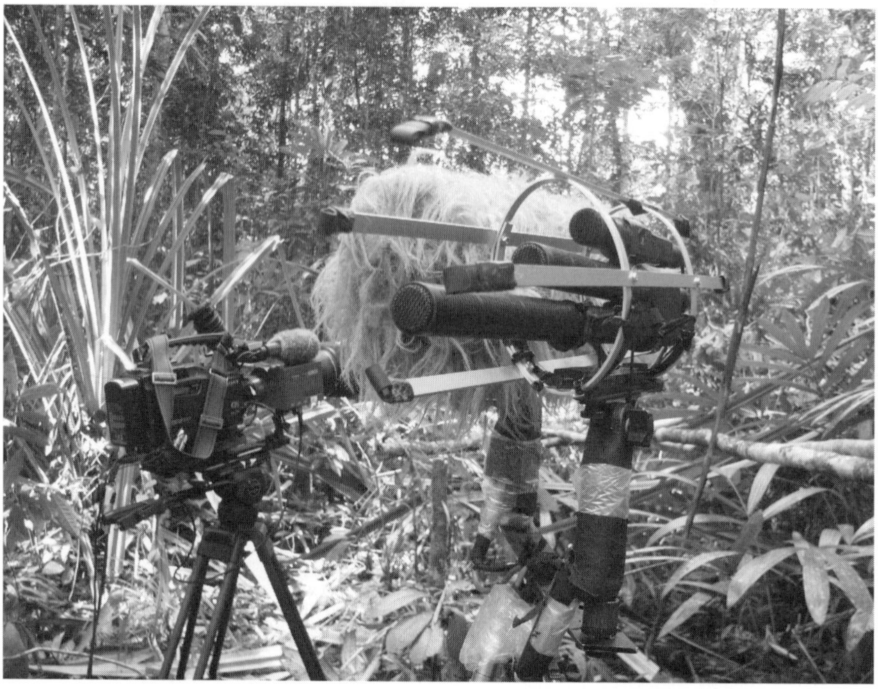

5. お祭り・イベント・花火・街角情報・サウンドスケープ等

地元のお祭りや花火，イベント，演劇やダンス，街角情報などは音楽と異なった臨場感を提供できるジャンルである。これらは，各地特有の行事であるという点からも視聴者にとって身近で，日常性を感じるという面で今後の地上波デジタル放送において，ローカル局の大きなセールスポイントとなる可能性が期待できよう。一例を挙げれば福岡の山笠や徳島阿波踊り，京都の祇園祭，札幌の雪祭や岐阜おわら風の盆，富山立山の冬の風景，秋の紅葉などが映像とともにリアルな雰囲気，特に生放送であれば非常にサラウンドが有効な表現となる。2006年トリノオリンピックでは競技の多くがサラウンド音声で放送されたことも記憶にあたらしく，2008年北京オリンピックでは，中国が国の力を結集し，映像はハイビジョンで，音声はサラウンドで世界へ発信した。

こうしたサラウンドミックスの注意点としては，メインの音よりも拍手や歓声といった会場の盛り上がりに注目しがちになることを避け，主役の音が何かということを意識し，アンビエンスとの一体感を表現することに留意することが重要である。

歌舞伎や能，寄席や演劇といった「舞台」も制作してみると意外なサラウンド効果に驚くジャンルである。劇場や会場の室内に響く台詞と，アンビエンス空間と，演技に反応する観客の空間が大変リアルに家庭で再現できる。こうした場では，ワンポイント サラウンドマイキングのみにとらわれず，場内の環境をみてスポットマイクを各所に設置することで演技の流れに応じたタイミングの良いサラウンド制作を行うことができる。演技者の声と聴衆のアンビエンスバランスは，スポーツにくらべバランスも取りやすいので取り組みやすいジャンルでもある。地元の日常性をサラウンドで，というアプローチでは，毎日の情報生番組における街角インタビューや町の音風景をサラウンドで制作する試みも行われている。ステレオでは気がつかなかった日常の音からあらたな気づきを発見することもでき，手軽にサラウンドを実現することのできるジャンルでもある。

6. フィールドサラウンド録音とマイキング
　　〜フィールド・サラウンド録音研究グループ研究結果から〜

これまで述べたように，フィールドでのサラウンド録音は，音楽録音とは異なったマイキングが収録目的別に使われていることがわかる。フィールドレコーディストが使用しているこれらを多くのマイキングの持つ特質を体系的に抽出してみようという大掛かりな実験研究がフィー

ルドサラウンド録音研究グループ（主査　土方裕雄等19名）によって2010年から2011年にかけて行われた。本研究では，代表的な6種類のフィールドサラウンド録音用マイキングを取り上げ，国内の四季にふさわしい音源を同一現場，同一録音し，それらを5つの評価語に基づいて主観評価実験，分析したものである。

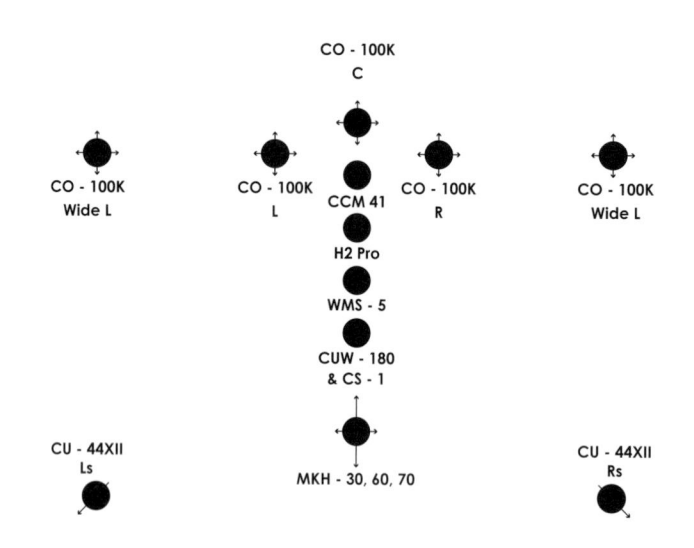

```
                          CO - 100K
                              C
                              ●
        ●          ●                    ●          ●
     CO - 100K  CO - 100K            CO - 100K  CO - 100K
      Wide L        L       CCM 41       R       Wide L
                              ●
                           H2 Pro
                              ●
                           WMS - 5
                              ●
                          CUW - 180
                           & CS - 1
                              ●

        ●                                         ●
     CU - 44XII                                CU - 44XII
        Ls          MKH - 30, 60, 70              Rs
                              ●
```

	評価マイキング6種類	
1.	単一指向性を利用したサラウンドセット	X-Y STEREO × 2 & SHOTGUN SANKEN CUW-180 × 2 SANKEN CS-1 × 1
2.	全指向性と単一指向性を組み合わせたマルチマイク	FUKADA TREE (2006) の配列 SANKEN CO-100K × 5 SANKEN CU-44XII × 2
3.	Double M/S方式のワンポイント・サラウンド	SANKEN WMS-5
4.	ガンマイクを利用したM/S方式のサラウンド	SENNHEISER（MKH-30 + MKH-60 + MKH-70）× 2
5.	超単一指向性を利用したIRT-X方式	SCHOPES CCM41 × 4
6.	ミニチュアコンデンサーマイクを8個マウントしたワンポイント・サラウンドマイク	HOLOPHONE H2Pro

四季にふさわしい評価音源の録音（96KHz-24bit）		
1. 夕日の滝	2010.1.10	神奈川県南足柄市にて収録
2. 森林の野鳥	2010.6.6	長野県戸隠高原にて収録
3. 清流	2010.6.10	神奈川県南足柄市にて収録
4. 花火	2010.8.18	群馬県千代田町にて収録
5. 前から後ろへ通り抜ける波	2010.8.22	千葉県銚子市屏風ヶ浦海岸にて収録
6. 蝉時雨	2010.9.2	埼玉県ときがわ町にて収録

6-1. 主観評価と分析

MUSHRA (Multiple Stimuli with Hidden Reference and Anchors) (ITU-R BS.1534-1) を参考にした複数音源同時比較可能な評価方法で実施した。定位（移動感含む），臨場感，包まれ感，距離感（広がり，奥行き），迫力の5つの評価語ごとに，前述の6組のマイクアレイで収録した音を評定者がスライダーを用いて比較試聴し，100点満点で評価した。さらに，実験結果から各評価語とマイクアレイを因子分析によって求めた。

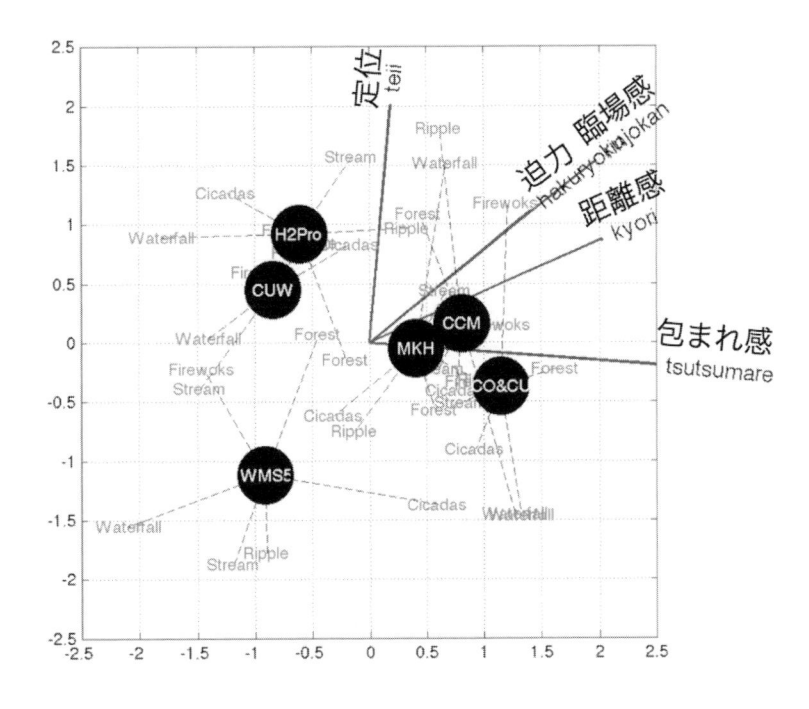

試聴実験から得られた，各サラウンドマイクアレイ，評価音源，評価語の，印象空間における配置

6-2. 考察

(1) 滝のような点音源音場での録音では，指向性のあるマイクロホンを用いたアレンジメントの方が目的音源の音像が浮かび上がってくる。

(2) 迫力や定位感を優先しないバックグラウンド・ノイズを収録する際には全指向性を用いると，背景音の定位がそれほどシャープにならず，マイルドな雰囲気のアンビエンスが得られ，各マイクのかぶりによって，つながりの良いサラウンド効果がある。

(3) 移動感を求める場合は，指向性のあるマイクロホンを利用すると，音像の動きがシャープに出る。

(4) ガンマイクロホンは，離れた音源を明瞭に収音するため，手前の音と奥の音がブレンドされた独特の音色になる。清流の音では，他のマイクアレイの音とは一線を画していた。指向性の延長線上にない限り手前の音は強くならず，奥の音と合わさった時にも圧迫感のない音になる。

(5) 本来，コンサート・ホールでの収録を目的としていたFUKADA TREEをCO-100KとCU-44XIIを用いてフィールドで試してみたところ，特に「包まれ感」において良い効果を感じた人が多かった。しかし，このマイクアレイは大がかりなセッティングを要するため，機動力を求める収録では現実的ではない。評価実験ではFUKADA TREEが優位な条件では，IRT-Xも同様に包まれ感で高い評価を得ていることから，マイクロホンの間隔をある程度離したマイクアレイは，立体的な包まれ感を必要とするベース音に有効なマイキングと言える。今回IRT-XではSCHOPES CCM41を使ったが，指向性が緩やかなCCM4を利用することで，さらなる効果が期待出来る。

(6) 現場でサラウンド録音された音源は，作品の質と立体的な表現力を向上させる上で有効であることが認識できた。

［参考資料］

[1] "地上波デジタルテレビ放送におけるサラウンド収録法の研究オーケストラ・ホール収録編"，入交英雄他，放送文化基金 研究報告（2007）

[2] "サラウンドテクニック解説"，亀川徹，SANKEN MICROPHONE CO .,LTD. Website　http://www.sanken-mic.com/qanda/index.cfm/13.47

[3] "サラウンド制作ハンドブック"，沢口真生編，兼六館出版（2001）

[4] "The 40th AES Conference TOKYO Field Surround WS"，C.Fox F.Camere.M.Sawaguchi. Y.Hijikata（2012）

[5] "世界遺産・スマトラの熱帯雨林遺産＆ロレンツ国立公園 サラウンド制作記"，土方裕雄，放送技術 2008 − 05，兼六館出版（2008）

[6] "THE 世界遺産・ンゴロンゴロ保全地域＆セレンゲティ国立公園 制作レポート"，矢口信男，土方裕雄，放送技術 2009 − 10，兼六館出版（2009）

付録2　知識から実践へのヒント

Mick Sawaguchi

はじめに

どの人にもそれぞれの人生と歩んできた道がありどれもその人にしかできなかった貴重な経験の集積があります。大きな組織にいる人も，ファミリーな所帯にいる人も，そしてフリーランスで独立独歩の仕事をしている人にも何か「気づき」をつかんでいただければと思い5項目にわたって知識を実践にするためのヒントについて私の経験を紹介します。

本文は2006年放送技術誌へ12回シリーズで連載した「サラウンドへの道」を元に加筆修正した内容です。

1. 書く／聴く／話すスキルを身につける

元来技術屋というタイプの人種は，こうしたことが嫌いなので技術屋になったと私も納得してきました。しかし，様々な場で短時間にポイントを技術以外の人に説明しなければならない状況や，A4レポート1枚で相手に分かってもらう作文能力が職場では必要です。制作現場にいるとそんな時間はないとか他の人がやってくれるといった「言い訳」に終始しがちとなります。

しかし実際に自分で書いてみるとみるみるページ数が増え，その上読んでみてもポイントがしぼれていないという経験を20代でよくしました。私の友人から文章整理術という本を貸してもらい「いかに文学的でなくあいまいさを排除し簡潔な文章を書くか」を勉強しました。

これは，情緒を大事にするソフト制作職場では相反する考えではありますが，簡潔明瞭というスキルは，大変大切です。

それらを実践の場で試してみたいと考え当時の業界紙への執筆を試みました。

これは，原稿締め切りまでで与えられたページ数にまとめなくてはなりません。かつ厳しい読者の方々の目がありますので，いい加減な執筆をすると次にはお呼びがかからなくなります。最初のこうした場を与えてくれたのは，当時「録音」という業界紙の編集を担当されていた元アオイスタジオの石井さんでした。石井さんは，ご自身でも海外の技術情報などを精力的に執筆しておられた方で私にとっても映画音響の世界を知るよいきっかけにもなりました。

単に執筆といっても誰も取り上げてくれませんので，そのためには記事になる価値のある中身を考えて情報収集や勉強をしておかなくてはなりません。1976年当時こうした勉強の場になっ

たのは，砧の技術研究所内にある図書館でした。勤務の空き時間をみつけて図書館の書庫へ通いそこの一角にあった音響関係の文献や海外の業界紙，また当時は海外の放送機関も研究レポートや論文を出していましたのでイギリスやカナダ，アメリカ，ドイツといった放送局の取り組みを手にすることができました。私にとってこの技研図書館は「ワンダーランド」だったといってもいいでしょう。しかし，当時の制作現業という職場の風土は「制作の業務がたくさんあるのだからそれをこなすのが第一だ」という風土でした。

ここで次の課題に遭遇します。海外文献は，「英語」なのです。さてさて学生時代は，大の苦手で興味も無かった英語がわからなければ何が価値ある内容かもわかりません。さらに業界紙の類いは記事のレイアウトも順番に書いているとは限らずあちこち飛んでいき，あるものはページの最後のほうへはみ出した分がまとめてレイアウトされていたのです。論文は辞書を片手になんとか読めましたがお手上げだったのが業界用語「BUZZ WORD」とよばれる単語です。当時はフィルム録音も多く取り上げられていたのでSEPMAG とか COMMAG ADR LOOP，WARA，FOLEY，，，，といった用語は，辞書では役に立ちません。うーんどうするか？

27 歳当時，荻窪におりそこに「東京衛生病院」というアメリカンスタイルの病院でアメリカからきているインターンの先生が日曜英語学校をやっていることがわかりました。そこでこのプライベートレッスンを日曜日の午前中に一時間ずつ受けることにしました。

必要なときはすぐ行動する！という感覚もこのときはずみがついたように思います。先生は，バイリンガルではありませんので何としてでも英語でコミュニケーションしなくてはなりません。半年くらいテキストのようなもので基礎を勉強してからは，その後レッスンにいくと「WHAT DID YOU DO LAST WEEK?」で実践会話が始まります。私は，先週 1 週間の出来事を思い出しながらぼつぼつ話し，その中で先生が興味のある話題があると質問してきます。それにまた私が考え考え答える，，，，その繰り返しで 1 時間は終了。3 年間通いましたが，自己投資というのは投資した金額の何倍にもなっていつか自分にかえってくると思っていました。「自己投資」これも大事なことです。特に 20 代までに自己投資しておくと必ずその後のプラスになると，若い方々には力説しておきたいと思います。

聴くこと，特に英語のヒヤリングというのは，普段なかなか経験する場がないので大変苦労します。それまでの学校教育でも知識を吸収するための読解力中心で育ってきましたから活きたヒヤリングという聴覚の訓練も脳の反応もできていません。ヒヤリング能力を身につけるのにどうしたか？これも実践の機会を作るしかありません。幸い 3 年間東京衛生病院でレッスンしたおかげで多少の耳の訓練は，できました。でもまだそれを実践で使う場がなかなかなかったのです。～どうしたか？～当時 NEVE 社などプロオーディオ機器輸入を手がけていたゼネラル通商に山田さんがいました。海外のメーカの人たちが来日してセミナーや展示会をやる場合に，山田さんが同時通訳を担当していました

があれくらいすらすらできるにはどうすればいいのかあるとき質問してみました。「だいたい話かたにはパターンがあり，あとは専門用語と技術的な知識を勉強すれば回数を重ねるごとに自然とできますよ」との答えでした。そこで山田さんに思い切って「今度放送センターでセミナーとかやるときがあったら私に同時通訳やらせてください」と頼みました。まあ，同じ仲間の前なら多少の失敗があっても山田さんにフォローしてもらえるし。。。という気持ちでした。

80年代にNEVEがDSPというデジタルコンソールをAESで発表しその帰り日本にくるというので，デジタルコンソールの講演を放送センターで企画しその通訳をやることにしました。デジタルコンソール？どんな技術だろう？事前にAESで発表した論文をもらい資料を読んでセミナーにのぞみました。まさに脳みそを研ぎすまして相手の話していることを聴かなくてはなりませんでしたので終わったあとは，ぐったりしましたがいい挑戦の機会だったと思います。「一歩でなく半歩踏み出す勇気」これが大切だと思います。

ちなみにこのとき覚えた単語は「Privilege」という挨拶の冒頭でつかうイギリス英語でした。語学は，使わないとすぐに忘れてしまうという性質のものなので，今度は，どうやってそれを維持するか？が課題です。そこで大いに活用できたのがやはり海外メーカーのセンター訪問対応でした。これですと半日くらい英語浸けになり，かつ夜の部でアルコールもはいり仲良くなることができます。これでガイジンアレルギーも軽減（このガイジンアレルギーというのはしばらく時間をおくと又回復するやっかいな感覚です。当初は相手と会って握手をした瞬間に頭がボーとなり英語等どこかにいってしまうという経験を幾度としました）。また我々のスタジオや機材などの話ですのでこちらが似たような表現でいえば相手が正確な言葉で返してくれますので「ああこれは英語でこう表現するのか」と理解できます。そのうちメーカの方も通訳を同行しなくてもよくなるのでコストメリットもありお互いが利益になるというわけです。

ヒヤリングの最初は，一言一句聞き漏らさないように全神経を耳たぶに集中していましたが，英語というのは，よくできていて大事な言葉は抑揚も大きくかつはっきりと発音し，どうでもいいつなぎのことばはあいまいで小さい声で話しているという傾向がわかりました。30代になってからは，語学研修もかねてAESコンベンションに参加し1週間英語浸けという時間をもつことで活きた英語をOJTで身につけるようにしました。会場内で見ず知らずのメーカの人たちに質問するのも大変勇気のいるものです。でもこれも場数しかありません。

話すというスキルもなかなか努力のいるスキルだと思います。どうしたらうまく伝わる話ができるかを勉強したのは，AESコンベンションでの論文やワークショップで発表している世界中の人々のスタイルを体験したからだと思います。

彼らは，小学生のころから自分の考えをいかに他人に分かってもらうかをプレゼンスキルとして鍛えられています。ですから学術的に優れた内容であることに加えいかに聴衆を飽きさせな

いか？というエンターテイメント性を兼ね備え
かつ視覚的にも楽しいプレゼンを行ってくれま
す。話上手なひとをみると，かならず冒頭で聞
き手の関心を惹くような話題を持ち出し，でき
ればそこで笑いをとれれば成功！その後今日話
す全体の概要を述べてから，各本論にはいり得
られた結果や課題を提示するという一定の法則
のあることがわかります。こうしたノウハウを
1970年代後半で身につけるには，良き手本ら
しきものが手元にありませんでした。別の技術
職場の先輩がこれを読みなさいと渡してくれた
のが現在も兼六館から出版されている「エンジ
ニアのための英語」の部内資料でした。当時こ
うしたノウハウをテキストにまとめているひと
がいるのだなあと尊敬していました。当時に比
べると現在は，パワーポイントなどプレゼン用
のソフトが充実していますので起承転結や時間
配分なども大変便利になりました。話す場合の
目安に私がしているのはパワーポイント1枚：
1分という目安で資料を作る事です。15分なら
14枚くらい20分なら18枚前後でまとめる
習慣をつければ簡潔明瞭なプレゼンができるで
しょう。

第1回目は，我々技術屋が苦手としてきたプレ
ゼンスキルについて書く／聴く／話す能力をど
うやって向上させたかの一例を紹介しました。
会社単位の世界からますますグローバルな環境
が身近になっています。

自分の行った業務や成果を他の人々にいかに分
かりやすく説明できるか？は大変大切なスキル
のひとつです。原稿を書いたり，様々な発表会
の機会をとらえて発表したり，また相手の話を
しっかり受け止めて聴くという場をいかに多く
設定するか，そうした機会を引き寄せるかは，
個々人のそうありたいという強い欲求と行動が
基本だと思います。

2. チェーンリアクション式勉強法
～職場の疑問を発展させる

今回は，若い人が持つ聴く疑問のひとつである
「どう勉強すればいいのか？」を考えるヒント
について述べてみます。結論から言えば以下の
ような連鎖反応を起こして行けばあとは，自然
と勢いがついてどんどん世界が広まって行きま
す！

チェーンリアクション？

1　まず身近な仕事や職場のなかで疑問を持つ
ことです。「疑問を持つ」ときに大事な視点は，
今までそうしていたから，とか結局それしかな
いんだよ，どこでもそうしているよ，,,,といっ
た既成概念に囚われず「なぜだろう，なぜそう
しているのだろう？」と素直に不思議感覚を受
け入れることです。結果的に同じ答えになった
としてもそれまでの調査や勉強で得た知識は自
分の糧になります。また職場でかわされる「あ
れは使いにくい」とか「こうしたやりかたで使
いこなしている」「時間ばかりかかって待ち時
間が増えるだけだね」といった話題にもアンテ
ナを張って職場に今どんな苦労や悩みがある

のかを嗅ぎ取ることも大切です。そうした悩みを持ちながら業務を遂行しているというのは，きっとハード面やソフト面でうまくいっていない潜在的な問題点がある可能性が大きいからです。

2　疑問点がでればそれを「じゃ他ではどうしているのか？」に結びつけた調査活動を実施します。これは同業他社や国内外の状況も視野に入れることが重要です。この段階で身近な先輩方が持っている人脈を大いに活用します。

3　現在のツールや技術，ワークフローを使って改善や解決できる方法はないか？研究する。

4　一定の目処がでたら職場に提案し，必要であれば開発や改修のための予算を確保し，具体化を進める。

5　ここで小さくても結果を出す事ができれば，周りからの期待度と自分自身に対する次のステップへの挑戦意欲 - モチベーションが高まります。

人間不思議なものでひとつの課題に取り組んで一定の成果を出す事ができればさらに次の高い課題に向き合うようになるということです。こうして一度はずみがつくと低いところへ戻る事はできなくなります。次の課題はなにか？を問いかけ，また日常もそうした視点で見るようになります。同じ事象を見たり感じたりしても単純に受け止めるというのではなく，そこになんらかの意味を嗅ぎ分けようという分析指向意識が身に付くといえるでしょう。

さらに機会をみつけてそれらを職場内／外で発表する。このことでそれまでの取り組みを自身でまとめることができます。なんでもそうですが「やりっぱなし」はノウハウが積み重なりません。必ず実施したことを振り返って得られた結果や次への課題を整理しておくことでステップアップが図られます。これを世の中では，P-D-C-A サイクルなどと呼びます。

後は，このルーティンを螺旋状に設定しながら取り組んで行く事で知らず知らずのうちに幅広い知識やノウハウそして人脈などが築かれていくものです。

以下に参考のため私が新人時代の 1970 年代後半で行った一例を先ほど述べた 1～5 の思考のルーティンに当てはめてみましょう。技術革新が早い今日の状況に比べれば稚拙なレベルかもしれませんが，考え方という基本は同じだと思うからです。

□ なぜフェーダーは 100mm ストロークか？の疑問から

1975 年に希望の制作技術 2 班ラジオドラマのミキサ職場へ異動してきました。ここでアシスタントとしてスタジオワーク修業時代に入ったわけですが，ミキシングが終わった後先輩方から「ドラマの表現で難しいのは，粘っこいフェードアウトなんだ。そのためには，あるレベルから下でフェーダーをじっくり時には上げたり下げたりのジグザグの動きをさせながらフェー

ダーを下げていかないと消え行くようなフェードアウトができないので指が疲れる」という話を聞きました。その疑問があってからスタジオで先輩のフェードアウトの動きを観察しているとレベルの目盛りで-20dB前後から急に指の動きがゆっくりとなりまるで止まっているかのようにゆるやかにフェーダーが下がって行きます。

そこで疑問をもったのは，フェーダーというものはどんな構造でどういったストロークをしているのか？でした。当時放送センターで使用していたフェーダーは，幅40mm，ストローク幅100mmで内部の構造は，東京光音製の丸形アッテネータをベルトでリンクして縦型のフェーダーにしていたタイプです。
（この縦型フェーダーに移行する前には，丸形の大型つまみタイプが主流で当時まだ丸形派と縦型派で賛否両論あった時代です。）

では，データを調べてみようとこのストローク特性をカタログなどから調べてグラフにしてみました。たしかに-24dBくらいから減衰特性は急峻に落ちて無限大になっています。これをそのままリニアで無限大まで延ばすとストロークはいくらになるのか？とか他のフェーダーはどうなっているのか？と先輩等に紹介してもらい調査することにしました。音楽スタジオでもMIX-DOWNを専用に行うようなミキシングコンソールにP&Gというイギリスのフェーダーメーカのフェーダーが使われていました。
この特性を調べると，基準の0dBを境にして上下6dBの範囲が大変ゆったりとしたストロークになっており-20dBから下は逆に急峻に減衰していました。また映画のFINAL DUBBING STAGEを調査したところ無限大までリニアで180mmという長いストロークを持ったフェーダーもありました。

得られた結論は，どこを重視しながら使うかでいろいろな特性のフェーダーがあった，ということです。ではなぜ放送センターは全て100mmだったのか？
これは生放送ということが主眼で使用されてきたフェーダーをポストプロダクションにも持ち込んだからです。例えば音楽生放送で-40dBや-50dBで使うという事はその前段のヘッドアンプで歪みがあることを意味し，こうした範囲で使うことは御法度の領域です。しかし，ポストプロダクションでのミキシングは一度録音した素材を扱うことになります。映画のFINAL MIXや音楽のMIX-DOWNをみても分かるようにこの段階では全ての領域を表現として使用する事ができるのです。
そこでリニア領域を-40dBまで拡大したストローク120mmのフェーダーを試作し，スタジオで評価実験をしました。結果は，「気持ちよく音を消していける」という意見でした。
当時の設備計画を行う立場は，どこでも同じ規格という原則で設備を整備していましたので，ここに「なぜ120mmフェーダーが必要か？」説得力ある説明をしなければなりません。こうしたときにもプレゼンテーションスキルが大切なことが現実のこととして我が身に降りかかってくる訳です。活きた勉強とはこうした実学のなかで醸成されるものだとつくづく思います。

放送という制作体系が生放送単独主義からポストプロダクションという分野に適したツールも必要だというアピールができたことは，新たな視点を加味するきっかけになったと思います。

それを調べているときにP&GのフェーダーにつかわれているCPフェーダーという内部機構や素材も勉強になりました。その滑らかさとタッチの良さに感激したものです。丸形アッテネータにベルト駆動という方式との相違は明らかで「うーん，これが世の中のプロ機材か」と私の文明開化があったというわけです。

□コントロールルームの音響特性は？

放送センターの副調整室はどこも同じ形状ですが，モニタースピーカからでる音はスタジオ毎で微妙に異なっていました。音響特性はどうなっているのだろうか？に疑問を持ったときです。

副調整室が空室で完成したときの音響特性やモニタースピーカ単体をJISの基準で1mの距離で測定したデータなどはありましたが，実際の機材が入りミキシングするミキサー位置でどんな特性をしているのか？はあまり関心がありませんでした。私は，いろいろ機材が入った（特に70年代のコンソールはフェーダーしかなかったのでミキシング中は前が見えないほどイコライザを積み上げている状況でした）ときにどんな伝送特性になるのか興味をもちました。モニタースピーカからの伝送特性測定は今日スペクトルアナライザで簡単に直視できる時代ですが，当時はピンクノイズを再生しそれを記録したデータを技術研究所に持って行って周波数ごとのバンドパスフィルタで切り分けながらグラフを書いていました。実験室の片隅を借りてそんなことをしていると当時の音響研究室の方々も声をかけてくれましたし，研究所の上司の方々も同世代の研究者を紹介してくれましたのでそこで人脈ができることになりました。

こうして部屋の特性という見えないものに興味をもつと内外のスタジオの音響設計というのはどんな人がどんな考えでやっているのか？を知りたくなります。

ここでも先輩の人脈で紹介してもらい都内のスタジオを見学したり，コンソールを輸入している代理店からカタログをもらったり，また技研の図書館で業界紙を読んだりしてデータを集めました。スタジオという特殊な空間を音響的に設計する専門のデザイナという職業がありここでは部屋とモニタースピーカが一体となってクライアントの望むモニター音を作り上げているというトータルな思想に感銘しました。当時先進的なデザインではビルドインタイプというモニタースピーカが埋め込まれて見えないデザインがありましたが，「いつかこうしたスタジオをつくりたいなあ」とそのとき思ったものです。当時職場の中では，「あいつは洋物かぶれで海外製ならなんでもいいとおもっている」と風評されましたが，調べれば調べるほど一日の長があるのが当時の現状だったことも否めません。

フェーダーとは？を調べた始めたことがきっかけで内外のミキシングコンソールというものがどんな構成で成り立っているのかを勉強する

ステップにもなりました。またスタジオの音響設計というものがあり，放送センターのスタジオの音響処理とはずいぶんちがうという経験をしたのもこのときです。色々調査していくとそこにあるモニタースピーカとかスタジオに設置されたエフェクターとか興味はどんどん広がって行きました。またマルチトラックレコーディングという手法がありそれに対応したミキシングコンソールというのも異なった考え方で設計されているということも分かりました。もう全てが初体験！このワクワク，ドキドキ感は，自分を高める上で大きなポイントになると思います。

知性と冷静さで黙々とキーボードをたたきながら仕事する一方でこうしたワクワク，ドキドキする出会いにつながる足元の疑問を発見してください。
きっとそこから連鎖反応が爆発すると思います。

3. 職場と自己研鑽の関係
―なぜ出る杭はたたかれるのか？

職場の中で優れた仕事をする人間は，往々にして「生意気だ！」という理由でたたかれます。これは日本の企業風土に特有の体質かもしれません。特に若手で優秀であると，「○○年早い」といった単純な経験則だけで才能をゆがめてしまいがちになります。どうしてこうした風土になるのでしょうか？

ひとつに集団主義，グループ主義でひとつの仕事を行ってきた業務のやりかたに大きな要因があるでしょう。すなわちここでは，個人のスキルより相互補完を行いながらチームとしての結果を出すことが優先されているからです。

個人が突出した場合，「あれはひとりでやった仕事でなく我々も一緒になって完成したプロジェクトだ。なんであいつだけが？」といった感情が持ち上がります。新人であろうと経験の浅い若手であろうと周囲のレベルに比べて優れた力を発揮したり，潜在的にそうした能力を持っていると知覚した職場は，大いにその能力を活かす機会を与え，またいい結果を出した場合は，素直にその業績と努力を賞賛する職場風土を形成していくとお互いが切磋琢磨し能力を研鑽していく OPEN な環境ができあがります。
「よけいなことはするな」とか「他人も同じようにできると思われると迷惑するから」「10 年たったらやってもいい」といった人間ピークリミッタが多くいる職場は，新たなことに挑戦しようという空気も現れず，能力を持った若手の潜在スキルを開花させきれないまま転職や異動，悪くすれば精神的なダメージを与えてしまうという結果になります。

では，どうするか？よく職場でこういった話題がでるところもあるかもしれません「彼や彼女は好きな仕事だけしている！」好きな仕事，それぞれに向いている仕事を見つけることはそれだけでも大変です。ましてすでに好きな仕事を見いだした人がいるのであればそれは，業務を推進することの大きな原動力となるはずです。こうした発言になる要因は，「好きな仕事」と

「これしかやりたくない」の間には大きな隔たりがあるにもかかわらずこれらが混同して使われているからではないでしょうか？「これしかやりたくない」という我が儘と「好きな仕事は120%でもやる」意欲には大きな落差があります。まず好きなことは何か？を見つけたらそれをとことん追い込んで，他人ではできない領域まで能力を引き上げて圧倒的な差を提示することです。そのためには，今まで述べたような努力が必要なことは申すまでもありません。その結果職場の内外で一定の評価を得られるようになれば，ここは「出る杭から出すぎた杭」へと変身したことになります。好きな仕事を見つけてそれに邁進することは，おおいなる自己研鑽の起爆剤です。

□ライバルでも優れた仕事をすれば率直に賞賛する風土を

世の中に同業他社であれば，必ずライバルとなるべき相手はたくさんいます。我々の周囲を例にすればAESなどに集う世界中の音のプロたちは，まさにライバル同士です。たとえば同じ音楽ミキサであれ，映画音響のデザインであれ，ロケーションのミキサでも，スポーツの生中継でも，メーカや研究者も同様でしょう。ひとつのテーマでお互いの主張を議論するときは，ライバル意識を全面にだしていかに相手を打ち負かすかを競い合うがごとき議論をやります。しかし，そうした人々のなかから優れた業績や功績で認められた場合，彼らは，素直に相手が優れていることを認めて「オメデトウ」とことばを交わす大人の意識を持っています。この気風を我々日本の職場にも普及させることで「出る杭を打つ」ことはなくなるでしょう。「なんで私は？」と思うより業績をあげて認められた人物にひとこと「オメデトウ」という気持ちを優先できる職場が大人のカイシャを作り出すと言えます。

□ベテランといわれる先輩

こうした大人の職場風土を形成する上で非常に重要な役割を果たすのは，いわゆるベテランと自称している先輩たちの意識です。なんでも一人前になるには10年かかるといわれますし，それは間違っていないでしょう。ただしここで大切なことは，ベテランになったという認識が逆にいままでのやり方や慣習をそのまま踏襲することがベテランなのだ！と誤解しないことです。

ベテランが持つスキルをさらに活かすためには，それまで培った勘や経験をいかして職場内に磨けば光る才能を持った人々を発掘し，チャンスを共有する努力をすることです。ベテランになったと自称・他称するようになったら，いつもその分野で最前線を走ることを心がけると自然にまわりの動向やスキル，人物にも関心がいきます。いわばアンテナ感度をあげていつも最前線を走っていくのだ！という気持ちで自らに課題を与えていると現状に満足することなく，かつ出そうな杭の芽を見つけることも可能になります。

□直接の上司は職場風土の要

「将来が見えない」とか「会社はわかってくれない」という言葉が若手から聞かれることがあるでしょう。こうした場合の「会社」といっている言葉は，どこを念頭においた発言でしょうか？意外にそれは身近な上司との関係をさして「会社」といっている場合が多いのです。ということは，身近な上司が前向きな職場風土を作っていく気概をもてば多くの疑念は払拭されることになるではありませんか。

こうした上司は経営トップと職場の中間にあっていわば相互の橋渡しをする役目を担っているわけです。それは

- ○経営トップが考える経営理念（これは崇高なので理念となる）をそれぞれの持つ職場に当てはめて具体的な活動として実行する役目
- ○職場の中の原石を見つけて玉にする業務運営
- ○優れた仕事をした職場の仲間は積極的に評価，顕彰する努力

特に3つめの活動をまめに行うことで「出る杭」に素直にオメデトウといえる職場風土が生まれると思います。職場の上司は大切な役目をたくさんもっているのです。

□若手への気配り

若手ついでに，若手への気配りという視点を述べてみたいとおもいます。「気配り！そんな甘やかしたことをすれば怠けた人間にしかならない！」といった声も聞こえてきそうですが，パソコン・キーボード・携帯メール世代には，大変重要な潤滑油だと思います。海外の企業風土を先にほめてみましたが，一方で個人主義的なビジネスのやり方は孤独感に悩まされることも事実です。最近アメリカの企業では，逆に昔の日本の会社がまめに行っていた職場コミュニケーション活動が活発になってきた（FACETIMEというそうです）という話を聞き，個人主義だけでは壁のできたアメリカビジネスの「心」や「和」への回帰を新鮮に感じます。

「私は必要とされているのだろうか？」といった不安がよぎることもあるでしょう。こうしたときに一言声をかけてやる気配りが職場のベテランや上司には大切な時代だと思います。声をかける側は，逆に個々人の仕事や内容，評価などについて日頃からアンテナを張っていないと声をかける話題につまることになりますのでまめな日常努力で話題をピックアップしておいてください。

□職場以外の友人や仲間とのネットワーク

ベテランの自己課題という点でいつも最前線を走る気概をと述べましたが，そのための大きな糧は職場内の仲間に止まらない職場以外の仲間やネットワークをどれくらい形成しているか？にあります。これは実行してみると決して難しいことではありません。「そんな時間はない」「どうしたらいいかわからない」といった声をききますが，まずは，同業他社という仲間は一番身近でできやすい機会でしょう。この場合に大切

なのは，「相手を尊敬するという気持ち」を表した会話やコミュニケーションを心がけることです。往々にして我々は，いつも自らが一番優れているといった幻想を前提に相手と接することがありますが，これは長続きする関係を作ることには不向きです。GIVE&TAKE の気持ちでお互いのもつノウハウを交換しあう気持ちで接すると長続きすると思います。

現場を案内するとか，図面を送るとか，チャンネルプランを送るとか，使用機材リストを送る等から始めると，次回は TAKE できるわけですから・・・・

一方我々はそんなにたくさんの時間をこうした人脈作りに割けるわけではないので大切なのは，数少ないチャンスを機敏に捉えるタイミングの重要さです。わずかなチャンスを活かす行動力や限られた時間内でいかに友人となるかは，日頃の知識の積み重ねが功を奏することになります。

ある世界的家電メーカの社長は，海外へ出かけると必ず現地でヒットしている映画や音楽の情報を事前に調査しそれらを話題のテーマにスムースな会話を楽しんだと書いてありました。仕事以外での会話のきっかけを作るためには，遊びも趣味もなにか持っているのが役にたちますしお互いが知っている友人がいればなお結構で信頼感が一瞬でできあがります。できれば，対等の関係から早くこちらが優位にたてる何かを持つことです。TAKE できるテーマが多いほど人脈も深まりますし。

4. ホンモノを知る努力
― 脱井の中の蛙へ

10 年も仕事をしていると知らず知らずのうちに職場の周囲からはベテランとしてみられるようになります。次のステップに何が必要かといえば，「自らが経験則で積み重ねてきたスキルや知識見識は世の中でどれくらいのものなのか？」を確認する作業です。これを怠るとそのまま「井の中の大将」で一生を終えることになりがちです。

このためにどうすればいいのでしょうか？一言でいえば，「街にでよう」ということです。外界へ目をむけるほど，街という認識が身近な周囲の街からだんだんと広がり最後には世界のトップレベルという環境の中に自らの身をおき，そこでのホンモノを実体験することができます。こうした機会は，人生のうちでそう何度もあるわけではありません。そこで大事なのは「一期一会」のチャンスを捕まえる時間感覚，ひらめき，思い切りと，行動です。

□自己満足が崩れた瞬間

私の個人的な経験から始めてみたいと思います。1987 年に「シュナの旅」というＦＭドラマの制作に参加し Dolby Surround の世界に放送界としては初突入，そして 1989 年に当時初のバッテリー駆動 DAT を使用したロケで森の素材録音を行い制作した「森の不思議の物語」というサラウンド FM ドラマができあがりまし

た。森の中を徘徊する主人公と森のざわめきが幻想的にサラウンド空間を渦巻く仕上がりに大いなる自己満足を感じたものです。同年サンフランシスコの Dolby 社を訪ねる機会がありそこの視聴室で Dolby の品質チェック担当の R. ドレスラーとコンシューマ製品担当エド・シューマーにその「自信作」を聞いてもらいました。内心は「日本でもこれくらいできるぞ！」という意気込みでしたが，終わってから彼らが言ったのは「ハリウッドのサウンドデザインを勉強すればもっとよくなるよ」という親切なアドバイスでした。そして参考になりそうなビデオをそこでたくさん再生してくれて，ここがこうだ！ここが参考になるだろう，デザイン担当は，○○だから今度注意して映画のクレジットをみておくといいよ，とあっさり部屋を出て行ったのです。「そうかまだまだ天井はたかいなあ・・・・」と実感したものです。Dolby 社には，図書館があり音響に関連した文献や資料もありました。そこで司書をしていたスタッフに「日本から来ていてサウンドデザインに興味あるのだが，参考になるような資料はありますか？」ときくとしばらくして数冊の本と資料を持ってきてくれました。

それらは，映画関係のサウンドデザインに関する本や資料で「映画の音楽とは」「効果音の芸術性」「映画音楽作曲は何をしているか」「ポストプロダクションとは」など私にとって，ソフト制作の分野が書籍になっているという驚きでした。その後 1991 年にデトロイトで開催された「TV 音声の将来」というコンファレンスで日本の放送におけるサウンドの取り組みという発表を行った時に再生した NHK 中継陣制作の大相撲サラウンドでは，彼らから「リアがモノーラルの 3-1 マトリックスでこれだけ雰囲気が出せるのはすごいね！」と声をかけてもらいました。Dolby Cinema 音響担当 I. アレンです。

このように自分自身が「これでどうだ！」と思った時は，いつもその上にホンモノはどのくらいあるのだろう？と天井を見上げてみることにしています。

□もうひとつ・・・紹介。

1995 年に HD-TV 制作で「最後の弾丸」というドラマのサウンドを担当しました。このとき放送は，まだ 3-1 方式でしたが，この作品は今後のアーカイブも考えて 3-2，3-1，2 チャンネルステレオの 3 方式同時 MIX という形態で制作を行い，当時の HD 関連の賞をたくさんいただいた作品です。ここで私は，大画面映像表現とサラウンド音響の関係を作った！と自負していたわけです。

しかし同じようなジャンルやテーマを扱ったほかの作品を視聴したとたんその自負心はガラガラと崩れてしまいました。「なーーーんだかちゃちなサウンド構成をしてしまったなあ・・・」と。そうなのです，ホンモノという天井は高いのです。メディアは関係ありません。予算も制作期間も人員も。とにかくホンモノという天井をいつもみることで自分がどこにいるのか？が感じられます。そうすれば自ずと傲慢な態度や物言いも少なくなります。

□ どうするか？―類は友を呼ぶ

ホンモノを知る第一歩は，時間のある限り色々な作品に接するという地味な努力から始めることでしょうか。そうして尊敬できる作品に出会ったら担当者をメモしておき話す機会を探ることにします。幸い今日は，インターネットを始め様々な情報の収集方法はたくさんありますので，おおいに利用しましょう。

セミナーやシンポジューム，コンベンションやコンファレンスといった機会にこうした人たちが講演しているかもしれません。時間の使い方を有意義に，こうした機会に参加し質問したりして知り合いになれます。一度入り口がみつかればあとはどんどん展開できます。

雑誌のインタビュー記事やコラムなどでもたくさんヒントが込められています。

どう読むか？その行間を丹念にさぐっていけば「ホーそういった考えでこれを行っているのか？」と新たな気付きが見つけられます。どんな機材を使ったかとかどうミキシングしたかも興味あるかもしれませんが，ホンモノに近くなるほどそうした皮相面は無視してなぜそういった表現を行ったのか？の哲学を重視してくるようになります。どうやるか？とかどうしなければいけないか？といったテクニック編はこうした人々にとっていつも「BREAK THE RULE」なのです。定義や法則を越え自らの表現を行えるようになっていたら，それは，十二分に「ホンモノ」になっている証でもあります。

5. 日常性を普遍化する

ソフト制作に関連した記述が出始めたのは，いつくらいからか明確な資料がありませんが，個人的な記憶では昭和40年代に入って番組の中で使われる効果音やBGM音楽の最適レベルとミキシングモニターと実際の家庭環境での聴取におけるバランスについて調査した資料がありました。

ミキシングという仕事に限らず，何事も一人前になるまでには，キャリアと様々な経験を積み重ねなくてはなりません。そこで大事なことは，それぞれが経験した経験則を普遍化し俯瞰する見方を取り入れるということです。仕事は毎回異なるのだからそのつど新たなことをやっているので普遍化は出来ない！という職場の声も聴きました。しかしそれでは毎回積み重ねたことが財産になりません。「この道20年かかったのだから新人も同じように20年かけて一人前」というパターンでは，次の一手を考えるゆとりがなくなり，同じ事の継承という域を出ることが難しくなります。

どんな仕事でもたくさん仕事をすれば必ずそのなかから一定の法則や基礎的なものの考え方があることに気づくようになります。そこを起点にして「じゃ他の人はどうしているのか？」「同業他社ではどうか？」「関連した資料や書籍はでているのか？」などと関心を広げていくことができます。その第一歩は，「あいまいな情緒に流さないで発想方法や気付きをデータ化する」という視点をもつことです。特にソフト制作という分野では，あいまいな表現や感覚が中

心となる世界ですが，それがデータとしてはどういった括りで表すことが出来るかを考えるといいスタートとなるでしょう。個人的な経験を以下に紹介してみます。

□ BGM レベルは何 dB が適切か？と聞かれた場合。

これは，私がシンガポールやマレーシア，タイといったプロダクションで研修を行っていたときにそれぞれのミキサからよく質問されたことです。日頃 BGM のフェーダーはどれくらいにしているかなど考えたことも無く，モニタースピーカの音だけを頼りに動かしていましたので，私にとってショックな質問でした。それ以来自分で様々な音楽を再生しながらコメントや台詞とぶつからないレベルを探っていくとほぼ基準より 12-16dB 下げたところが BGM バランスとなっていることに気づきました。
もし日本で同じ質問があればきっと「そんなのはどんなジャンルの音楽がくるかで一概に言えないからその時の気分で下げればいい」といった答えをしていたでしょう。こんな簡単なこともじつは，ちょっと手元を観察すれば一定の数値データになり普遍化のスタートになります。

□ DELAY は，どう使う？

我々がデジタルディレイというものを初導入したのは，1979 年で EVENTIDE 社のユニットタイプのディレイでした（当時は 12bit でオリジナルと音が変わるという時代です）。音が遅れるというエフェクタですが，どういった使い方があるのか，当時はみな試行錯誤で聴いてみていい感じ！ということの繰り返しでした。当時レコーディングの分野ではこうしたディレイを効果的に使うと言うことが行われ始めており制作リポートや実例などが業界紙に載るようになりつつありました。またスタジオ録音などでは，ミュージシャンの方から「こうしたときは，これくらいのディレイがいいよ」と教えてもらったことも多々あります。5 年程使ううちにタイムの領域によって一定の法則があるのが見えてきました。そこでこれらの時間領域を 10msec/30msec/100msec/1sec 以上と分けてそれぞれの領域内でどんな使い方と特徴があるかをまとめてみました。こうすると後身エンジニアもまずそこから始めることができますので，あまり試行錯誤で時間を浪費することがありません。もちろん微調整してオリジナルなディレイ音が追い込めるわけですが，早い手がかりを作るという意味での普遍化はここでも大切だと感じました。同じような応用がこれ以外のエフェクターにも取り入れられます。特にデジタルリバーブも残響時間や pre-delay，EQ 設定などでなかなか思うような響きができず悩んでいましたが，各社の機器を扱うなかでパラメータと音の関係に一定の法則があることが理解できるようになりそれを普遍化することでイメージする音に早くたどり着くことができます。80 年代の音声職場には，こうしたノウハウをテキストにまとめようという若手が 4 〜 5 名おり，かれらは実にまめに日頃の業務から普遍化できそうなポイントをまとめて，職場でおおいに活用されました。

□音のサイズを考える

ドラマやドキュメンタリーをミキシングするうちにその番組や作品トータルのサウンドデザイン設計ということに興味を持つようになりました。なにかきっかけはないかなあ・・・と模索しているうちに映画のDPといわれる撮影監督の様々なアプローチをまとめた「MASTER of LIGHT」という本にめぐりあいました。特にその中でもV.ストラーロというイタリアのDPの映像表現に興味を持ち、参照映画とかかれていた「暗殺の森」を購入してみました。そこで映像としてトータルに表現しているのは製作者の思想を光の中でどういったレンズやフィルタで具現化するかということです。

マイクもレンズと同じ感覚だ！と思ってから音をデザインするというヒントが見つかったように思います。

「優れた映像からは音が聞こえ、優れた音響からは絵が見える」といわれます。

映像には様々なサイズがあるように音の世界にも様々な「音のサイズ」があります。この異なったサイズの構成がいわゆるメリハリのある作品を構築しているのではと思い以下のような切り口で考えることにしました。

ビッグ クローズアップ サイズ

これは映像で言えば顔の目の部分や口元　指先といったサイズです。音でいえば耳元でのささやきやモノローグ、またブレスや蟻の足音、蝋燭の芯が燃えるような拡大された音響世界で、日頃聞いている音と異なった細部のニュアンスが表れる音が録音できます。特に映画やドラマでは、いかに微細な音を効果的なシーンへ適切に配置するかは、サウンドデザイナにとって楽しみでもあります。

クローズアップ サイズ

映像で言えば顔全体くらいのサイズです。音で言えば「マイクに近い」録音となります。例えばごく日常の会話が進行している中で突然大事な会話がはさまれたり、ふと自分の内面に瞬間切り返したり、カットバックで誰かのセリフが思い出されたり・・・のサイズです。

標準サイズ

映像で言えば2ショットBSサイズ程度の落ちついたごく平均的なサイズです。音で言えばマイクに対して30cm～40m位の標準録音位置の音となります。この位置で録音した音は無難で聞き易く最も多く使われるサイズですが作品全体がいつもこのサイズですといわゆる朗読風ドラマのように平板で起伏のない音世界に聴こえて聴取者にとっては、退屈になります。

ロング サイズ

映像で言えば大平原にぽつりと人物が分かるような引きサイズからリビングルーム全体が見渡せるくらいのワイドサイズです。

台本を読んだ場合に私たちが考えておく要素のひとつはシーンやシチュエーションに応じてどのような音のサイズで構成していけば起伏があり変化をつけながら聞き手に楽しんでもらえるかを考えることです。大胆なビッグクローズアップやロングショットは冒険と感じられるか

もしれません。しかしこうした起伏と音のサイズというキーワードで全体を考えられるようになるといわゆる経験則で「メリハリのある」と言っている中身を具体的に表現することが出来るようになります。「メリハリ」という言葉は一見納得性があるのですがそのためのきっかけは何も提示してくれません。「自分で考えろ！」だけでは前進がないのです。

ここで私が作品を担当したときのチェックポイントを紹介します。これも日常の経験則から「いいわけと懺悔」だけをしないための普遍化を行った集約と言えます。

□いい仕事をサウンドの上で行えたどうかチェックのポイント

1. 周波数レンジは低域から高域まで充分使っているか。この意味するところは，ピラミッド型の落ちついた周波数構成であれば音が落ちつくという普遍化からきています。
2. ダイナミックレンジは充分使ったか。かすかな音から大音量まで作品にうねりと緩急をつけたか。
3. シャープではっきりした音（ジャストフォーカス）からぼやけた音（アウトフォーカス）まで使ったか。重層構造とすることで平面的な音から奥行きのある厚みのある音場を構成でき何でもONという平面的な音場から回避できます。
4. 変化のあるショットを組み合わせているか。超クローズアップから大ロングシーンまで音場を設定することで起伏をつくり「メリハリ」の創成に寄与できます。
5. セリフの録音は大胆か。マイクを舐めるようなつぶやきからマイクから離れたオフまで使い変化を持たせる音が使えたか？

□「一区切り」として次の課題発見や普遍化のために

1. 自分なりの新しい工夫や挑戦ができたか？
2. アシスタントに何か伝えられたか？
3. ディレクター・出演者などオールスタッフが気持ちよく仕事ができる環境を提供したか？
4. 音の遊びがあったか？

こうした視点を持って仕事に望むとなんとなくうまくいったといった刹那主義の連続で仕事をやるのではなくひとつひとつが自分の糧となる仕事の積み重ねに結びついていきます。では最後に最近の例をひとつ。

□サラウンドデザインという普遍化はあるのか？

サラウンドの音楽制作ではいわゆる録音のメインマイクをどういった手法で行うかによって国内外で様々なメインマイキングが提案されています。国内からでは1998年以来の「FUKADA Tree」や2000年以降の「HAMASAKI Square」等が浸透しています。一方映画でのサラウンドは，70年代から長い歴史があるのでどんなデザインアプローチがあるのか関心がありまし

た。1999年だったと思いますがイギリス PINE WOOD STUDIO のチーフエンジニア，グラハム氏が IBS で映画のサラウンドデザインについて講演しました。体系化の好きなヨーロッパ，それもイギリスからなのでサラウンドデザイン全体を普遍化したような話がきけるのではないか！と期待しましたがそうではありませんでした。

では，映画の都ハリウッドのサウンドデザイナはどうかと調査しましたがここも特にそうしたことを体系化していませんでした。あとで分かりましたが映画の仕事は極めて特殊な世界で新規参入組にあまり門戸をひらきません。

自分たちの仕事が安く犯されると警戒しているからです。ノウハウは自分で作れといった風潮が映画界のようでした。1987年以来ドラマのサラウンド MIX を行ってきて，それぞれの時に「おーーいいねー！」と思った手法は台本に書き留めてきていましたので1998年にそれらをまとめようと思ったときは，多くのパターンが出来ていました。また時間をみては，映画のデザインも調査しデータをあつめ，音楽もいわゆる臨場感重視からアバンギャルドなアプローチまでを調査した結果 6+3 の基本パターンを提示しました。読者の方々の中にはすでにご存じのかたもいると思いますがこうした色々な経験則を区分けし一定の法則の元においてみると仕事のきっかけが大変楽になり，かつ全体を俯瞰することが出来ることに気づかれるとおもいます。永遠の正解は無いでしょうが仕事で得た経験則をこうして普遍化することをお薦めします。

それを具現化するためのエネルギーは「心の集中力」にあります。私の尊敬する監督の一人三枝健起は，いつも現場で「思いつきと瞬間芸の差」について熱弁してくれますが，大事なことは「いつもそのことを心を集中して思う」というエネルギーにあります。すると突然「こうだ！」といった光が見えるのです。この途切れない集中力を体験してください。きっとあなたなりの普遍化が見えてきます。（了）

付録3 〈機材〉ポータブルマルチチャンネルレコーダ

Mick Sawaguchi

ポータブルのレコーダは，ハードディスクやカード型個体メモリを記録媒体とした4チャンネルから10チャンネルクラスの録音機が登場し，価格や重量，使用チャンネル数タイムコードや同期機能の有無などに応じて，簡易型から業務用まで選択肢が増えているのは喜ばしい。いずれもパソコンへファイルデータとして転送し，自在な編集が可能である。
ここでは2013年現在での製品例をいくつか紹介する。

□ FOSTEX PD-606

これは国産ポータブル6チャンネル録音が可能なDVD-RAM/HDを記録媒体としたレコーダPD-6の後継機である。録音データは，世界共通のファイルフォーマットであるBWFやWAVファイル互換なのでDAWなどのパソコンベース編集でダイレクト作業が可能。

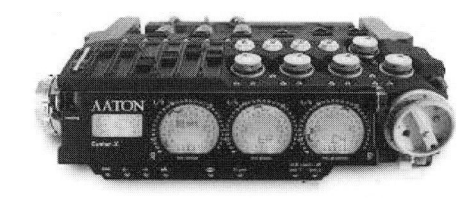

□ AATONE CANTAR-X

これはフィルム機材メーカアトーン社が設計した近未来感覚デザインの8チャンネルHDレコーダで，長時間バッテリー駆動や容易なオペレーションが特徴である。

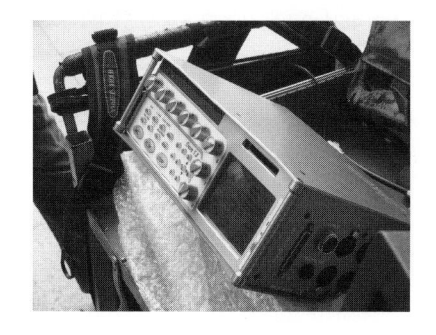

□デーバ DEVA

これはアメリカ西海岸の映画機材メーカが設計した映画同録をメインとしたHDレコーダで4チャンネルからオプションで6～10チャンネルまでの録音が可能。記録媒体もHD/DVD-RAMが使用できる。また，リモートでフェーダーパネルが取り付けられるのも現場を考えたオプションといえる。

☐ **SONOSAX SX-R4**

SONOSAX社は,高品質ポータブルミキサなどのメーカである。ここがマイク4チャンネル,デジタル入力で8チャンネルのHDポータブルレコーダを出している。重量1Kg以下と軽量コンパクトで豊富な入力に対応している。

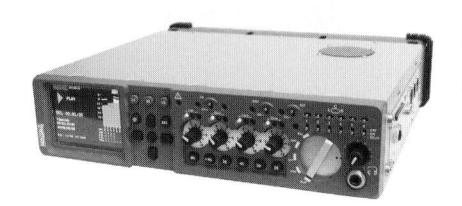

☐ **NAGRA VI**

ポータブルレコーダの老舗NAGRA社のHDレコーダ。マイク入力は4チャンネル,トータル6チャンネルのレコーダ。

☐ **SOUNDDEVICES 788T**

アメリカのロケーションミキサ・レコーダメーカのSOUNDDEVICES社の最新マイク入力8チャンネル,録音トラック数12トラックのレコーダ。オプションで外部リモートフェーダーユニットが使用できる。

☐ **TASCAM HS-P82**

豊富な入出力を備えた8CHマイク入力対応のポータブルレコーダである。

特に最近のマイク入力数を多く欲しいというユーザーのニーズに対応し、8CHすべてが、キャノン端子となっている。表示画面には、タッチスクリーンを採用。記録は、CFカードで現状最大で64GBまで対応。バッテリーは、NPタイプリチュームイオンで最大5時間と長寿命である。

☐ **SONOSAX　SX-62R**

これまでマイク入力4CHの小型タイプとしてSX-R4をリリースしていたが、マイク入力の増加とMIX機能を追加し、バッテリーも単一4個と大型化、最大5時間と長時間ロケ対応としたSX-62Rが出ている。操作面は、単なるレコーダというよりレコーダ＋MIXER機能が一体となっている点が特徴である。

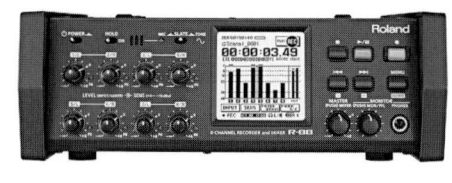

□ **ROLAND R-88**

ROLANDからは、R-シリーズのフラグシップとして、これまでの様々なユーザーの要望を最大限とりいれ、かつコストエフェクティブな8CHマイク入力ポータブル　レコーダとしてR-88がリリースされた。最新鋭機らしく、まさに豊富な機能が凝縮されている。バッテリーは、単三電池8本で、通常バッテリーでも最大2時間強の寿命である。

□ **ZOOM H-2**

手軽にサラウンド録音を散歩間隔で録音できるハンディタイプ4CHレコーダである。サンプリング周波数は、48KHzまでであるが、スナップカメラの感覚でバッグに常備しておき、いつでも録音したいというユーザに最適である。

INDEX

数字

2 チャンネルステレオ	……………	005
3-1 サラウンド	……………	011
3-1 サラウンド方式	……………	023
3-2 サラウンド	……………	011
4 チャンネルステレオ方式	………	021–025, 022–025
5.1 サラウンド	…………	023, 024
6.1 サラウンド	……………	177
7.1 サラウンド	……………	177
22.2 マルチチャンネル音響	…………	179
85dBC	…………	054, 060, 062, 089, 090, 091

アルファベット

〈A〉

AAC 方式	……………	024
AB 方式	……………	155
AFTER IMAGE	……………	116
Ambisonic	……………	180
Atmos	……………	178
Auro-3D	……………	180
A 特性	…………	050, 051, 054, 055, 056, 060, 061

〈B〉

Beds	……………	178
BIG SOUND FEEL MORE CLOSE	……	118
Blumlein 方式	……………	155
BoSC システム	……………	182

〈C〉

Class 1	……………	051
Class 2	……………	051
Critical Distance	……………	171
C 特性	…………	050, 051, 054, 055, 056, 060, 061, 080, 082, 083, 089, 090

〈D〉

DECCA Tree	……………	158
Dolby Atmos	……………	178
Dolby ProLogic	……………	103
Dolby ステレオ	……………	011
DTS Stereo	……………	103
DXD フォーマット	……………	166

〈F〉

FAST	……………	050
FLY-OVER	……………	114
Foley	……………	129
FUKADA Tree	……………	159

〈H〉

HAMASAKI Square	……………	165
HORIZONTAL ROTATING	…………	115

〈I〉

IMAX	……………	175
INA5	……………	161
IRT-Cross	……………	164, 200
ITU-R BS.775	…………	012, 013, 024, 031, 032, 018, 040, 093, 094, 104

〈L〉

LFE	…………	012, 013, 023, 034, 035, 036, 068, 077, 078, 080, 081, 082, 083, 084, 085, 086, 087, 088, 090, 095, 097, 098, 099, 101, 102, 105, 107, 108, 110, 111, 132
LFE 優先型デザイン	……………	128

Lo / Ro	………………… 102
Lt/Rt	………………… 103, 144

〈M〉

MP3Surround	………………… 024
MS 方式	………………… 154

〈N〉

NARAS	…… 018, 044, 045, 049
NOS 方式	………………… 156

〈O〉

Object	………………… 178
OCT	………………… 162
off-axis	………… 037, 038, 039
Omni+8	………………… 162
OmniMax	………………… 175
Omni Square	………………… 166
ORTF 方式	………………… 156

〈P〉

PRE-MIX	………………… 145
PROCEEDING SOUND	………… 116

〈Q〉

QUAD	………………… 044
Quadraphonic	………………… 021

〈R〉

rms	………………… 089
RTA	………… 052, 053, 054, 055, 059, 060, 061, 064, 079, 082, 083, 084, 085, 086

〈S〉

SDDS 方式	………………… 024
SLOW	………… 050, 051
SN 比	………………… 058

SOUND SHOWER FROM TOP	……… 117
SPL	………………… 050
STABLE SOUND	………………… 121
SURROUND AMBIENCE	………… 113

〈U〉

UP-MIX	………………… 144

〈V〉

VU	………………… 089

〈W〉

WFS	………………… 181
Williams カーブ	………………… 157

〈X〉

XY 方式	………………… 155

〈Z〉

Z 特性	………… 050, 051, 054, 055, 056, 080

かな

〈あ〉

アンビエンス・サラウンド	…………… 113
アンビソニック	………………… 180
アンビソニック B フォーマット	……… 164

〈い〉

位相	………………… 084
位相干渉	………… 033, 047, 065, 088, 099
インテリア・パン	………………… 104
インパルス応答	………………… 087

〈う〉

ウェーブフィールドシンセシス	181	コムフィルタ	056, 057, 064, 067
		固有周波数	069, 071

〈え〉

エンベロープ …………………… 132

〈さ〉

サブウーファ …………… 034, 035, 036, 068, 070, 071, 074, 075, 077, 078, 079, 080, 081, 082, 083, 084, 085, 086, 087, 088, 090, 095, 097, 098, 100, 105
サブウーファの設置高 …………………… 078
サラウンドスコープ …………………… 125
残像効果 …………………… 116

〈お〉

オールパス・レベル ………… 052, 054, 055, 056, 060, 061, 062, 082, 083, 090
オクターブバンド・アナライザ ……… 052
オブジェクト …………………… 178
オムニマックス …………………… 175
音圧レベル …………… 013, 050, 051, 072, 079, 080, 088, 090
音響中心 037, 038, 039, 044, 046
音響透過型スクリーン …………………… 092
音像の巨大化 …………………… 118

〈し〉

軸モード …………………… 072
周波数重み特性 …………… 050, 051
準同軸方式 …………………… 156

〈か〉

拡散音 …………………… 046, 105
角度のずれ …………………… 042, 043

〈す〉

スイートスポット …………………… 012
水平面内回転効果 …………………… 115
頭上からの降り注ぎ効果 …………………… 117
ステム mix …………………… 145

〈き〉

逆相 …………………… 084, 103
吸音 …………………… 071
仰角 …………… 012, 036, 040, 062, 092, 093
強調型アンビエンスデザイン ………… 128

〈せ〉

接線モード …………………… 072
先行音効果 …………………… 057
先行予告 …………………… 116
全指向性マイクロホン …………………… 151
全周囲レイアウト …………………… 120

〈く〉

空間的合成 …………………… 099
クレスト・ファクタ …………………… 089
クロスオーバ …………… 032, 033, 038, 039, 095, 097, 098, 100
クロストーク …………………… 043
群遅延 …………………… 087

〈そ〉

騒音計 …………… 050, 051, 052, 054, 055, 060, 062, 080, 082, 083, 085, 089
騒音レベル …………… 051, 059
相関 …………… 067, 088
相関性 …………… 030, 031, 033, 034, 067, 068, 088

〈こ〉

後方配置 …………… 044, 045, 047

双指向性マイクロホン ……………… 151
創造型サウンドデザイン …………… 120
側方定位 ………………… 012, 045
側方配置 ………… 041, 044, 047

〈た〉

帯域制限ピンクノイズ ……………… 083
ダイポール ……………………… 046
タイム・アライメント ………… 063, 064
ダイレクト・サウンド …… 041, 042, 043,
　　　　　　　044, 046, 047, 048, 094
対話型デザイン ……………… 127
ダウンMIX ………………………… 012
ダウンミックス ……………………… 101
縦の移動 ……………………… 114
縦の移動効果 ……………………… 114
ダブルAB ……………………… 202
ダブルMS ………………… 163, 201
単一指向性マイクロホン …………… 151

〈ち〉

遅延 ………… 035, 036, 063,
　　　　　　　064, 085, 086, 087, 100
遅延補正 ……………………… 085

〈て〉

定在波 …… 068, 069, 072, 073
ディスクリート ………… 099, 104
ディップ ……… 027, 036, 038,
　　　　　　　039, 056, 057, 064, 065, 073,
　　　　　　　074, 075, 077, 078, 080, 084,
　　　　　　　085, 086
ディフューズ・サラウンド … 044, 046, 047,
　　　　　　　048, 094, 105, 108
ディレイ ………………… 063, 086
電気的合成 ……………………… 099

〈と〉

等感曲線 ……………………… 050
同軸型 ……………………… 039
同軸方式 ……………………… 154
動特性 ………………… 050, 051
独立存在型のデザイン ……………… 127
トライポール ………… 046, 105, 108
ドルビーアトモス ……………… 180
ドルビーデジタル方式 ……………… 023
ドルビープロロジック ……………… 023

〈な〉

斜めモード ……………………… 072

〈は〉

ハース効果 ………………… 056, 057
ハード・センタ ……………………… 057
ハードセンター ……………… 124
腹 ……………………… 074
バンド・レベル ………… 052, 053, 054,
　　　　　　　055, 056, 061, 062, 082, 083,
　　　　　　　090
パンニング ………… 030, 031, 033,
　　　　　　　036, 041, 042, 045, 046, 064,
　　　　　　　068, 108

〈ひ〉

ピンクノイズ ………… 051, 052, 053,
　　　　　　　054, 058, 059, 060, 064, 079,
　　　　　　　080, 083, 084, 085, 086, 088,
　　　　　　　089, 090, 091, 100

〈ふ〉

ファンタサウンド ……………… 022
ファンタムイメージ ………… 030, 041
ファンタム音像 …… 036, 045, 048,
　　　　　　　067, 068, 092
ファンタムセンター …… 012, 057, 124, 153
ファンタム定位 ………… 030, 031, 067
フォールド・ダウン ……………… 101
複数スピーカ ……………………… 047

複数設置	……………… 075		ラウドネス	……………… 190
節	……………… 072		〈り〉	
フライオーバ	……………… 046, 068			
ブルムライン	………… 019, 020, 155		リスニング・ポイント	……… 026, 027, 028,
分散配置	……………… 011, 046			029, 030, 031, 036, 037, 038,
				039, 040, 041, 042, 043, 044,
〈へ〉				046, 047, 049, 050, 063, 068,
				070, 071, 073, 074, 075, 078,
ベースマネージメント	……… 095, 096, 097			079, 080, 084, 085, 092, 093
ベッズ	……………… 178		リファレンス・レベル	……………… 089
ヘッドホン	……………… 043, 100, 108		粒子速度	……………… 151
ヘッドルーム	……………… 089		臨界距離	……………… 171
			臨場感サラウンドデザイン	……………… 119
〈ほ〉				
			〈れ〉	
ポストプロダクション	……… 044, 048, 092,			
	093, 135		レコーディングアングル	……………… 156
ホワイトノイズ	……………… 052, 053			
			〈ろ〉	
〈ま〉				
			ローパス・フィルタ	……………… 035, 085
牧田方式	……………… 156		ロビング・エラー	……………… 038, 039
マスキング	……………… 009			
マトリックス サラウンド	………… 103, 144			
マルチウェイ	……………… 032			

〈も〉

モード	………… 068, 069, 074
モードの削除	……………… 075
モードの励起	……………… 075
モニタ環境	………… 026, 027, 028, 031, 033, 064, 088, 095, 097
モニタ距離	………… 030, 040, 042, 043, 049, 063, 064, 066, 067, 068, 077, 092, 108
モニタ半径	……………… 066, 067

〈ゆ〉

床の反射	……………… 077

〈ら〉

著者紹介

沢口 真生 (さわぐち まさき)
有限会社沢口音楽工房　代表

1971年千葉工業大学電子工学科卒，同年日本放送協会（NHK）入局。山形局をへて1975年，放送センター制作技術局ドラマミキサーとして芸術祭大賞，放送文化基金賞，IBCノンブルドール賞，バチカン希望賞など受賞作を担当。1985年以降は，サラウンド音声開発に従事。2001年よりAESや東南アジアを中心にサラウンドワークショップ，セミナー，技術発表を行う。2002年よりサラウンド普及のためのサラウンド寺子屋塾を主宰。2003年制作技術センター長，2005年定年後パイオニア技術顧問。2006年より東京藝術大学音楽環境創造学科サウンドデザイン講師。2007年よりUNAMAS JAZZレーベルを立ち上げ高品質音楽制作をスタート。

2002年AESよりフェローシップ授賞。2003年IBSよりフェローを授賞。2004年ABU最優秀論文賞受賞。2005年JASより「音の匠」を顕彰。2009年14th AES TOKYO CONVENTIONにて「AES JAPAN AWARD」受賞。2012年，国内ホームシアターと最適配置許容度ガイドライン策定WG活動でJAS60周年協会賞を受賞。

【著書】
『サラウンド制作ハンドブック』／兼六館（日本・中国・韓国版）

【翻訳】
『ハンドブック オブ レコーディング／エンジニアリング』J. アーグル著／ステレオサウンド
『サウンド フォー FILM&TV』T. ホルマン著／兼六館

【サラウンド寺子屋URL】
http://hw001.spaaqs.ne.jp/mick-sawa/
http://surroundterakoya.blogspot.com/

中原 雅考
なかはら まさたか
株式会社ソナ 取締役
オンフューチャー株式会社 代表取締役

1995年九州芸術工科大学大学院博士前期課程修了。同年，株式会社ソナに入社。スタジオなど建築音響施設の音響設計業務に従事。サラウンドスタジオの音響設計に関しては，アジア初のTHX認証ポストプロダクション・スタジオの音響設計を行うなど，業界の第一人者として数多くの実績がある。また，THX認証のベースマネージメントやスピーカ等の設計を行い，サラウンド再生システムの測定・調整方法を考案するなど，室内音響設計だけでなく最終的な音の出口までを統合してデザインするスタイルをサラウンドスタジオの分野で先行して築いてきた。2005年，九州大学より博士(芸術工学)を授与。2006年,オンフューチャー株式会社を設立。株式会社ソナでの音響設計業務よ並行し，音響機器・ソフトウェア開発,音響技術のR&D業務等を行っている。
2001年より，AES日本支部理事。2004年より，音響芸術専門学校非常勤講師。2011年より，東京藝術大学非常勤講師。

【著書】
『Multichannel Monitoring Tutorial Booklet -2nd Edition』(2005，ソナ，ヤマハ http://www.sona.co.jp/ehtml/sur_tdd.html)
『サラウンド制作ハンドブック』／兼六館（日本・中国・韓国版）
『サウンドレコーディング技術概論』／（社）日本音楽スタジオ協会編

PROFILE

亀川 徹 (かめかわ とおる)
東京藝術大学音楽学部音楽環境創造科 教授

1983年九州芸術工科大学音響設計学科卒業後,日本放送協会(NHK)に入局。番組制作業務(音声)に従事し,N響コンサートなどの音楽番組を担当するとともに,ハイビジョンの5.1サラウンドなど新しい録音制作手法の研究に携わる。2002年10月,東京藝術大学音楽学部に就任。音楽環境創造科と大学院音楽文化学専攻音楽音響創造で音響,録音技術について研究指導を行う。AES日本支部理事,日本音響学会,日本音楽知覚認知学会,日本オーディオ協会,日本音楽スタジオ協会会員。

専門はサラウンドによる音楽録音。テレビや映画,ゲームなどのサラウンド音楽のミキシングも多数手がけている。
また,現在はサラウンド録音による空間表現についての研究や,公共空間における音楽の聞こえ方についての研究を行っている。
2009年および2011年に,AES日本支部での活動についてAES本部よりBoard Governor Awardを受賞。

【著書】
『サウンドレコーディング技術概論』／(社)日本音楽スタジオ協会編
『音響技術史』東京藝術大学出版会

【翻訳】
『サウンド フォー FILM&TV』T.ホルマン著／兼六館

書名：	サラウンド入門
発行日：	平成 22 年 3 月 9 日　初版発行
	平成 22 年 11 月 19 日　第 2 版発行
	平成 25 年 9 月 2 日　第 3 版発行
	平成 28 年 6 月 3 日　第 4 版発行
著者：	沢口 真生，中原 雅考，亀川 徹
発行：	東京藝術大学出版会
連絡先：	〒 110-8714　東京都台東区上野公園 12-8
	TEL：050-5525-2026
	FAX：03-5685-7760
	URL：http://www.geidai.ac.jp/information/geidai_press
デザイン・装丁：	土倉 律子
編集：	土倉 律子，遠藤 憲司
印刷製本：	大日本印刷株式会社

定価はカバーに表示してあります。

Ⓒ SAWAGUCHI Masaki, NAKAHARA Masataka, KAMEKAWA Toru
2010 TOKYO GEIDAI PRESS

ISBN978-4-904049-14-3 C3073

乱丁・落丁本はお取り替えいたします。
本書の無断転載を禁じます。